Fischbach
Grundlagen der Kostenrechnung

Grundlagen der Kostenrechnung

Mit Prüfungsaufgaben und Lösungen

von

Prof. Dr. Sven Fischbach

unter Mitarbeit von

Anja Fischbach

8., überarbeitete und aktualisierte Auflage

Verlag Franz Vahlen München

Prof. Dr. Sven Fischbach lehrt Betriebswirtschaftslehre, insbesondere Rechnungswesen und Controlling, am Fachbereich Wirtschaft der Hochschule Mainz.

ISBN Print: 978 3 8006 6762 8
ISBN ePDF: 978 3 8006 6763 5
ISBN ePub: 978 3 8006 6764 2

Wilhelmstr. 9, 80801 München
Satz: Fotosatz Buck
Zweikirchener Str. 7, 84036 Kumhausen
Druck und Bindung: Beltz Grafische Betriebe GmbH
Am Fliegerhorst 8, 99947 Bad Langensalza
Umschlaggestaltung: Ralph Zimmermann – Bureau Parapluie
Bildnachweis: ©belchonock – depositphotos.com

Gedruckt auf säurefreiem, alterungsbeständigem Papier
(hergestellt aus chlorfrei gebleichtem Zellstoff)

Vorwort zur 8. Auflage

Das vorliegende Buch bietet Ihnen einen einfachen, aber fundierten Einstieg in die Grundlagen der Kostenrechnung. Es wendet sich insbesondere an Studierende von Universitäten, Hochschulen und Akademien. Aber auch Praktikern ermöglicht es einen zielorientierten (Wieder-)Einstieg. Das Buch kann begleitend zu Vorlesungen eingesetzt werden, eignet sich aber ebenfalls zum Selbststudium. Vorkenntnisse sind nicht erforderlich.

Der Aufbau folgt der bewährten klassischen Vorgehensweise: Nach der Vermittlung der notwendigen Grundlagen werden Kostenarten- und Kostenstellenrechnung erläutert und die Kalkulation auf Vollkostenbasis anhand vieler Beispiele vorgestellt. Möglichkeiten der Erfolgsrechnung auf Voll- und Teilkostenbasis sind Thema im 5. Kapitel. Wie Teilkostenrechnungen der Lösung kurzfristiger Entscheidungsaufgaben dienen, zeigt das 6. Kapitel. Von großer Bedeutung in der Praxis sind Budgetierung und Abweichungsanalyse, die im 7. Kapitel erläutert werden. Ein abschließender Blick gilt dem Kostenmanagement.

Viele Übersichten, hervorgehobene Merksätze und Beispiele erläutern den Stoff und zeigen praktische Anwendungsmöglichkeiten auf. Im 9. Kapitel finden sich zudem ausgewählte Prüfungsaufgaben mit Lösungen, die an verschiedenen Hochschulen in Klausuren gestellt wurden. Hierdurch soll Ihnen eine erfolgsorientierte Kontrolle des Stoffes ermöglicht werden. Abgeschlossen wird das Buch durch ein Verzeichnis mit den wichtigsten deutschen und englischen Fachbegriffen aus Kostenrechnung und Controlling.

Für die 8. Auflage wurden, neben einigen Aktualisierungen, weitere Beispiele und Übungsaufgaben eingearbeitet. Zudem finden sich jetzt Kontrollfragen am Ende der einzelnen Kapitel. Damit wird das für die Praxis wichtige Thema hoffentlich noch anschaulicher und verständlicher präsentiert.

Mein Dank gilt den Studierenden und Lehrenden für die positiven und konstruktiven Rückmeldungen. Diese sind in die Weiterentwicklung des Buches eingeflossen. Frau Dr. Barbara Schlösser danke ich für wieder hervorragende Unterstützung bei der Neuauflage.

Mainz, Januar 2022 *Sven Fischbach*

Inhaltsverzeichnis

Abkürzungen und Symbole

AB	Anfangsbestand
AfA	Absetzung(en) für Abnutzung
AK	Anschaffungskosten
AO	Abgabenordnung
ÄZ	Äquivalenzziffer
BAB	Betriebsabrechnungsbogen
ΔB	Beschäftigungsabweichung
ΔB	Deckungsbeitrag
e	Netto-Verkaufserlös pro Stück
E	gesamte Netto-Verkaufserlöse
E_0	Gewinnschwelle in Geldeinheiten
EB	Endbestand
EStG	Einkommensteuergesetz
EStR	Einkommensteuer-Richtlinien
EUR	Euro (€)
FL	Fertigungslohn
FM	Fertigungsmaterial
g	Stückgewinn
G	Gewinn
G‘	Grenzgewinn
GK	Gemeinkosten
GKZS	Gemeinkostenzuschlagssatz
ΔG	Gesamtabweichung
HiKSt	Hilfskostenstelle
HKSt	Hauptkostenstelle
k	Kosten pro Stück
kh	Herstellkosten pro Stück
kg	Kilogramm
km	Kilometer
k_o	Opportunitätskosten
k_v	variable Kosten pro Stück
kWh	Kilowattstunde

K	Gesamtkosten
K_v	gesamte variable Kosten
K_f	gesamte fixe Kosten
$K^i (x^i)$	gesamte Ist-(Gemein-)Kosten auf der Basis von Istpreisen
$K^{i*} (x^i)$	gesamte Ist-(Gemein-)Kosten auf der Basis von Planpreisen
K^l	Leerkosten
K^n	Nutzkosten
$K^p (x^i)$	gesamte Soll-(Gemein-)Kosten [Plan-(Gemein-)Kosten bei Ist-Beschäftigung]
$K^p (x^p)$	gesamte Plan-(Gemein-)Kosten
$K^p(x^p) \cdot \frac{x^i}{x^p}$	verrechnete Plan-(Gemein-)Kosten bei Istbeschäftigung
K‘	Grenzkosten
l	Liter
LE	Leistungseinheit
LSP	Leitsätze für die Preisermittlung aufgrund von Selbstkosten
ME	Mengeneinheiten
MGK	Materialgemeinkosten
Min.	Minute(n)
n	Nutzungsdauer in Jahren
p	Preissteigerung
PUG	Preisuntergrenze pro Stück
ΔP	Preisabweichung
RE	Rechnungseinheit(en)
St.	Stück, (Kosten-)Stelle
h	Stunde(n)
t	Periodenindex mit t = 0, 1, 2, …, T; Tonnen
T	betriebsgewöhnliche Nutzungsdauer
Tsd.	Tausend
VtGK	Vertriebsgemeinkosten
VwGK	Verwaltungsgemeinkosten
Vw&VtK	Verwaltungs- und Vertriebs(gemein)kosten
ΔV	Verbrauchsabweichung

WBW	Wiederbeschaffungswert
x	Beschäftigung; Absatzmenge; Matrizenbezeichnung
x_0	Gewinnschwelle in Stück
x^i	Ist-Beschäftigung
x^p	Plan-Beschäftigung, Plan-Absatzmenge
ZE	Zeiteinheiten
Δ	Abweichung
ε	Elastizitätskoeffizient (Reagibilitätsgrad)
€	Euro (EUR)

1 Einführung

Lernziele

- Sie kennen Aufgaben und Stellung der Kostenrechnung im betrieblichen Rechnungswesen.
- Sie können die Begriffe des Rechnungswesens unterscheiden, insbesondere zwischen Aufwendungen und Kosten.
- Sie können Kosten charakterisieren und dabei sowohl zwischen Einzel- und Gemeinkosten als auch variablen und fixen Kosten unterscheiden.
- Sie haben einen Überblick über die Aufgaben, Teilbereiche und Systeme der Kostenrechnung.

1.1 Aufgaben und Teilgebiete des Rechnungswesens

Betriebe erstellen und verwerten Güter und Dienstleistungen. Die einzelnen Vorgänge sind vom Management nur in sehr kleinen Betrieben zu überschauen. Entsprechend werden **Hilfsinstrumente** benötigt, um die komplexen Vorgänge erfolgreich steuern und gestalten zu können.

Ein wichtiges Informationsinstrument ist das betriebliche Rechnungswesen. Dessen (allgemeine) **Aufgaben** sind die Planung, Kontrolle und Dokumentation des betrieblichen Geschehens:

- **Planung** durch die Bereitstellung von zukunftsorientierten Daten für kurz- und langfristige Entscheidungen des Managements,
- **Kontrolle** von Wirtschaftlichkeit und Rentabilität durch Abgleich des tatsächlichen Betriebsgeschehens (Ist-Werte) mit dem gewünschten (Soll-Werte),
- **Dokumentation** der Lage des Unternehmens aufgrund gesetzlich vorgeschriebener (zum Beispiel Buchführungspflicht in §§ 238 f. HGB und §§ 140 f. AO) sowie freiwilliger Rechenschaftslegungen und Informationen (zum Beispiel ggü. Kreditinstituten).

Hierzu werden alle für das Unternehmen relevanten Sachverhalte

- mengen- und zahlenmäßig erfasst und abgebildet sowie
- für Führungsaufgaben aufbereitet und ausgewertet.

Entsprechend der Auftraggeber beziehungsweise Adressaten der Rechnungen lassen sich das externe und das interne Rechnungswesen unterscheiden (siehe Abbildung 1.1).

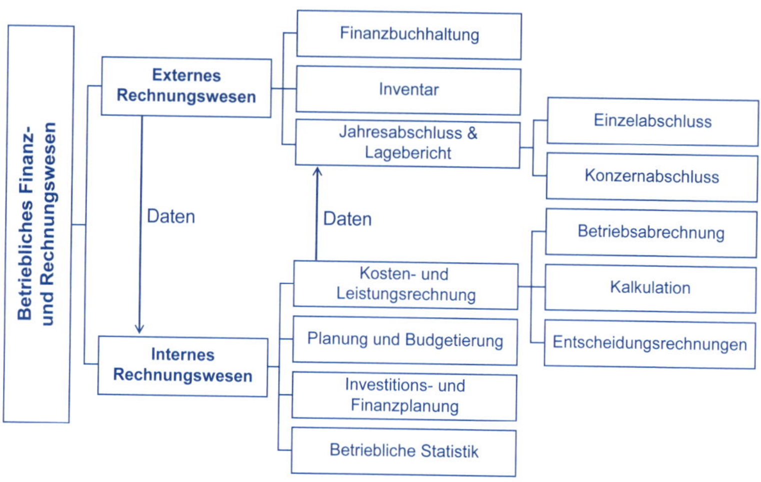

Abbildung 1.1: Teilgebiete des betrieblichen Rechnungswesens

Das **externe Rechnungswesen** dient der Dokumentation der Geschäftsvorfälle und der Information hierüber. Es liefert Informationen **über die Führung** des Unternehmens. Auf Grundlage von **Buchhaltung** und **Inventar** wird der aus den Bestandteilen Bilanz, Gewinn- und Verlustrechnung sowie gegebenenfalls Anhang bestehende **Jahresabschluss** erstellt. Er wendet sich insbesondere an unternehmensexterne Adressaten (Eigenkapitalgeber, Kreditgeber, Lieferanten und Kunden, Staat sowie Öffentlichkeit).

Im Mittelpunkt des externen Rechnungswesens stehen

- die lückenlose, zahlenmäßige Erfassung aller Geschäftsvorfälle eines Zeitabschnitts in der **Finanz-/Geschäftsbuchhaltung**,
- die Erfassung und Darstellung der Vermögenswerte (Kapitalverwendung) und Vermögensquellen (Kapitalherkunft) in der **Bilanz** sowie der Höhe und der Zusammensetzung des Erfolgs in der **Gewinn- und Verlustrechnung**.

Der Gestaltungsspielraum der Unternehmen im externen Rechnungswesen ist gering, da zahlreiche Vorschriften (insbesondere HGB, AO, EStG, EStR) zu berücksichtigen sind.

Das **interne Rechnungswesen** stellt dem Management die zur Planung, Steuerung und Kontrolle des Betriebsgeschehens benötigten Informationen zur Verfügung. Es liefert Informationen **zur Führung** des Unternehmens. **Aufgabe der Kosten- und Leistungsrechnung** ist die Erfassung, Verteilung und Zurechnung der Kosten und Leistungen des Betriebes mit den Zielen:

- Kalkulation der Kosten betrieblicher Leistungen als Grundlage für die Festlegung von Preisen;
- Ermittlung des (kurzfristigen) Erfolgs;
- Kontrolle der Wirtschaftlichkeit;
- Bereitstellung von Informationen für spezielle Entscheidungen, zum Beispiel
  - über Eigenfertigung oder Fremdbezug (Bestimmung von Preisobergrenzen),
  - die Annahme von Zusatzaufträgen (Bestimmung von Preisuntergrenzen),
  - die Festlegung eines gewinnoptimalen Produktionsprogramms,
  - die bilanzielle Bewertung von unfertigen und fertigen Erzeugnissen.

Hinweis: Im Mittelpunkt der Kosten- und Leistungsrechnung stehen die Kosten, da diese – im Gegensatz zu den Leistungen – vom Unternehmen einfacher zu planen, erfassen und gestalten sind. Der Stellenwert von Leistungen beziehungsweise Erlösen ist in diesen Betrachtungen deutlich geringer. Deshalb ist oftmals vereinfachend nur von Kostenrechnung statt von Kosten- und Leistungsrechnung beziehungsweise Kosten- und Erlösrechnung die Rede.

Aufgabe der Kostenrechnung ist die Erfassung, Verteilung und Zurechnung der Kosten. Hauptziele sind die Kalkulation der Kosten betrieblicher Leistungen (so genannte Kostenträger, zum Beispiel Produkte) sowie die Kontrolle von Erfolg und Wirtschaftlichkeit.

Zur Erfüllung der Aufgaben gliedert sich die Kosten- und Leistungsrechnung in die **Teilbereiche** Kostenartenrechnung, Kostenstellenrechnung und Kostenträgerrechnung. In Anlehnung an ihre wichtigen Aufgaben kann die Kostenrechnung auch in die Bereiche Betriebsabrechnung und Kalkulation unterschieden werden. Die periodenbezogene **Betriebsabrechnung** erfasst und verrechnet die in einer Periode angefallenen Kosten. Die stückbezogene **Kalkulation** ermittelt die Kosten von Kalkulationsobjekten (insbesondere Produkten, aber auch Projekten). Hierbei wird auf die Kostenartenrechnung, die Kostenstellenrechnung und die Kostenträgerrechnung zurückgegriffen.

Im internen Rechnungswesen können weiterhin verschiedene **betriebswirtschaftliche Auswertungen** erstellt werden.

- Die **betriebliche Statistik** bereitet Daten aus dem Rechnungswesen sowie aus anderen Quellen (zum Beispiel Lohnbuchhaltung) für interne und externe Dokumentations- und Informationszwecke auf, insbesondere durch die Bildung von Zeitreihen und Kennzahlen (zum Beispiel Personalstatistik, Umsatzstatistik).
- **Planungsrechnungen** versuchen, die betriebliche Entwicklung mengen- und wertmäßig zu schätzen und festzulegen (Budgetierung). Dieses erfolgt in mitunter komplexen Systemen voneinander abhängiger Teilpläne (zum Beispiel Absatz-, Produktions-, Investitions- und Finanzplan). Aufgabe der Finanzplanung ist beispielsweise die Sicherstellung der jederzeitigen Zahlungsfähigkeit (Liquidität) und einer geeigneten Finanzierung der Investitionen

Das interne Rechnungswesen ist im Gegensatz zum externen Rechnungswesen nicht gesetzlich geregelt. Unternehmen erstellen diese Rechnungen freiwillig, da sie sich davon Vorteile versprechen. Nur für die Kalkulation öffentlicher Aufträge sind die Leitsätze für die Preisermittlung aufgrund von Selbstkosten (LSP) zu beachten.

Abbildung 1.2 stellt das externe und interne Rechnungswesen abschließend vergleichend gegenüber.

Wie das individuelle Kosten- und Leistungsrechnungssystem eines Unternehmens aussieht, das hängt von der Anzahl der Produkte, deren Komplexität (zum Beispiel einteilig, mehrteilig), dem Produktionstyp (zum Beispiel Massenfertigung oder Einzelfertigung), der Anzahl der Produktionsstufen und insbesondere den Anforderungen des Managements ab.

Die Kosten- und Leistungsrechnung und das hierauf aufbauende Kostenmanagement sowie die genannten betriebswirtschaftlichen Auswertungen sind wichtige Bestandteile des Controllings. Dessen Aufgabe ist es, das Management bei der Erreichung der kurz- und langfristigen Unternehmensziele durch die Funktionen Planung, Kontrolle und Steuerung, Information und Koordination zu unterstützen.

	Externes Rechnungswesen	**Internes Rechnungswesen**
Informationsadressaten	externe Adressaten: Eigenkapitalgeber, Kreditgeber, Staat, Lieferanten und Kunden, Öffentlichkeit	interne Adressaten: Management
Aufgaben	liefert Informationen *über* die Führung des Unternehmens also zur Dokumentation, Rechenschaftslegung, Publizität und Zahlungsbemessung (Ermittlung des ausschüttbaren Jahresüberschusses)	liefert Informationen *zur* Führung des Unternehmens also zur Planung, Steuerung und Kontrolle des betrieblichen Geschehens
Rechnungsgegenstand	sämtliche Real- und Nominalströme	Leistungserstellung im Rahmen des Betriebszwecks
Rechnungsgrößen	Aufwendungen und Erträge	Kosten und Leistungen
Zeitbezug	vergangenheitsorientiert	vergangenheits-, gegenwarts- und zukunftsorientiert
Bezugsgrößen	Periode (in der Regel Geschäftsjahr)	Stück und Periode (zum Beispiel Jahr, Quartal, Monat)
Ausrichtung	betrachtet das gesamte Unternehmen	betrachtet auch Teilbereiche des Unternehmens (zum Beispiel einzelne Produkte, Projekte, Kunden)
rechtliche Vorschriften	HGB sowie AO, EStG, EStR und diverse Spezialgesetze (Informationen müssen stets bereitgestellt werden)	freiwillig; grundsätzlich keine gesetzlichen Vorschriften (Nutzen der Informationen muss größer sein als die Kosten für deren Ermittlung)

Abbildung 1.2: Abgrenzung von externem und internem Rechnungswesen

1.2 Grundbegriffe des Rechnungswesens

1.2.1 Bestands- und Stromgrößen im Rechnungswesen

Die verschiedenen **Bestandsgrößen** des betrieblichen Rechnungswesens (Zahlungsmittelbestand, Geldvermögen, Netto-/Reinvermögen und betriebsnotwendiges Vermögen) werden durch die nachfolgend vorzustellenden **Stromgrößen** erhöht beziehungsweise vermindert.

Zahlungsmittelbestand
= Bargeld (Kasse) + jederzeit verfügbares Bankguthaben (Sichteinlagen)

Geldvermögen
= Zahlungsmittelbestand + Forderungen – Verbindlichkeiten

Netto-/Reinvermögen
= Vermögen – Schulden = (tatsächliches) Eigenkapital

betriebsnotwendiges Vermögen
= Vermögen – betriebsfremdes Vermögen

Abbildung 1.3: Bestandsgrößen des Rechnungswesens

Einzahlungen und Auszahlungen verändern den Bestand an Zahlungsmitteln. Das sind die baren Mittel in der Kasse sowie die jederzeit verfügbaren Guthaben auf Bankkonten. Das Begriffspaar Ein- und Auszahlungen ist für die Liquiditäts- und Finanzplanung des Unternehmens wichtig. Ebenso fließen diese Stromgrößen in dynamische Investitionsrechnungen ein.

	Einzahlungen (= Zugang liquider Mittel)
–	Auszahlungen (= Abgang liquider Mittel)
=	Veränderung des Zahlungsmittelbestands (der Liquidität)

Ebenfalls für die Liquiditäts- und Finanzplanung werden **Einnahmen und Ausgaben** erfasst. Sie verändern das Geldvermögen, das sich aus dem Zahlungsmittelbestand zuzüglich der (weiteren) Forderungen abzüglich der Verbindlichkeiten ergibt.

	Einnahmen (= Wert aller veräußerten Leistungen)
–	Ausgaben (= Wert aller zugegangenen Güter und Dienstleistungen)
=	Veränderung des Geldvermögens

Auszahlungen und Ausgaben fallen zeitlich auseinander, wenn Rechnungen nicht sofort bezahlt werden.

Erträge und Aufwendungen werden entsprechend handels-/steuerrechtlicher Vorschriften in der Finanzbuchhaltung gebucht. Sie verändern das Netto-/Reinvermögen des Unternehmens (= gesamtes Vermögen – Schulden). Aufwendungen sind erfolgswirksame Minderungen des Eigenkapitals (zum Beispiel Buchung der Gehälter), Erträge erhöhen dieses (zum Beispiel: Eine erbrachte Dienstleistung wird einem Kunden in Rechnung gestellt).

	Erträge (= Wert aller erbrachten Leistungen, bewertet nach handels- beziehungsweise steuerrechtlichen Vorschriften)
–	Aufwendungen (= Wert aller verbrauchten Güter und Dienstleistungen)
=	Veränderung des Netto-/Reinvermögens

In der Kosten- und Leistungsrechnung sowie auch in der statischen Investitionsrechnung werden **Kosten und Leistungen** betrachtet. Diese verändern das betriebsnotwendige Vermögen.

	Leistungen (= Wert aller erbrachten betrieblichen Leistungen)
–	Kosten (= Wert aller betriebszielbezogenen verbrauchten Güter und Dienstleistungen)
=	Veränderung des betriebsnotwendigen Vermögens

Zwischen diesen Stromgrößen des betrieblichen Rechnungswesens gibt es, wie Abbildung 1.4 und 1.5 vereinfachend verdeutlichen, Übereinstimmungen, aber auch Unterschiede.

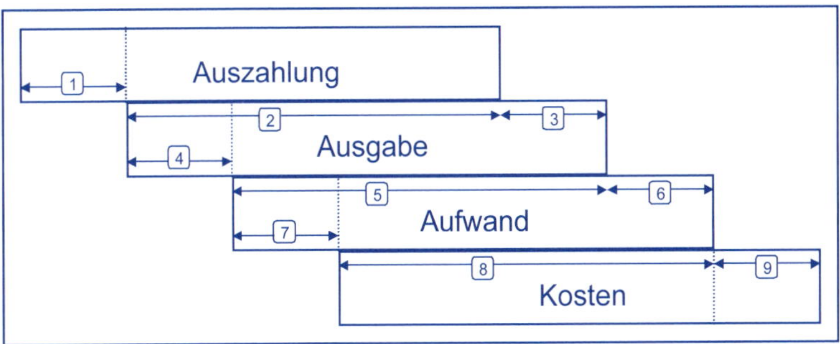

Abbildung 1.4: Abgrenzung Auszahlung, Ausgabe, Aufwand und Kosten

Die Überschneidungen und Unterschiede sollen beispielhaft für ein Unternehmen gezeigt werden:

	Stromgrößen	**Beispiele**
1	Auszahlung, keine Ausgabe	Bezahlung von auf Kredit gekauften Rohstoffen (Lieferantenkredit wird getilgt)
2	Auszahlung = Ausgabe	Barkauf einer Maschine
3	Ausgabe, keine Auszahlung	Kauf von Rohstoffen auf Kredit
4	Ausgabe, kein Aufwand	Kauf von Rohstoffen, die erst später verbraucht werden
5	Ausgabe = Aufwand	Kauf von Rohstoffen, die sofort verbraucht werden
6	Aufwand, keine Ausgabe	Buchung der jährlichen Abschreibung einer Maschine
7	Aufwand, keine Kosten	Spende
8	Aufwand = Kosten	Buchung des Gehalts des Geschäftsführers
9	Kosten, kein Aufwand	Berücksichtigung eines kalkulatorischen Unternehmerlohns

Beispiel zu den Stromgrößen
Eine Druckerei kauft im Januar Papier, verbraucht dieses betriebsbedingt im Februar und bezahlt es im März.

Im Januar erfolgt die Ausgabe, im Februar fallen Aufwand und Kosten an, im März erfolgt die Auszahlung.

Diese Unterscheidung kann entsprechend für diejenigen Stromgrößen vorgenommen werden, die die Bestandsgrößen erhöhen.

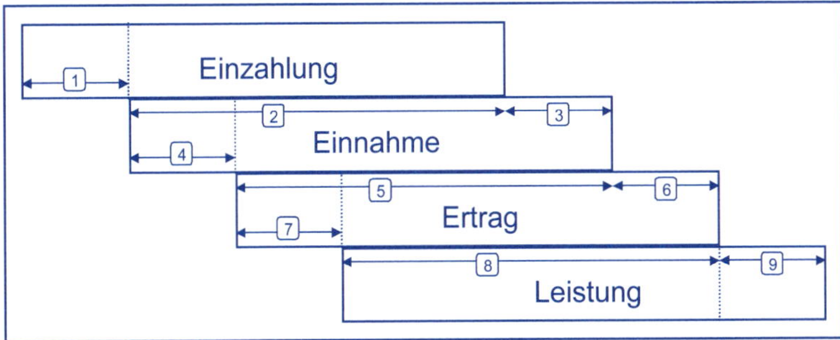

Abbildung 1.5: Abgrenzung Einzahlung, Einnahme, Ertrag, Leistung

	Stromgrößen	**Beispiele**
1	Einzahlung, keine Einnahme	ein Kunde bezahlt eine Rechnung aus der letzten Periode (Einnahme erfolgte bereits in der letzten Periode) ein Kunde leistet eine Anzahlung (Einnahme erfolgt erst später)
2	Einzahlung = Einnahme	Barverkauf eines Produktes
3	Einnahme, keine Einzahlung	ein Produkt wird mit Zahlungsziel verkauft (die entstehende Forderung wird später durch eine Einzahlung beglichen)
4	Einnahme, kein Ertrag	eine auf Lager befindliche Maschine wird zum Buchwert verkauft (Ertrag fiel bereits mit der Herstellung und Aktivierung an)
5	Einnahme = Ertrag	eine Maschine wird hergestellt und verkauft
6	Ertrag, keine Einnahme	eine Maschine wird hergestellt, aber nicht verkauft (Einnahme erfolgt erst später)
7	Ertrag, keine Leistung	das Unternehmen erzielt Mieterlöse aus einem nicht betriebsnotwendigen Gebäude
8	Ertrag = Leistung	Umsatzerlöse, Bestandserhöhungen und andere aktivierte Eigenleistungen
9	Leistung, kein Ertrag	Bestandserhöhungen werden für dispositive Zwecke höher bewertet als in der Bilanz zulässig (zum Beispiel zu erwarteten Marktpreisen)

1.2.2 Kosten

Die Kenntnis des Begriffs der Kosten sowie die Unterschiede zu den anderen Stromgrößen des Rechnungswesens sind grundlegend für das Verständnis der Kostenrechnung.

Kosten werden definiert als der bewertete, betriebszielbezogene Verzehr von Gütern und Dienstleistungen innerhalb einer Rechnungsperiode. Das Gegenteil von Kosten sind **Leistungen**, die als bewertete, betriebszielbezogene Erstellungen von Gütern und Dienstleistungen innerhalb einer Rechnungsperiode definiert werden können (siehe Kapitel Leistungen).

Betrachtet werden in der Kostenrechnung also Güter (diese sind materiell, zum Beispiel Maschinen, Rohstoffe) und Dienstleistungen (diese sind immateriell, zum Beispiel die Beratungsleistung eines Steuerberaters), die jeweils in einer Rechnungsperiode (wie zum Beispiel Monat, Quartal, Jahr) verbraucht beziehungsweise erstellt werden.

Von besonderer Bedeutung für die Definition ist die **Betriebszielbezogenheit**. Hierunter ist zu verstehen, dass der Verbrauch der Güter beziehungsweise Dienstleistungen dem Erreichen des Betriebsziels des Unternehmens dient. Das Betriebsziel beschreibt, was das Unternehmen am Markt erreichen will.

Beispiele zum Betriebsziel
Betriebsziel eines Autoherstellers sind die Produktion und der Absatz von Autos, das Betriebsziel eines Reisebüros ist die Vermittlung von Reisen.

Betriebszielbezogenheit besagt, dass als Kosten lediglich jene Werte berücksichtigt werden dürfen, die dem Betriebsziel dienen, also zum Beispiel für die Herstellung von Gütern und Dienstleistungen, sowie für die Aufrechterhaltung der dazu benötigten Kapazitäten eingesetzt werden. Nicht im Zusammenhang mit dem Betriebsziel stehen hingegen so genannte betriebsfremde Aufwendungen und Erträge wie beispielsweise Spenden an gemeinnützige Organisationen.

Viele von der Kostenrechnung benötigte Informationen werden bereits in der Finanzbuchhaltung als Aufwendungen und Erträge erfasst. Eine Verknüpfung von Finanzbuchhaltung und Kostenrechnung sehen beispielsweise sowohl der Industriekontenrahmen (IKR) als auch der Gemeinschaftskontenrahmen der Industrie vor. Zur Vermeidung von Doppelerfassungen sollte eine **Überleitung** dieser Daten in die Kostenrechnung erfolgen. Hierbei sind jedoch die Unterschiede zwischen Kosten und Aufwendungen zu beachten.

Definition von Kosten und Aufwendungen
Kosten sind der bewertete, betriebszielbezogene Verzehr von Gütern und Dienstleistungen innerhalb einer Rechnungsperiode.
Aufwendungen sind der bewertete Verzehr von Gütern und Dienstleistungen innerhalb einer Rechnungsperiode.

Die Gemeinsamkeiten und Unterschiede von Aufwendungen und Kosten verdeutlicht das so genannte „Schmalenbach-Diagramm“ in Abbildung 1.6.

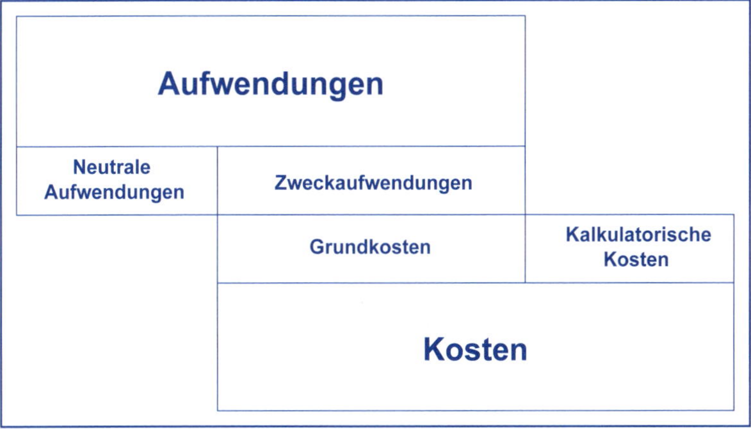

Abbildung 1.6: Abgrenzung von Aufwand und Kosten

Eine vollständige Übereinstimmung besteht zwischen **Grundkosten** und **Zweckaufwand**. Grundkosten können deshalb auch als aufwandsgleiche Kosten bezeichnet werden. Als Grundkosten beziehungsweise Zweckaufwand werden alle Aufwendungen verrechnet, die der Leistungserstellung dienen. In der Praxis ist dieses der größte Teil der Kosten beziehungsweise Aufwendungen. *Beispiele:* Rohstoffverbrauch, Löhne und Gehälter.

Der **neutrale Aufwand** wird entsprechend der geltenden handels- und steuerrechtlichen Normen in der Finanzbuchhaltung erfasst, dient aber nicht oder nur in anderer Höhe dem Betriebsziel. Deshalb wird er nicht (Zusatzaufwand) oder in anderer Höhe (Andersaufwand) in der Kostenrechnung berücksichtigt. Es sind zu unterscheiden:

- **Betriebsfremder Aufwand:** Dieser steht in keiner Beziehung zum Betriebsziel; Beispiele: Spenden, Kursverluste aus Spekulationsgeschäften, Reparaturaufwand für einen nicht betriebsnotwendigen Wagen.

- **Außergewöhnlicher Aufwand:** Dieser ist zwar betriebsbezogen, jedoch nicht in dieser außerordentlichen Höhe. Beispiele: Schaden durch ein Unwetter, außerordentlicher Aufwand durch den Verkauf einer Maschine unter ihrem Buchwert.
- **Periodenfremder Aufwand:** Dieser ist zwar regelmäßig betriebsbezogen, gehört aber in eine frühere Periode; Beispiel: Verkauf einer Anlage unter Buchwert.

Beispiel zu neutralem Aufwand
Eine Spende an den Förderverein einer Hochschule kann von einem Unternehmen ordnungsgemäß als Aufwand gebucht werden. Dadurch mindert sich der zu versteuernde Gewinn. In der Kostenrechnung wird die Spende nicht als Kosten berücksichtigt, da dadurch (wenigstens theoretisch) kein Produkt mehr verkauft werden wird.

In der Kostenrechnung werden neben den Grundkosten weiterhin **kalkulatorische Kosten** verrechnet. Diesen stehen keine Aufwendungen (Zusatzkosten) oder Aufwendungen in anderer Höhe (Anderskosten) gegenüber. Üblicherweise werden kalkulatorische Kosten für Abschreibungen, Wagnisse, Unternehmerlohn, Miete und Zinsen berücksichtigt (siehe Kapitel Kalkulatorische Kosten). Durch den Ansatz kalkulatorischer Kosten soll der tatsächliche betriebszielbezogene Werteverzehr erfasst werden, unabhängig von den gebuchten Aufwendungen. Zudem sollen starke Schwankungen von (außerordentlichen) Aufwendungen in der Kostenrechnung durch den Ansatz kalkulatorischer Wagniskosten geglättet werden.

Zusatzkosten berücksichtigen Werteverzehre, denen keine Aufwendungen gegenüberstehen. Während in der Finanzbuchhaltung der Grundsatz „keine Buchung ohne Beleg" gilt, ist in der Kostenrechnung der tatsächliche Werteverzehr maßgeblich für den Ansatz. Dies geschieht unabhängig davon, ob hierfür ein Entgelt gezahlt wurde.

Beispiel zu Zusatzkosten
Der Ehepartner eines Unternehmers arbeitet unentgeltlich im Betrieb mit. Der Kostenrechner wird hierfür kalkulatorische Kosten berücksichtigen, zum Beispiel in Höhe der üblichen tariflichen Entlohnung für diese Tätigkeit. In der Finanzbuchhaltung darf kein entsprechender Aufwand berücksichtigt werden, da weder ein Arbeitsvertrag abgeschlossen wurde, noch eine Auszahlung erfolgt, und damit kein ordnungsgemäßer Beleg vorliegt.

Anderskosten berücksichtigen Werteverzehre, die zwar auch dem Grunde nach, jedoch in anderer Höhe als Aufwand in der Finanzbuchhaltung gebucht werden. Die Bewertung der Aufwendungen in der Finanzbuchhaltung erfolgt nach handels- beziehungsweise steuerrechtlichen Maßstäben. Die Bewertung in der Kostenrechnung orientiert sich am tatsächlichen Werteverzehr. Wird ein Vorgang in der Finanzbuchhaltung niedriger bewertet als in der Kostenrechnung, entstehen in Höhe des Differenzbetrages Anderskosten. Der Restbetrag kann als Grundkosten bezeichnet werden, der dem Zweckaufwand entspricht.

Das Entstehen von Andersaufwendungen und Anderskosten soll am Beispiel einer Maschine aufgezeigt werden, die in Finanzbuchhaltung und Kostenrechnung unterschiedlich abgeschrieben wird.

Beispiel zu Andersaufwand und Anderskosten

Eine für 10.000 € gekaufte Maschine ist in der Finanzbuchhaltung gemäß AfA-Tabelle über vier Jahre abzuschreiben. Bei einer linearen Abschreibung ergeben sich jährlich 2.500 € Aufwendungen.

Beträgt die tatsächlich erwartete Nutzungsdauer fünf Jahre, sollten in der Kostenrechnung fünf Jahre lang Kosten für Abschreibungen in Höhe von 2.000 € verrechnet werden.

So sind von den 2.500 €, die im Jahr 01 als bilanzielle Abschreibungen in der Finanzbuchhaltung gebucht werden, 2.000 € Grundkosten. Die weiteren 500 € sind aus Sicht der Kostenrechnung neutraler (periodenfremder) Aufwand. Eine Zuordnung der Beträge kann folgendermaßen vorgenommen werden:

Jahr	Grundkosten = Zweckaufwand	Andersaufwand	Anderskosten
01	2.000 €	500 €	–
02	2.000 €	500 €	–
03	2.000 €	500 €	–
04	2.000 €	500 €	–
05	–	–	2.000 €

Die im Jahr 05 in der Kostenrechnung zu erfassenden 2.000 € können als Anderskosten bezeichnet werden, da der Gegenstand dem Grunde nach auch in der Finanzbuchhaltung abgeschrieben wurde.

Insgesamt wurden also jeweils Abschreibungen über 10.000 € berücksichtigt – in der Finanzbuchhaltung in vier Raten à 2.500 €, in der Kostenrechnung in 5 Raten à 2.000 €.

1.2.2.1 Erfassung der Kosten

Die **Erfassung der Kosten** muss im Interesse einer aussagefähigen Kostenrechnung sehr exakt erfolgen. Dabei ergeben sich die Kosten durch Multiplikation der einzelnen verbrauchten Mengen mit deren entsprechenden Werten.

$$\text{Kosten} = \text{Menge} \cdot \text{Wert}$$

Für eine exakte Erfassung der Kosten ist also zu klären:

- Welche Menge wurde verbraucht? (Mengenkomponente)
- Was kostet eine verbrauchte Mengeneinheit? (Wertkomponente)

Beispiel zur Ermittlung von Kosten
Zur Produktion eines Stuhls werden 2 kg Holz und 4 Schrauben benötigt. Während das Holz 5 € je kg kostet, kosten die Schrauben 0,10 € je Stück. Entsprechend betragen die Kosten

2 kg Holz · 5 € je kg + 4 Schrauben · 0,10 € je Schraube = 10,40 €

Die **Mengenkomponente** gibt also den mengenmäßigen, leistungsbezogenen Güterverzehr an. Es wird dabei allerdings nicht der gesamte Verzehr an Produktionsfaktoren und Dienstleistungen betrachtet, sondern nur der, der dem Betriebsziel dient (zum Beispiel Produktion und Absatz von Autos). Hierbei kann noch unterschieden werden zwischen

- willentlichem (freiwilligem) Verzehr (zum Beispiel Abschreibungen Rohstoffverbrauch) und
- erzwungenem (unfreiwilligem) Verzehr (zum Beispiel Steuern, verdorbene Güter).

Die **Wertkomponente** beschreibt den (Geld)Wert pro Einheit des verzehrten Wirtschaftsgutes. Hierzu werden zwei Kostenbegriffe unterschieden, die beide als Wertkomponente Berücksichtigung finden können: der pagatorische und der wertmäßige Kostenbegriff.

Der **pagatorische Kostenbegriff** bewertet den leistungsbezogenen Güterverzehr mit den historischen Anschaffungspreisen (Ausgaben). Nur tatsächlich gezahlte Güter und Dienstleistungen werden also als Kosten berücksichtigt, nicht aber kalkulatorische Kosten wie zum Beispiel für das zinslos zur Verfügung stehende Eigenkapital.

Vorherrschend ist der **wertmäßige Kostenbegriff**. Dieser bewertet den Verbrauch in Abhängigkeit vom Zweck der Kostenrechnung. Möglich sind Bewertungen zu(m)

- **Anschaffungskosten:** Hier werden als Wertansatz (aktuelle) Einstandspreise, Durchschnittspreise oder auf Grundlage von unterstellten Verbrauchsreihenfolgen ermittelte Verrechnungspreise festgelegt.
  - Der aktuelle *Einstandspreis* (Tagespreis) erscheint angemessen für Güter, die schnell verbraucht werden (zum Beispiel Dienstleistungen, verderbliche Rohstoffe), und für Güter, die keinen großen Preisschwankungen unterliegen. Eventuelle Anschaffungsnebenkosten (zum Beispiel Fracht), aber auch erhaltene Rabatte sind zu berücksichtigen.
  - *Durchschnittspreise* werden nur einmalig in einer Periode (periodischer Durchschnittspreis) oder fortlaufend (gleitender Durchschnittspreis) errechnet. Durch deren Verwendung ist die Ermittlung der Wertkomponente einfacher möglich.
  - *Verbrauchsreihenfolgen* unterstellen bei Roh-, Hilfs- und Betriebsstoffen einen bestimmten Abbau des Lagers. Üblich ist eine Verbrauchsreihenfolge entsprechend der Lieferung, das heißt, die zuerst gelieferten Mengen sollen auch zuerst verbraucht werden (Fifo = first in first out). Das Gegenteil ist Lifo (= last in first out).
- **Wiederbeschaffungswert:** Dieser ist der aktuelle (Tagespreis) oder zukünftige Preis (Ersatzwert), der bei einer Wiederbeschaffung zu zahlen ist. Rohstoffverbräuche können zum Beispiel zu Tagespreisen bewertet werden, Maschinen werden in der Kostenrechnung häufig auf den Wiederbeschaffungswert abgeschrieben.

Beispiel zum Wiederbeschaffungswert

Eine Maschine mit Anschaffungskosten von 10.000 € soll drei Jahre genutzt werden. Es wird eine jährliche Preissteigerung von 10 % erwartet. Es errechnet sich folglich ein Wiederbeschaffungswert (WBW) von:

$$10.000\ € \cdot 1{,}1^3 = 10.000\ € \cdot 1{,}331 = 13.310.$$

Periode	t0	t1	t2	t3
Faktor	1,0	$1{,}1^1$	$1{,}1^2$	$1{,}1^3$
WBW	10.000	11.000	12.100	13.310

- **Opportunitätskosten:** Diese sind der bewertete Nutzenentgang für die nächstbeste, nicht genutzte Möglichkeit (monetärer Grenznutzen).

Beispiel zu Opportunitätskosten
Für die unentgeltlich mitarbeitende Ehefrau werden kalkulatorische Kosten in Höhe der üblichen tariflichen Entlohnung für eine gleichwertige Tätigkeit angesetzt. Dieses sind Opportunitätskosten. Würde die Ehefrau nicht mitarbeiten, müsste der Unternehmer eine Arbeitskraft einstellen und angemessen vergüten.

- **Verrechnungspreise:** Feste Verrechnungspreise werden üblicherweise bei stärker schwankenden Preisen (zum Beispiel für Mineralöl, in US-$ abgerechnete Mengen) angesetzt. Dadurch sollen größere Veränderungen der Wertkomponente vermieden werden. Allerdings sind Abweichungen zum tatsächlichen Werteverzehr möglich.

1.2.2.2 Verrechnung der Kosten

Nach der möglichst vollständigen Erfassung der Kosten werden diese auf die Bezugsobjekte (Kostenstellen oder Kostenträger) verrechnet. Hierbei können verschiedene Zurechnungsprinzipien verfolgt werden.

- Grundsätzlich anzustreben ist das **Verursachungsprinzip**. Demnach dürfen einem Bezugsobjekt nur die Kosten zugerechnet werden, die es verursacht hat. Allerdings gibt es unterschiedliche Ansichten darüber, was als verursachungsgerecht anzusehen ist:
- Nach dem **Kausalitätsprinzip**, einer engen Auslegung des Verursachungsprinzips, ist eine *Ursache-Wirkungs-Beziehung* zwischen Leistungserstellung (Ursache) und Verbrauch (Wirkung) zu suchen. Dahinter steckt der Gedanke, dass die Kosten ohne die erstellte Leistung nicht entstehen würden. Entsprechend dürfen einem Kostenträger nur die Kosten zugerechnet werden, die er zusätzlich verursacht hat. Einem Stuhl würden etwa die Grenzkosten für das darin verbaute Holz und den Akkordlohn des Arbeiters zugerechnet werden. Allerdings ist eine derartige Ursache-Wirkungs-Beziehung nicht für alle Kosten herstellbar. Fixe Kosten werden entsprechend, wie es in der Teilkostenrechnung üblich ist, nicht auf die Kostenträger verrechnet.
- Weitergehender ist das **Finalitätsprinzip**, nach dem eine *Mittel-Zweck-Beziehung* zwischen der erstellten Leistung (Zweck) und den dafür benötigten Ressourcen (Mittel) bestehen muss. Nach diesem Verursachungsprinzip im weiteren Sinne werden dem Bezugsobjekt deshalb nicht nur Einzelkosten, sondern auch zurechenbare Teile der Gemeinkosten für beanspruchte Ressourcen (zum Beispiel Zeitlohn eines Arbeiters) zugerechnet.

- Eine Verteilung aller Kosten auf die Bezugsobjekte erfolgt nach dem **Proportionalitätsprinzip**. Hierbei wird unterstellt, dass sich die zu verteilenden Gemeinkosten proportional zu bestimmten Bezugs- oder Messgrößen verhalten. Dann können sie mithilfe dieser Schlüsselgrößen auf die Kostenträger verteilt werden. Eine wirklich verursachungsgerechte Verrechnung lässt sich jedoch damit nur bei linearen Kostenfunktionen erreichen.
- An den getroffenen Entscheidungen orientiert sich schließlich das auf Paul Riebel zurückgehende **Identitätsprinzip**. Demnach sollen einem Kalkulationsobjekt nur die Kosten zugerechnet werden, die durch dieselbe (identische) Entscheidung ausgelöst worden sind. Entsprechend sind einem Kostenträger nur echte Einzelkosten zuzurechnen.

Eine verursachungsgerechte Verrechnung der Kosten erhöht die Aussagefähigkeit und die Akzeptanz der Kostenrechnung. Nicht immer wird jedoch eine Einzelfallgerechtigkeit möglich sein, da ein Zusammenhang zwischen Kosten und Leistung beziehungsweise Entscheidung nicht oder nur mit unverhältnismäßigem Aufwand festzustellen ist. Deshalb wird in der Praxis zwischen Aufwand und Nutzen einer verursachungsgerechten Kostenverrechnung abzuwägen sein. Als nicht verursachungsgerechte Prinzipien finden dort weiterhin das Durchschnittsprinzip und das Tragfähigkeitsprinzip Anwendung.

- Nach dem **Durchschnittsprinzip** werden allen Kostenstellen und/oder Kostenträgern Kosten in gleicher Höhe zugerechnet, unabhängig von der Verursachung und der Tragfähigkeit.
- Nach dem **Tragfähigkeitsprinzip** (Belastbarkeitsprinzip) werden einer Kostenstelle beziehungsweise einem Kostenträger die Kosten in Abhängigkeit von ihrer individuellen Belastbarkeit zugerechnet. Indizien hierfür können der erwirtschaftete Umsatz oder Erfolg sein. Es gilt: Je höher der Umsatz oder Deckungsbeitrag, desto höher sind die zuzurechnenden Kosten.

1.2.3 Leistungen

Das Gegenteil von Kosten sind **Leistungen**. Sie lassen sich entsprechend definieren als bewertete, betriebszielbezogene Erstellungen von Gütern und Dienstleistungen innerhalb einer Rechnungsperiode. Leistungen werden auch als Kostenträger bezeichnet, da sie die ihnen zugerechneten Kosten zu tragen haben. Abbildung 1.7 zeigt die verschiedenen Arten von Leistungen und deren Berücksichtigung im Rechnungswesen. Von besonderer Bedeutung sind die **Erlöse** (auch Umsatzerlöse). Das sind am Markt realisierte Leistungen, also verkaufte Güter und Dienstleistungen.

Bewertet werden Leistungen zu den entsprechenden Einnahmen (Erlösen) beziehungsweise zu den ihnen zurechenbaren (Herstell-) Kosten.

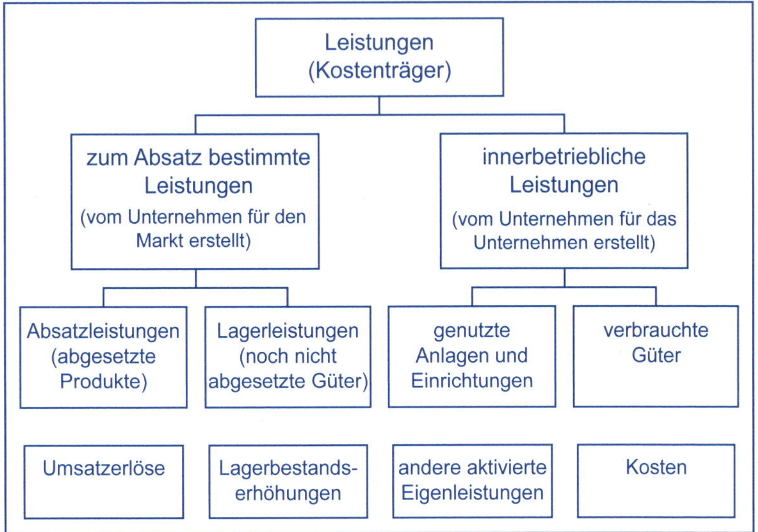

Abbildung 1.7: Betriebliche Leistungen

1.3 Grundlagen der Kostentheorie

1.3.1 Charakterisierung von Kosten

Eine **Gliederung von Kosten** ist nach verschiedenen Kriterien möglich:

- Nach der **Bezugsgröße** lassen sich Stückkosten (Kosten einer einzelnen Leistungseinheit) und Gesamtkosten (Kosten einer Gesamtheit, zum Beispiel Abteilung, Unternehmen) unterscheiden.
- In Abhängigkeit von **betrieblichen Funktionen** können zum Beispiel Beschaffungskosten (für Einkauf und Lagerung), Fertigungskosten, Verwaltungskosten (zum Beispiel Kosten für Personalwesen, Revision und Geschäftsführung) und Vertriebskosten unterschieden werden.
- Nach ihrer **Zurechenbarkeit** auf eine Bezugsgröße (zum Beispiel ein Produkt als Kostenträger) lassen sich Einzel- und Gemeinkosten unterscheiden (siehe Kapitel 1.3.2 Kostenunterscheidung nach der Zurechenbarkeit).

- In Abhängigkeit von der **Beschäftigung** lassen sich variable und fixe Kosten unterscheiden (siehe Kapitel 1.3.3 Kostenunterscheidung nach der Abhängigkeit von der Beschäftigung).
- Nach **Art der Einsatzgüter** (Prozessgliederungsprinzip) werden beispielsweise Materialkosten, Personalkosten und kalkulatorische Kosten unterschieden (siehe Kapitel 2. Kostenartenrechnung).
- Nach ihrer **Herkunft** werden primäre Kosten (ursprüngliche Kosten für auf Beschaffungsmärkten bezogene Faktoren) und sekundäre Kosten (abgeleitete Kosten für den Verbrauch innerbetrieblicher Leistungen) unterschieden (siehe Kapitel 3. Kostenstellenrechnung).
- In Abhängigkeit von der **Produktionsstufe** lassen sich Materialkosten, Fertigungskosten, Herstellkosten und Selbstkosten unterscheiden (siehe Kapitel 4. Kalkulation).
- Nach ihrem **Zeitbezug** lassen sich unterscheiden
  - Istkosten (tatsächlich angefallene Kosten),
  - Normalkosten (aufgrund von Erfahrungen erwartete Kosten) und
  - Plankosten (geplante, das heißt angestrebte Kosten).

Die **Kostentheorie** untersucht, wie sich Kosten bei veränderten Perioden- oder Stückkosten verhalten, das heißt, sie sucht nach Gesetzmäßigkeiten. Im Mittelpunkt der Analysen stehen die Mengenkomponente, da diese vom Unternehmen insbesondere durch das gewählte Produktionsverfahren beeinflusst werden kann, die Kapazität sowie die Beschäftigung. Folglich ist eine Gliederung der Kosten nach deren **Zurechenbarkeit auf eine Bezugsgröße** und nach ihrer **Abhängigkeit von der Beschäftigung** besonders aufschlussreich. Bevor diese Unterscheidungen näher vorgestellt werden, sollen zuvor einige zur Charakterisierung der Kosten grundlegende Begriffe geklärt werden.

Zur **Charakterisierung von Kosten** werden die Begriffe Durchschnittskosten und Grenzkosten sowie der Elastizitätskoeffizient verwendet.

Die **Durchschnittskosten** sind die anteiligen Kosten (k) einer Leistungseinheit:

$$k = \frac{\text{gesamte Kosten}}{\text{Ausbringungsmenge}} = \frac{K}{x}$$

Beispiel zu den Durchschnittskosten
Ein Unternehmen hat bei einer Produktion von 200 Stück Kosten in Höhe von 800 €. Die Durchschnittskosten betragen 4 € je Stück.

Die **Grenzkosten** (k') geben an, um welchen Betrag die Kosten steigen (beziehungsweise fallen), wenn sich die Leistungsmenge um eine Einheit verändert. Es gilt:

$$K' = \frac{\text{Kostenzuwachs}}{\text{Mengenzuwachs}} = \frac{K_2 - K_1}{x_2 - x_1} = \frac{\Delta K}{\Delta x}$$

Beispiel zu den Grenzkosten

Ein Unternehmen hat bei einer Produktion von 200 Stück Kosten in Höhe von 800 €, bei einer Produktionsmenge von 300 Stück belaufen sich die Kosten auf 1.000 €. Entsprechend betragen die Grenzkosten

$$\frac{1.000\ € - 800\ €}{300\ \text{Stück} - 200\ \text{Stück}} = \frac{200\ €}{100\ \text{Stück}} = 2\ €\ \text{je Stück}$$

Der **Elastizitätskoeffizient** ε (auch Reagibilitätsgrad oder Variator) drückt dieses als relative Größe aus. Er gibt das Verhältnis der relativen Änderung der Periodenkosten K zur relativen Änderung der Beschäftigung x an, sagt also etwas aus über das Verhältnis von Grenzkosten zu Durchschnittskosten:

$$\varepsilon = \frac{K_2 - K_1}{x_2 - x_1} \div \frac{K_1}{x_1}$$

Beispiel zur Ermittlung von Elastizitätskoeffizienten

Mit den obigen Zahlen errechnet sich ein Elastizitätskoeffizient von

$$\frac{\dfrac{1.000\ € - 800\ €}{800\ €}}{\dfrac{300\ \text{Stück} - 200\ \text{Stück}}{200\ \text{Stück}}} = \frac{0{,}25}{0{,}5} = 0{,}5$$

Der Kostenelastizitätskoeffizient beträgt 0,5. Die Kosten steigen folglich nur halb so stark wie die Beschäftigung.

Als **Kapazität** wird das maximale Leistungsvermögen einer Einheit bezeichnet (zum Beispiel Maschine, Mitarbeiter, Betrieb). Zu unterscheiden ist die technische Kapazität (maximal mögliche Leistungsmenge, Leistungsvermögen) von der wirtschaftlichen Kapazität (kostengünstigste Auslastung).

Als **Beschäftigung** (x) wird in der Kostenrechnung die tatsächliche Ausnutzung der Kapazität bezeichnet. Sie kann in unterschiedlichen Einheiten gemessen werden, zum Beispiel Stück, Minuten, Beschäftigtenzahl. Durch den Beschäftigungsgrad (BG) wird die relative Beschäftigung gemessen. Er zeigt, inwieweit die tatsächliche (Ist-) Beschäftigung (x^i) der geplanten (Plan-)Beschäftigung (x^p) entspricht:

$$\text{Beschäftigungsgrad} = \frac{\text{Istbeschäftigung}}{\text{Planbeschäftigung}} = \frac{x^i}{x^p}$$

Beispiel zum Beschäftigungsgrad
Bei einer Produktion von 700 Stück und einer Kapazität von 1.000 Stück beträgt der Beschäftigungsgrad

$$BG = \frac{x^i}{x^p} = \frac{700\ \text{Stück}}{1.000\ \text{Stück}} = 0{,}7$$

Durch eine Zerlegung des Beschäftigungsgrades in einen **Zeitgrad** (= Ausnutzung der möglichen Zeit) und einen **Lastgrad** (Intensität der Leistung) kann verdeutlicht werden, warum die Planbeschäftigung nicht erreicht wurde. Es gilt

$$\text{Beschäftigungsgrad} = \text{Zeitgrad} \cdot \text{Lastgrad}$$
$$= \frac{\text{Fertigungszeit}}{\text{mögliche Zeit}} \cdot \frac{\text{Istleistung je Zeiteinheit}}{\text{Sollleistung je Zeiteinheit}}$$

Beispiel zur Zerlegung des Beschäftigungsgrades
Der oben errechnete Beschäftigungsgrad von 0,7 ist darauf zurückzuführen, dass einerseits die Mitarbeiter von 8 möglichen Stunden tatsächlich nur 7 Stunden zur Verfügung stehen und andererseits die Anlage 20% weniger als die geplanten 1.000 Stück ausgelastet war. Es gilt:

$$BG = \frac{7\ \text{Stunden}}{8\ \text{Stunden}} \cdot \frac{800\ \text{Stück}}{1.000\ \text{Stück}} = 0{,}875 \cdot 0{,}8 = 0{,}7$$

1.3.2 Kostenunterscheidung nach der Zurechenbarkeit

Nach der Zurechenbarkeit auf eine Bezugsgröße (Kalkulationsobjekte sind insbesondere Kostenträger, aber auch Kostenstellen, Perioden, Projekte usw.) lassen sich Einzelkosten und Gemeinkosten unterscheiden.

Einzelkosten (= direkte Kosten) können einer Bezugsgröße (Kostenträger, Kostenstelle) direkt zugerechnet werden. Sie entstehen pro Leistungseinheit (also zum Beispiel pro Stück, Quadratmeter, Liter, Quartal). Wichtigste Einzelkosten sind Fertigungsmaterialien und (leistungsmengenabhängige) Fertigungslöhne. *Beispiele* für Einzelkosten eines Kostenträgers: Rohstoffverbrauch wie zum Beispiel Holz für einen Stuhl, (Akkord)Lohn.

Dagegen lassen sich **Gemeinkosten** (= indirekte Kosten) einer Bezugsgröße nicht unmittelbar zurechnen. Sie fallen für mehrere Kalkulationsobjekte gemeinsam an. *Beispiele* für Gemeinkosten eines einzelnen Produktes als Kostenträger: (zeitabhängige) Gehälter, Miete, zeitabhängige Abschreibung, Hilfslöhne.

Von diesen echten Gemeinkosten sind die so genannten **unechten Gemeinkosten** abzugrenzen. Diese stellen Einzelkosten dar, die zwar direkt verrechnet werden könnten, jedoch zusammen mit den echten Gemeinkosten den Bezugsgrößen indirekt zugerechnet werden. Dieses erfolgt insbesondere aus Wirtschaftlichkeitsgründen.

Beispiel zu unechten Gemeinkosten

Zur Herstellung von Stühlen wird der Hilfsstoff Leim benötigt. Eine gesonderte Erfassung der Leimmenge pro Stuhl wäre sehr aufwändig und würde in keinem Verhältnis zum Erkenntnisfortschritt liegen. Deshalb wird der Hilfsstoff Leim nicht als Einzelkosten, sondern als unechte Gemeinkosten zusammen mit den echten Gemeinkosten verrechnet.

Zur Verrechnung der Gemeinkosten auf Bezugsgrößen sind Schlüsselgrößen erforderlich. Eine möglichst verursachungsgerechte Verrechnung der Gemeinkosten auf Kostenträger soll mithilfe der Kostenstellenrechnung erreicht werden.

Weiterhin können im Unternehmen Sonderkosten anfallen, die sich zwar nicht einem einzelnen Produkt, aber einzelnen Aufträgen, Serien oder Produktarten zurechnen lassen. **Sondereinzelkosten** lassen sich einem Auftrag direkt zurechnen (zum Beispiel Spezialwerkzeug, das nur für einen Auftrag benötigt wird), Sondergemeinkosten nur mehreren Aufträgen gemeinsam (Spezialwerkzeug, das für mehrere Aufträge verwendet wird). Unterschieden werden Sondereinzelkosten **der Fertigung** (zum Beispiel Vorserienmodelle, Spezialwerkzeug für einen Auftrag, Druckvorlage für ein Buch, Entwicklungskosten) und Sondereinzelkosten **des Vertriebs** (zum Beispiel für Verpackung, Sonderfrachten, Verkaufsprovisionen, Werbekampagne für ein bestimmtes Produkt, Zölle).

1.3.3 Kostenunterscheidung nach der Abhängigkeit von der Beschäftigung

In Abhängigkeit von der Beschäftigung lassen sich fixe Kosten und variable Kosten unterscheiden. **Fixe Kosten** sind unabhängig von der Beschäftigung. Sie fallen zeitabhängig an, also auch dann, wenn nicht produziert wird. Daher werden sie auch als Stillstandskosten bezeichnet. *Beispiele:* Gehälter, Kfz-Steuer, Miete, Zeitabschreibung. Je höher die Beschäftigung ist, desto geringer sind die fixen Kosten pro Stück. Die Durchschnittskosten sinken also bei steigender Produktionsmenge. Zur Darstellung der Kostenverläufe siehe Abbildung 1.10.

Die fixen Kosten lassen sich in Nutzkosten und Leerkosten aufteilen. Es gilt:

$$\text{Fixe Kosten} = \text{Nutzkosten} + \text{Leerkosten}$$

Die **Nutzkosten** (K^n) drücken aus, welche fixen Kosten der zur Verfügung gestellten Kapazität tatsächlich genutzt werden. **Leerkosten** (K^l) sind entsprechend die Kosten der ungenutzten Kapazität. Diese sollten abgebaut werden, wenn die Kapazität weiterhin nicht voll ausgenutzt wird. Mit zunehmender Beschäftigung erhöhen sich die Nutzkosten und die Leerkosten nehmen gleichermaßen ab.

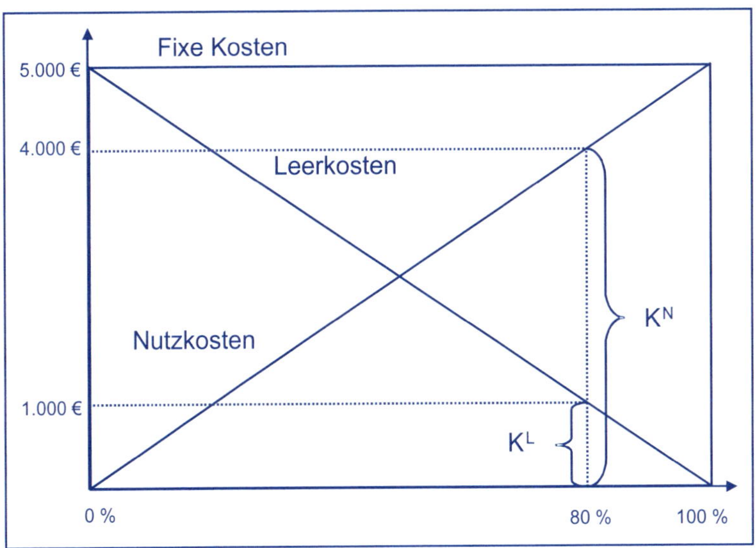

Abbildung 1.8: Nutz- und Leerkostenanalyse

Beispiel zu Nutz- und Leerkosten
Die fixen Kosten einer Maschine betragen 5.000 €. Bei einem Beschäftigungsgrad von 80 % betragen die Nutzkosten 4.000 €, die Leerkosten 1.000 €.

Sprungfixe Kosten (= intervallfixe Kosten) stellen einen Spezialfall der fixen Kosten dar. Sie sind nur innerhalb bestimmter Beschäftigungsintervalle fix. Wird die Grenze überschritten, steigen die Kosten sprunghaft an. *Beispiel*: Durch eine steigende Beschäftigung wird die Kapazität einer Maschine vollständig ausgelastet. Es muss eine zweite beschafft werden, wodurch die fixen Kosten sprunghaft ansteigen.

Sinkt die Beschäftigung wieder, so können die fixen Kosten üblicherweise nicht sofort in erforderlichem Maße abgebaut werden. Beispielsweise sind bei gemieteten Vermögensgegenständen Kündigungsfristen einzuhalten, für nicht mehr benötigte Maschinen müssen Käufer gefunden werden. Diese verzögerte Kostenanpassung bei sinkender Beschäftigung wird als **Kostenremanenz** bezeichnet.

Variable Kosten sind abhängig von der Beschäftigung. Verändert sich die Beschäftigung, so verändern sich auch die variablen Kosten. *Beispiele:* Benzinverbrauch eines Autos, Materialkosten bei der Produktion.

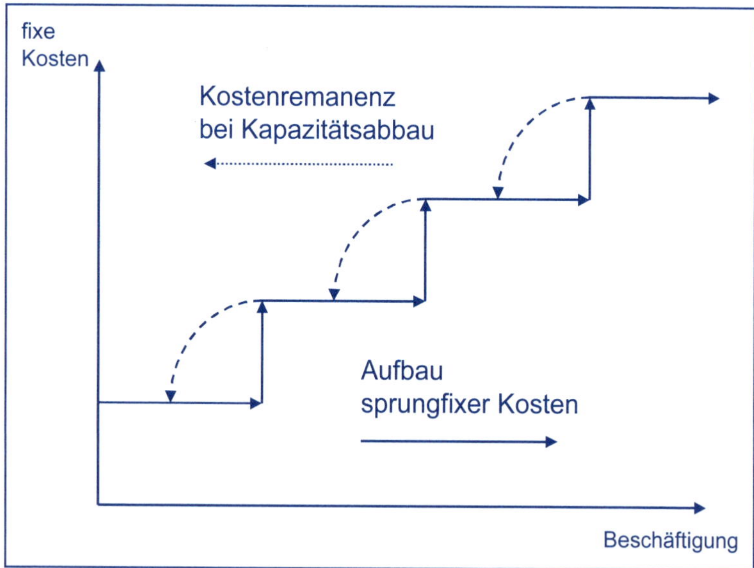

Abbildung 1.9: Auf- und Abbau fixer Kosten

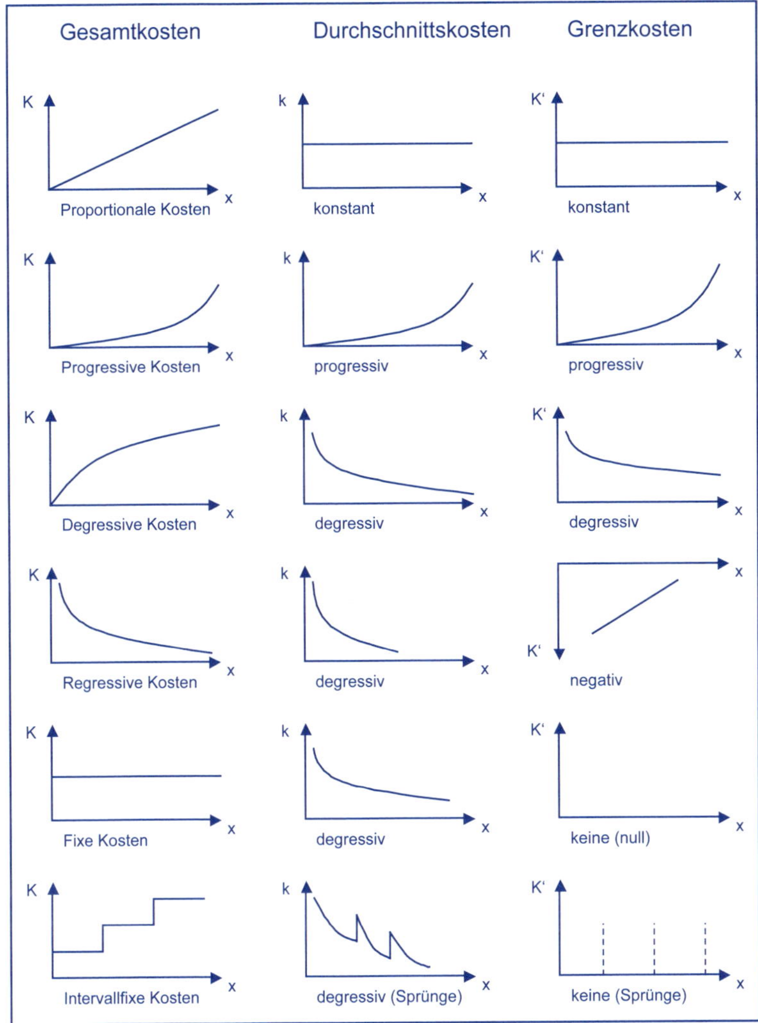

Abbildung 1.10: Kostenverläufe

In Abhängigkeit von der feststellbaren Veränderung lassen sich unterscheiden:

- **Proportionale Kosten** steigen im gleichen Verhältnis wie die Beschäftigung. *Beispiele:* Akkordlohn, Gebühren für Stücklizenzen.
- **Überproportionale/progressive Kosten** steigen stärker an als die Beschäftigung. *Beispiele:* Personalkosten, wenn bei hoher Beschäftigung Überstundenzuschläge gezahlt werden müssen, Benzinkosten für ein Auto bei zunehmender Geschwindigkeit.

- **Unterproportionale/degressive Kosten** steigen geringer an als die Beschäftigung. *Beispiel:* Die Materialkosten je Stück sinken aufgrund eines mengenabhängigen Rabatts des Lieferanten.
- **Regressive Kosten** entwickeln sich gegenläufig zur Beschäftigung. Diese Kosten sind in der Praxis allerdings sehr selten anzutreffen. *Beispiel:* Die Heizkosten eines Kinos sinken mit zunehmender Besucherzahl.

	Elastizitäts-koeffizient	Grenzkosten und Durchschnitts-kosten
fixe Kosten	$\varepsilon = 0$	Grenzkosten = 0 Durchschnittskosten sinken
proportionale Kosten	$\varepsilon = 1$	Grenzkosten = Durchschnittskosten
progressive Kosten	$\varepsilon > 1$	Grenzkosten > Durchschnittskosten
degressive Kosten	$0 < \varepsilon < 1$	Grenzkosten < Durchschnittskosten
regressive Kosten	$\varepsilon < 0$	Grenzkosten und Durchschnittskosten sinken

Abbildung 1.11: Charakterisierung von fixen und variablen Kosten

1.3.4 Kostenauflösung

Die gesamten Kosten (K) eines Unternehmens setzen sich aus den gesamten fixen Kosten (K_f) und den gesamten variablen Kosten (K_v) zusammen. Es gilt:

(gesamte) Kosten = fixe Kosten + variable Kosten

Mithilfe von Symbolen kann diese Gesamtkostenfunktion ausgedrückt werden als:

$$K = K_f + K_v$$

Hinweis: Großbuchstaben drücken in der Kostenrechnung aus, dass es sich um Gesamtgrößen handelt (K = Gesamtkosten eines Abrechnungsbereiches), kleine Buchstaben stehen für stückbezogene Größen (k = gesamte Stückkosten).

In diesem Lehrbuch soll vereinfachend davon ausgegangen werden, dass die variablen Kosten und auch die stückabhängigen Erlöse proportionalen Charakter haben. Die restlichen Kosten werden als fix angenommen.

Da die variablen Kosten von der Beschäftigung (x) abhängig sind, kann folgende **lineare Gesamtkostenfunktion** aufgestellt werden:

$$K = K_f + K_v = K_f + k_v \cdot x$$

Die Aufteilung der Kosten in fixe und variable Kosten erfolgt im Rahmen der so genannten **Kostenauflösung** (Kostenspaltung). Mathematisch-statistische Verfahren der Kostenauflösung (wie buchtechnische Form, Streupunktdiagramme, Methode der kleinsten Quadrate) versuchen Kostenfunktionen auf Basis von Vergangenheitswerten abzuleiten. So untersucht die buchtechnische Form alle im Rahmen der Kostenartenrechnung erfassten Kosten auf ihre Veränderbarkeit (Reagibilität) bei Beschäftigungsänderungen. Hierdurch kann schnell eine Einteilung in variable und fixe Kosten vorgenommen werden, doch werden zukünftige Veränderungen nicht berücksichtigt. Zukunftsorientiert sind die so genannten analytischen Verfahren der Kostenauflösung. Hierbei werden in einem sehr aufwändigen, aber genauen Prozess die zukünftigen Kosten auf Basis von Verbrauchsanalysen, technischen Daten, Schätzungen et cetera ermittelt und in fixe und variable Bestandteile zerlegt.

Mithilfe der durch die Kostenaufteilung erarbeiteten Gesamtkostenfunktion können die Kosten für verschiedene Beschäftigungsgrade ermittelt werden.

Beispiel zur Kostenauflösung

Für ein Unternehmen mit einer Produktion von 200 Stück und Gesamtkosten in Höhe von 800 € wurden Grenzkosten von 2 € ermittelt. Bei unterstelltem proportionalen Kostenverlauf entsprechen die Grenzkosten den variablen Kosten. Aus diesen Angaben können mithilfe der linearen Gesamtkostenfunktion die fixen Kosten abgeleitet werden:

$$800\ € = K_f + 2\ € \cdot 200\ \text{Stück}$$
$$K_f = 800\ € - 2\ € \cdot 200\ \text{Stück} = 400\ €$$

Nun können für jede Beschäftigung die Gesamtkosten ermittelt werden. Somit würden sich bei einer Beschäftigung von zum Beispiel 500 Stück Gesamtkosten ergeben von

$$K = 400\ € + 2\ € \cdot 500\ \text{Stück} = 1.400\ €$$

Entsprechend der Kostenfunktion kann eine (lineare) **Erlösfunktion** aufgestellt werden:

$$\text{(gesamter) Erlös} = \text{Erlöse je Stück} \cdot \text{Beschäftigung (Absatzmenge)}$$
$$E = e \cdot x$$

Durch Zusammenführung von Erlös- und Kostenfunktion kann der betriebliche Erfolg ermittelt werden. Die **Gewinnfunktion** lautet:

$$G = E - K = e \cdot x - (K_f + k_v \cdot x)$$

Für die Erfassung und Zurechnung der Kosten auf Kostenstellen und Kostenträger ist insbesondere die Unterscheidung in Einzel- und Gemeinkosten wichtig. Eine zusätzliche Unterscheidung dieser Kosten in variable und fixe Kosten verdeutlicht, wie sich die Kosten bei Beschäftigungsänderungen verhalten. Dieses ist insbesondere für Entscheidungsrechnungen sowie die Planung zukünftiger Kosten relevant. Den Zusammenhang zwischen variablen und fixen Kosten einerseits sowie Einzel- und Gemeinkosten andererseits veranschaulicht Abbildung 1.12.

<table>
<tr><td colspan="3">gesamte Kosten</td></tr>
<tr><td colspan="2">variable Kosten</td><td>fixe Kosten</td></tr>
<tr><td>Kostenträger-
Einzelkosten</td><td colspan="2">Kostenträger-
Gemeinkosten</td></tr>
</table>

Abbildung 1.12: Zusammenhang der Kostenbegriffe

Einzelkosten eines Kostenträgers sind regelmäßig zugleich variable Kosten (zum Beispiel Rohstoffe, Akkordlohn), Gemeinkosten eines Kostenträgers sind überwiegend fixe Kosten, können aber auch variabel sein (als unechte Gemeinkosten wie zum Beispiel Energieverbrauch eines Firmenwagens).

Zu berücksichtigen ist, dass in der Kostenrechnung in der Regel eine einperiodige Betrachtung vorgenommen wird. Bei kurzfristigeren Betrachtungen sinkt der Anteil der variablen Kosten, langfristig sind hingegen alle Kosten variabel.

Den Zusammenhang der Kostenbegriffe verdeutlicht abschließend das nachfolgende Beispiel.

Zusammenfassendes Beispiel zur Kostentheorie

Eine Tischlerei stellt Stühle her, die für einen Preis von 75 € verkauft werden. Bei einer Produktionsmenge von 300 Stück betragen die Kosten 21.000 €, bei einer Produktionsmenge von 400 Stück 26.000 €.

Die lineare Erlösfunktion lautet:

$$E = 75 \cdot x$$

Zur Ermittlung der Gesamtkostenfunktion müssen die Grenzkosten und die fixen Kosten ermittelt werden. Die **Grenzkosten** betragen

$$\frac{26.000\ € - 21.000\ €}{400\ \text{Stück} - 300\ \text{Stück}} = \frac{5.000\ €}{100\ \text{Stück}} = 50\ €\ \text{je Stück}$$

Aus diesem Ergebnis lassen sich die *fixen Kosten* ableiten:

$K = K_f + k_v \cdot x$

$K_f = K - k_v \cdot x$

$K_f = 26.000\ € - 50\ € \cdot 400\ \text{Stück} = 6.000\ €$

Die lineare Gesamtkostenfunktion lautet folglich:

$K = 6.000\ € + 50\ € \cdot x$

Bei einer Produktion von 500 Stück ergeben sich variable Kosten von

$K_v = 50\ € \cdot 500\ \text{Stück} = 25.000\ €$

1.4 Teilbereiche und Systeme der Kostenrechnung im Überblick

Anwendbar ist die Kosten- und Leistungsrechnung überall dort, wo Produktionsfaktoren zur betrieblichen Leistungserstellung und -verwertung kombiniert werden. Da wegen der Gleichartigkeit der Leistung die Kostenrechnung wohl am besten dort funktioniert, wo technologische Transformationen von Werkstoffen in verkaufsfähige Güter stattfinden, wird hier der Fertigungsbetrieb zum **Erkenntnisobjekt** gewählt. Allerdings sind die Erkenntnisse auf die meisten Unternehmen ohne größere Modifizierungen übertragbar.

Bei Betriebsabrechnung und Kalkulation werden Informationen darüber benötigt, welche Kosten wo und wofür angefallen sind. Entsprechend gliedert sich die Kostenrechnung in drei **Teilbereiche**.

- Die **Kostenartenrechnung** erfasst und systematisiert alle Kosten einer Periode. Die Fragestellung lautet: *Welche Kosten fallen in welcher Höhe an?*
- Die **Kostenstellenrechnung** verrechnet die Kosten auf die einzelnen betrieblichen Funktionsbereiche. Hier lautet die Fragestellung: *Wo fallen die Kosten an?*
- Die **Kostenträgerrechnung** ermittelt die Kosten von Kalkulationsobjekten. Die Fragestellung lautet: *Wofür fallen die Kosten an?* Innerhalb der Kostenträgerrechnung wird wiederum die Kostenträger*stück*rechnung (Kalkulation) und die Kostenträger*zeit*rechnung (kurzfristige Erfolgsrechnung) unterschieden.

Aufgabe der (periodenbezogenen) **Kostenträgerzeitrechnung** ist die Ermittlung des Erfolgs einer Periode. Die Erreichung der monetären Ziele wird durch eine Gegenüberstellung der Kosten und Leistungen einer Periode ermittelt. Die Kostenträgerzeitrechnung wird auch als **kurzfristige Erfolgsrechnung** bezeichnet, da die betrachteten Perioden in der Regel kürzer als das Geschäftsjahr sind. Nur so können unterjährig Fehlentwicklungen erkannt und Steuerungsimpulse gewonnen werden.

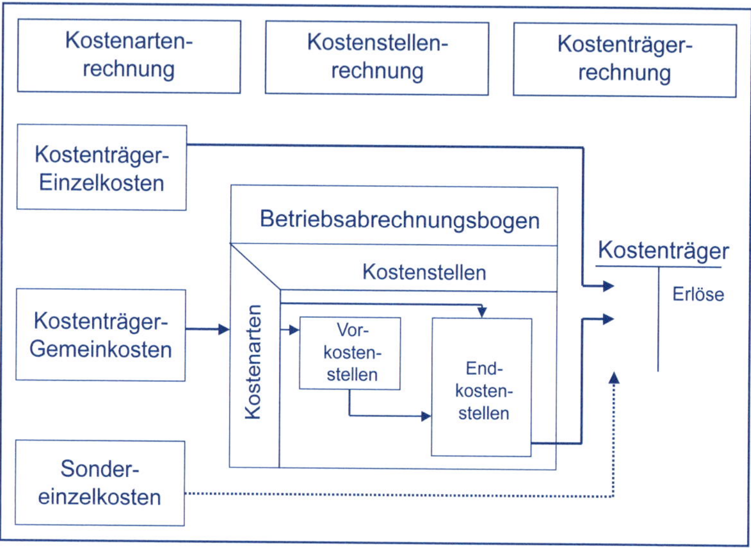

Abbildung 1.13: Schematisierung der Betriebsabrechnung

Die (stückbezogene) **Kostenträgerstückrechnung** ist der zentrale Bereich der Kostenrechnung. Ihre Aufgabe ist die möglichst verursachungsgerechte Verteilung der angefallenen Kosten auf die Kostenträger (zum Beispiel Produkte). Sie wird auch als Selbstkostenrechnung oder **Kalkulation** bezeichnet.

Abbildung 1.13 zeigt den Zusammenhang von Betriebsabrechnung und Kalkulation. In der Kostenartenrechnung werden die einzelnen Kostenarten ermittelt und charakterisiert. Die Einzelkosten können direkt in die Kostenträgerrechnung übernommen werden. Hingegen werden die Gemeinkosten in der Kostenstellenrechnung auf die einzelnen betrieblichen Abrechnungsbereiche verteilt und untereinander verrechnet. Dieses geschieht üblicherweise mithilfe des Betriebsabrechnungsbogens (BAB). Von den Endkostenstellen werden die Kosten dann auf die Kostenträger verrechnet. Die Sondereinzelkosten können zwar in der Regel nicht einem einzelnen

Kostenträger zugerechnet werden, wohl aber einer Gruppe von Kostenträgern (zum Beispiel Projekten und Aufträgen).

Das interne Rechnungswesen dient der Planung, Steuerung und Kontrolle des Betriebsgeschehens. Dazu wurden verschiedene **Systeme** der Kostenrechnung entwickelt, die sich nach dem Zeitbezug und hinsichtlich des Umfangs der verrechneten Kosten unterscheiden lassen.

Nach dem **Zeitbezug** der verrechneten Kosten lassen sich die Systeme unterscheiden in

- eine vergangenheitsorientierte Istkostenrechnung,
- eine gegenwartsorientierte Normalkostenrechnung und
- eine zukunftsorientierte Plankostenrechnung.

Die **Istkostenrechnung** verrechnet die tatsächlich angefallenen Kosten auf die in derselben Periode erstellten Leistungen. Sie berücksichtigt also auch zufällige Schwankungen. Hierdurch kann eine Nachkalkulation der tatsächlichen Stückkosten pro Leistungseinheit erfolgen. Nachteilig ist, dass eine derartige Kalkulation nur nachträglich möglich ist, eben nachdem die Kosten ermittelt wurden. Problematisch ist hierbei zudem, dass sich durch saisonale oder zufällige Preis- und Mengenschwankungen in jeder Periode neue Kalkulations- und Verrechnungssätze bilden. Das erschwert innerbetriebliche Zeitvergleiche und macht eine Kontrolle der Wirtschaftlichkeit praktisch unmöglich.

Die **Normalkostenrechnung** gleicht diese Nachteile dadurch aus, dass sie mit durchschnittlichen Istkosten aus vergangenen Perioden rechnet, den so genannten Normalkosten. Dabei werden Kostenschwankungen geglättet. Absehbare Veränderungen (zum Beispiel Preiserhöhungen) können zudem berücksichtigt werden.

Die **Plankostenrechnung** betrachtet zukünftige Kosten. Dazu werden die zu erwartenden Verbrauchsmengen und Preise geplant.

> **Istkosten** sind tatsächlich angefallene Kosten für tatsächlich verbrauchte Gütermengen.
>
> **Normalkosten** sind durchschnittliche Kosten der Vergangenheit.
>
> **Plankosten** sind angestrebte (zukunftsbezogene) Kosten.

Nach dem **Umfang** der verrechneten Kosten werden in der Kostenrechnung die Systeme der Voll- und Teilkostenrechnung unterschieden:

- **Vollkostenrechnungen** berücksichtigen bei der Kalkulation sämtliche Kosten. Es werden die gesamten Kosten einer Periode auf die Leistungen derselben Periode verrechnet.

- **Teilkostenrechnungen** verrechnen nur bestimmte (entscheidungsrelevante) Teile der Kosten auf die Kostenträger. Die verbleibenden Kosten werden erst bei der Ermittlung des Betriebsergebnisses berücksichtigt.

Für die Kalkulation können die in zeitlicher Hinsicht und nach dem Umfang der auf einen Kostenträger verrechneten Kosten unterschiedenen Systeme der Kostenrechnung miteinander kombiniert werden.

Umfang der Kostenverrechnung / Zeitbezug	Vollkostenrechnung	Teilkostenrechnung
Istkostenrechnung	√	√
Normalkostenrechnung	√	(nicht üblich)
Plankostenrechnung	√	√

Abbildung 1.14: Kostenrechnungssysteme im Überblick

Welche Kombination gewählt wird, hängt vom Zweck der Rechnung ab. Grundlegend ist die Betriebsabrechnung, auf die alle Systeme der Kostenrechnung zurückgreifen. Deshalb werden nachfolgend zuerst die Kostenartenrechnung (Kapitel Kostenartenrechnung) und die Kostenstellenrechnung (Kapitel Kostenstellenrechnung) vorgestellt.

Mindestform einer funktionierenden Kostenrechnung ist eine **Vollkostenrechnung als Istkostenrechnung**. An deren Beispiel werden im 4. Kapitel die Verfahren der **Kalkulation** (Kostenträgerstückrechnung) vorgestellt. Hierbei wird auch auf Unterschiede zur Normalkostenrechnung eingegangen.

Eine Erfolgsermittlung kann mittels Kurzfristiger Erfolgsrechnung (Kostenträgerzeitrechnung) nach Abschluss einer Periode, also als Istkostenrechnung, oder vor einer Periode als Plankostenrechnung durchgeführt werden. Hierbei werden grundsätzlich alle Kosten und Leistungen berücksichtigt. Dieses machen auch die Deckungsbeitragsrechnungen, doch werden den einzelnen Kostenträgern nur Teile der Kosten zugerechnet und es wird entsprechend mit Deckungsbeiträgen gerechnet (5. Kapitel).

Werden Informationen für kurzfristige Entscheidungen benötigt, so ist eine **Teilkostenrechnung** (Deckungsbeitragsrechnung) zu verwenden. Diese wird im 6. Kapitel vorgestellt.

Für eine effiziente Steuerung ist die **Plankostenrechnung** (7. Kapitel) aufzubauen. Nur sie ermöglicht eine zukunftsorientierte Vorbereitung von betriebswirtschaftlichen Entscheidungen. Durch die spätere Gegenüberstellung von Ist- und Plankosten wird eine effiziente

Kontrolle ermöglicht. Hierbei können Abweichungen sichtbar gemacht werden, die zeigen, in welcher Höhe und aus welchen Gründen es zu Kostenüber- beziehungsweise -unterdeckungen gekommen ist und wer hierfür die Verantwortung trägt.

Fragen zur Wiederholung

Kennen Sie sich aus?

- Lösen Sie die Prüfungsaufgaben 1 und 2 aus dem Kapitel 9.1 dieses Buches.
- Lösen Sie die Aufgaben 1 bis 38 aus dem Buch Übungen zur Kostenrechnung von Freidank/Fischbach/Sassen.

Können Sie die nachfolgenden Fragen beantworten?

- Was sind die Aufgaben des Rechnungswesens?
- Warum sollte ein Unternehmen eine Kostenrechnung haben?
- Was unterscheidet Aufwendungen und Kosten?
- Nennen Sie je zwei Beispiele für Grundkosten, neutralen Aufwand, Andersaufwand sowie kalkulatorische Kosten.
- Warum sollte ein Unternehmen kalkulatorische Kosten erfassen?
- Wann sind die Grenzkosten größer als die Durchschnittskosten?
- Wie erreicht man eine Fixkostendegression?
- Was ist sind Sondereinzelkosten? Nennen Sie zwei Beispiele.
- Was unterschiedet die Ist- von der Normal- und Plankostenrechnung?

2 Kostenartenrechnung

Lernziele

- Sie kennen die Aufgaben der Kostenartenrechnung und die typischen Kostenarten.
- Sie können Materialkosten erfassen und bewerten.
- Sie kennen die Bestandteile der Personalkosten.
- Sie wissen, weshalb kalkulatorische Kosten berechnet werden.
- Sie können kalkulatorische Kosten, insbesondere Abschreibungen, Zinsen und Wagniskosten ermitteln.

2.1 Aufgaben und Grundstrukturen

Aufgabe der Kostenartenrechnung ist die Erfassung und Gliederung aller in einer Periode anfallenden Kosten. Diese Informationen werden als Grundlage für die Kostenstellen- und die Kostenträgerrechnung benötigt. Weiterhin können dadurch Erkenntnisse über die Kostenstruktur und damit Ansatzpunkte für Kostensenkungsmaßnahmen gewonnen werden.

Voraussetzung für eine aussagekräftige Kostenrechnung ist die richtige und vollständige **Erfassung** der Kosten. Hierzu kann auf die Finanzbuchhaltung sowie gesonderte Nebenrechnungen (zum Beispiel Lohn- und Gehaltsbuchhaltung, Lagerbuchhaltung, Anlagenbuchhaltung) zurückgegriffen werden.

- Eine indirekte Ermittlung kann durch eine getrennte Erfassung von Mengen und deren Werten (Preisen) erfolgen. Die Kosten ergeben sich als Produkt von Mengen- und Wertkomponente.
- Direkt können die Kosten durch Übernahme eines Betrages aus anderen Rechenwerken erfolgen.

Die **Grundkosten** (aufwandsgleiche Kosten) können direkt aus der Finanzbuchhaltung übernommen werden. Diese machen üblicherweise den größten Teil der Kosten aus (zum Beispiel Materialverbrauch, Fertigungslöhne, Gehälter). Nicht übernommen werden dürfen jedoch die neutralen Aufwendungen (zum Beispiel Spenden).

Zur Ermittlung der kalkulatorischen Kosten sind Abgrenzungen und Sonderrechnungen erforderlich. Es müssen die **Zusatzkosten** ermittelt werden, denen keine Aufwendungen in der Finanzbuchhaltung gegenüberstehen. *Beispiele*: Kalkulatorischer Unternehmerlohn, kalkulatorische Miete. Hierzu sind Gründe und Mengen für diese kalkulatorischen Kosten zu ermitteln und dann mit den entsprechenden Opportunitätskosten zu bewerten. Weiterhin zu identifizieren sind **Anderskosten** (aufwandsverschiedene Kosten), deren Wertansätze von den in der Finanzbuchhaltung gebuchten Aufwendungen abweichen.

Bei der Erfassung und Gliederung der Kostenarten sind folgende **Grundsätze** zu beachten:

- Grundsatz der **Vollständigkeit:** Es sind alle Kosten zu erfassen, damit die Kostenrechnung aussagefähig ist.
- Grundsatz der **Reinheit:** Bei einer Kostenart darf nur eine Kostengüterart bestimmend sein („saubere Kostenart“). Nur so können anfallende Kosten eindeutig zugeordnet werden.
- Grundsatz der **Einheitlichkeit:** Es muss eine einheitliche und schnelle Zurechnung möglich sein. Hierzu werden in der Praxis Kostenartenpläne erstellt (ähnlich den Kontenplänen in der Buchhaltung), in denen die verwendeten Kostenarten gegliedert und beschrieben werden.
- Grundsatz der **Wirtschaftlichkeit:** Bei der Untergliederung der Kostenarten sind die hierfür erforderlichen Arbeiten mit dem daraus möglichen Nutzen abzuwägen. So werden zu vernachlässigende Kosten in der Praxis nicht in gesonderten Kostenarten erfasst, sondern unter der Kostenart „Sonstige Kosten“ zusammengefasst.

Die von einem Betrieb unterschiedenen Kostenarten werden in einem **Kostenartenplan** zusammengestellt und systematisiert. Hierbei erfolgt häufig eine Orientierung an den Vorgaben der für die Buchführung geltenden Kontenpläne, die auf Basis vorgeschlagener Kontenrahmen erstellt werden. So enthält der Gemeinschaftskontenrahmen der Industrie (GKR) in der Klasse 4 einen Gliederungsvorschlag für die Kostenarten. Im Industriekontenrahmen (IKR) werden die aufwandsgleichen Kosten in den Klassen 4 und 5 erfasst, die kalkulatorischen Kosten in der Klasse 9.

Bei der **Gliederung** der Kosten ist eine Einteilung nach der Art der verbrauchten Elementarfaktoren (dem so genannten Prozessgliederungsprinzip) in die Kostenartengruppen Materialkosten, Personalkosten, Dienstleistungskosten, öffentliche Abgaben und Steuern sowie diverse kalkulatorische Kosten üblich. Die Reihenfolge folgt üblicherweise der kostenmäßigen Bedeutung der einzelnen Kostenarten in produzierenden Unternehmen. In Dienstleistungsunternehmen bietet sich hingegen eine Untergliederung in die Kostenartengruppen Personalkosten, Sachkosten und kalkulatorische Kosten an. Abbildung 2.1 zeigt beispielhaft einen Kostenartenplan für ein Dienstleistungsunternehmen. Ebenso können die Kostenarten nach den betrieblichen Funktionen in Beschaffungskosten, Fertigungskosten, Verwaltungskosten und Vertriebskosten unterschieden werden.

1 Sachkosten
- 11 Materialkosten
  - 111 Büromaterial
  - 112 Kopierkosten
  - 113 Formulare und Vordrucke
  - ...
- 12 Dienstleistungskosten
  - 121 Telekommunikation
  - 122 Versicherungen
  - 123 Werbung
  - ...
- 13 Dienstreisen
  - 131 Reisekosten und Tagesgeld
  - 132 Fahrkarten
  - ...
- 14 Aus- und Fortbildung
  - 141 Zeitschriften, Bücher
  - 142 Vergütungen für Dozenten
  - ...
- 15 Fremdleistungen
  - 151 Leihpersonal
  - 152 Rechts- und Beratungskosten
  - ...
- 16 IT-Kosten
  - 161 IT-Mieten
  - 162 IT-Wartung
  - ...
- 17 Gebäudekosten
  - 171 Miete
  - 172 Mietnebenkosten
  - 173 Modernisierung/Umbauten
  - 174 Umzüge
  - 175 Bewachung
  - 176 Grundsteuer
  - ...
- 18 Sonstige Kosten

2 Personalkosten
- 21 Gehälter und Sozialabgaben
  - 211 Vergütungen
  - 212 übertarifliche Gehaltszulagen
  - 213 Arbeitgeberbeitrag zur Sozialversicherung
  - ...
- 22 Löhne und Sozialabgaben
  - ...
- 23 Überstundenvergütung
  - ...
- 24 Sonstige Personaleinzelkosten
  - 241 Zuschüsse, Entschädigungen
  - 242 Abfindungen bei Entlassungen
  - ...
- 25 Personalgemeinkosten
  - 251 Ruhegelder
  - 252 Beitrag zur gesetzlichen Unfallversicherung
  - 253 Beitrag zur Berufsgenossenschaft
  - ...
- 26 Gratifikationen, Urlaubsgeld
  - 261 Sonderzahlungen
  - 262 Urlaubsgelder
  - ...
- 27 Sonstige Personalkosten
  - 271 Kosten der Personalbeschaffung
  - ...

3 Kalkulatorische Kosten
- 31 Kalkulatorische Abschreibungen
- 32 Kalkulatorische Zinsen
- 33 Kalkulatorische Wagnisse
  - 331 Anlagenwagnis
  - ...

Abbildung 2.1: Schema eines Kostenartenplans für ein Dienstleistungsunternehmen

Unabhängig von der verwendeten Gliederung **ist jede Kostenart zu charakterisieren.** Es ist festzuhalten, wie die Kosten zu verrechnen sind (Einzelkosten oder Gemeinkosten) und wie die Kosten sich bei Beschäftigungsveränderungen verhalten (variable oder fixe Kosten). Diese Informationen sind wichtig für die spätere Verrechnung der Kosten sowie betriebliche Entscheidungen.

Die Ausgestaltung und die Tiefe der Untergliederung von Kostenartenplänen hängen von der Tätigkeit und der Größe des Unternehmens, aber auch den Informationsbedürfnissen des Managements ab. So wird ein Industrieunternehmen stärkere Untergliederungen im Bereich der Materialkosten vornehmen, während dies bei einer Versicherung nicht nötig ist, ja sogar dem Grundsatz der Wirtschaftlichkeit widerspricht. Dort sind die Materialkosten ein relativ unbedeutender Teil der Sachkosten. Ein mittelständisches Unternehmen wird mit wenigen Kostenarten auskommen, während in großen Unternehmen umfangreiche Kontenpläne mit mehreren hundert Kostenarten üblich sind.

Wichtige Kostenartengruppen sind die Materialkosten, Personalkosten, Dienstleistungskosten, öffentliche Abgaben sowie kalkulatorische Kosten.

2.2 Materialkosten

Materialkosten entstehen durch die Beschaffung, die Lagerung und den Verbrauch von Stoffen im Rahmen des Produktionsprozesses. Entsprechend sind Materialkosten insbesondere in Produktionsunternehmen relevant. Hierbei können die in Abbildung 2.2 aufgeführten Materialarten unterschieden werden.

Diese werden dann regelmäßig **weiter untergliedert**. So kann man die Materialkostenarten Roh-, Hilfs- und Betriebsstoffe wiederum nach verschiedenen Arten und Qualitäten differenzieren. In Dienstleistungsunternehmen werden hingegen üblicherweise nur wenige Materialkosten unterschieden (zum Beispiel Büromaterial, Kopierkosten, Formulare und Vordrucke, Dienstkleidung und Reinigung).

Die verbrauchten Rohstoffe und Zulieferteile werden den Kostenträgern als **Materialeinzelkosten** direkt zugerechnet. Das gilt theoretisch auch für die Hilfsstoffe, die ebenfalls in das Produkt eingehen und ihm damit zurechenbar wären. Jedoch werden diese aus Wirtschaftlichkeitsgründen, aber auch mangels geeigneter Erfassungsmethoden in der Regel als (unechte) Gemeinkosten verrechnet. Sie werden zusammen mit den Betriebsstoffen als so genanntes **Gemeinkostenmaterial** den Kostenträgern indirekt zugerechnet.

Materialart	Definition	Beispiele
Werkstoffe	Oberbegriff für Roh-, Hilfs- und Betriebsstoffe	
Rohstoffe	gehen als Hauptbestandteile in das Produkt ein	Holz für einen Stuhl, Papier für ein Buch
Hilfsstoffe	gehen als Nebenbestandteile in das Produkt ein	Leim, Farbe, Lack, Nägel, Schrauben
Betriebsstoffe	werden bei der Fertigung verbraucht, gehen aber nicht in das Produkt ein	Schmierstoffe, Benzin, Reinigungsmittel, Büromaterial
Zulieferteile/ (Handels-)Waren	sind von Dritten bezogene fertige Teile oder Baugruppen, die ohne weitere Be- und Verarbeitung in das zu fertigende Produkt eingehen beziehungsweise zwecks Ergänzung des Sortiments weiterverkauft werden	Zubehörteile wie zum Beispiel Laufwerke (Computer) oder Autoradios beziehungsweise Sortimentsergänzungen wie zum Beispiel Schuhcreme, die ein Schuster verkauft; Verbrauchsmaterialien, die ein Maschinenbauer verkauft

Abbildung 2.2: Materialarten

Die weiteren Kosten des Materialbereichs (zum Beispiel Kosten für Heizung, Abschreibung und Beleuchtung des Lagergebäudes, Personalkosten für die Mitarbeiter des Lagers) werden zusammen mit dem Gemeinkostenmaterial als **Materialgemeinkosten** verrechnet.

In der Lager- und Materialwirtschaft werden zudem die Begriffe unfertige **Erzeugnisse** (befinden sich noch im Produktionsprozess), fertige Erzeugnisse (haben den Produktionsprozess bereits vollständig durchlaufen) sowie **Vorräte** (Sammelbegriff für Roh-, Hilfs- und Betriebsstoffe, Waren sowie fertige und unfertige Erzeugnisse) verwendet. Diese Größen sind für die Bilanzierung sowie die Kostenträgerzeitrechnung relevant.

2.2.1 Erfassung des Materialverbrauchs

Die Erfassung des Verbrauchs kann mit verschiedenen Methoden erfolgen, die unterschiedlich aufwändig und genau sind. Abbildung 2.3 zeigt die Ansatzpunkte der vorzustellenden Rechnungen.

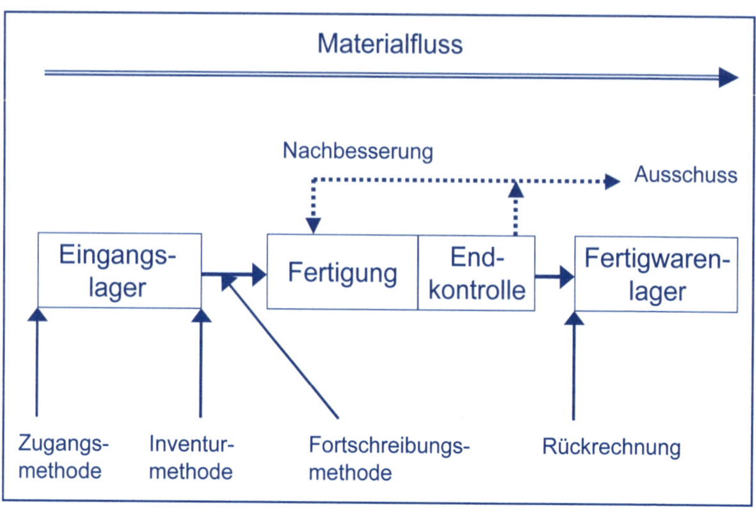

Abbildung 2.3: Erfassung des Materialverbrauchs

Zur Erläuterung der Ermittlung des Verbrauchs wird jeweils auf das nachfolgende Beispiel zurückgegriffen.

Beispiel zur Erfassung des Materialverbrauchs
Für eine Materialart wurden folgende Zu- und Abgänge erfasst:

Datum	Vorgang	Menge
01.01.	Anfangsbestand lt. Inventur	60 kg
04.01.	Zugang	350 kg
05.01.	Abgang	220 kg
17.01.	Zugang	300 kg
23.01.	Abgang	360 kg
31.01.	Endbestand lt. Inventur	110 kg

In der Periode wurden insgesamt 110 Erzeugnisse mit einem geplanten Materialverbrauch von je 5 kg hergestellt.

Mit der **Zugangsmethode** (auch Festwertmethode) wird der Verbrauch zum Zeitpunkt des Materialzuganges erfasst. Nachträglich lässt dieser sich durch Addition der Zugänge laut Lieferscheine ermitteln.

Verbrauch = Zugänge der Periode

Dieses einfache Verfahren führt nur dann zur Erfassung des tatsächlichen Verbrauchs einer Periode, wenn keine Bestände zwischengelagert werden (zum Beispiel Obst, Blumen, Molkereiprodukte) oder Abgänge sofort ersetzt werden (zum Beispiel geringwertige Werkzeuge, Wäsche und Geschirr eines Hotels). In der Praxis wird diese Methode, abgesehen für die Erfassung von wertmäßig unbedeutenden Materialien, kaum eingesetzt.

Beispiel zur Zugangsmethode
Es ergibt sich ein Verbrauch von 350 kg + 300 kg = 650 kg

Die Veränderung des Lagerbestands wird nicht berücksichtigt. Unkontrollierte Lagerabgänge werden nicht erkannt.

Die **Inventurmethode** (auch Befundrechnung) ermittelt den Verbrauch nach Durchführung einer Bestandsaufnahme (Inventur) durch folgende Berechnungsschritte:

	Anfangsbestand
+	Zugänge (laut Lieferscheinen)
–	Endbestand (laut Inventur)
=	Abgänge (= Istverbrauch)

Hierdurch kann der tatsächliche Verbrauch einer Periode ermittelt werden. Berücksichtigt werden dabei auch außerordentliche Abgänge (durch Diebstahl oder Verderb im Lager).

Nachteilig ist, dass für unterjährige Erfassungen eine gesonderte (und aufwändige) Inventur durchgeführt werden muss. Weiterhin ist zu kritisieren, dass der Verbrauch nur in einer Summe ermittelt wird, die zudem außerordentliche Abgänge enthält. Dadurch ist eine wünschenswerte Zurechnung der verbrauchten Materialien auf einzelne Kostenstellen oder Kostenträger ohne weitere Informationen (Materialentnahmescheine) nicht möglich.

Beispiel zur Inventurmethode
Es ergibt sich ein Verbrauch von 60 kg + (350 kg + 300 kg) – 110 kg = 600 kg

Der Verbrauch ist niedriger als nach der Zugangsmethode, da ein Teil der Zugänge während der Periode nicht verbraucht, sondern damit der Lagerbestand des Materials erhöht wurde.

Die **Fortschreibungsmethode** (auch Skontrationsmethode, Methode der Einzelaufschreibung) ist ein sehr genaues Verfahren, das die Nachteile der Inventurmethode vermeidet. Hier wird der Verbrauch zum Zeitpunkt des Lagerabgangs durch auszustellende Materialentnahmescheine ermittelt. Es gilt

Verbrauch = Summe der durch Materialentnahmescheine erfassten Abgänge

Üblicherweise werden auf den **Materialentnahmescheinen** neben entnommener Materialart und -menge auch die beziehende Kostenstelle sowie der Kostenträger festgehalten. Hierdurch wird eine genaue Zurechnung ermöglicht. Allerdings werden damit nur jene Verbräuche erfasst, für die ein Materialentnahmeschein ausgestellt wurde. Unkontrollierte Abgänge im Lager (zum Beispiel durch Diebstahl) werden nicht erfasst, im Lager verdorbene Materialien nur dann, wenn dafür ein Materialentnahmeschein ausgestellt wurde. Zur Ermittlung der unkontrollierten Abgänge sind mindestens einmal jährlich Inventuren durchzuführen.

Die Fortschreibungsmethode liefert wertvolle Informationen für die Kostenstellen- und Kostenträgerrechnung. Aufgrund des hohen Aufwands wird sie in der Praxis jedoch oftmals nur für wertvollere Materialien verwendet, während der Verbrauch einfacherer Massengüter durch die Inventurmethode ermittelt wird.

Beispiel zur Fortschreibungsmethode
Es ergibt sich ein Verbrauch von 220 kg + 360 kg = 580 kg

Bei den 20 kg Differenz zum Ergebnis der Inventurmethode handelt es sich um außerordentliche Abgänge im Lager (Schwund zum Beispiel durch Diebstahl oder Beschädigung).

<table>
<tr><td colspan="2">entnehmende Kostenstelle</td><td colspan="3">zu belastende Kostenstelle</td><td colspan="3">zu belastender Auftrag</td></tr>
<tr><td colspan="2"></td><td colspan="3"></td><td colspan="3"></td></tr>
<tr><td>Materialart</td><td colspan="2">Materialeinheit</td><td>Menge</td><td colspan="2">Preis je Einheit</td><td colspan="2">Gesamtkosten</td></tr>
<tr><td></td><td colspan="2"></td><td></td><td colspan="2"></td><td colspan="2"></td></tr>
<tr><td></td><td colspan="2"></td><td></td><td colspan="2"></td><td colspan="2"></td></tr>
<tr><td></td><td colspan="2"></td><td></td><td colspan="2"></td><td colspan="2"></td></tr>
<tr><td></td><td colspan="2"></td><td></td><td colspan="2"></td><td colspan="2"></td></tr>
<tr><td></td><td colspan="2"></td><td></td><td colspan="2"></td><td colspan="2"></td></tr>
<tr><td colspan="6">Summe</td><td colspan="2"></td></tr>
<tr><td colspan="3">Ausgabevermerke</td><td colspan="2">Empfänger</td><td colspan="3">in Lagerkartei gebucht</td></tr>
<tr><td>Datum</td><td colspan="2">Name</td><td colspan="2"></td><td colspan="2">Datum</td><td>Name</td></tr>
<tr><td></td><td colspan="2"></td><td colspan="2"></td><td colspan="2"></td><td></td></tr>
</table>

Abbildung 2.4: Muster eines Materialentnahmescheines

Die **Rückrechnung** (retrograde Methode) ermittelt den Materialverbrauch erst nach dem Produktionsprozess. Ausgehend von der Anzahl der fertig gestellten Produkte wird mithilfe von Stücklisten oder Rezepturen auf den Sollverbrauch geschlossen:

(Soll-)Verbrauch = Produktionsmenge · Sollverbrauch pro Stück

Mithilfe der Rückrechnung kann der Verbrauch wiederum einzelnen Kostenstellen und -trägern zugerechnet werden. Diese einfache Methode ist für Plan-Rechnungen geeignet, nicht jedoch für eine verursachungsgerechte Verbrauchsermittlung, da nur ein Soll-Verbrauch ermittelt wird. Zwar berücksichtigen die Stücklisten übliche Mehrverbräuche (unvermeidbarer Verschnitt, üblicher Ausschuss) durch prozentuale Aufschläge, doch kann der Soll-Verbrauch trotzdem vom Ist-Verbrauch abweichen. Tatsächliche Verbräuche können nur durch zusätzliche Kontrollen ermittelt werden.

Beispiel zur Methode der Rückrechnung

Es ergibt sich ein Verbrauch von 110 Stück · 5 kg = 550 kg

Der Sollverbrauch ist anscheinend zu niedrig angesetzt, da er niedriger als der nach den anderen Methoden ermittelte Verbrauch ausfällt.

2.2.2 Bewertung des Materialverbrauchs

Die Bewertung des Materialverbrauchs kann erfolgen zu

- den Anschaffungskosten,
- einem festen Verrechnungspreis,
- dem erwarteten Wiederbeschaffungswert oder
- den Opportunitätskosten.

Bei einer Bewertung zu **Anschaffungskosten** werden alle Ausgaben angesetzt, die notwendig sind, um ein Gut zu beschaffen und in betriebs- beziehungsweise verbrauchsbereiten Zustand zu versetzen. Hierbei gibt es drei verschiedene Möglichkeiten zur Ermittlung der Anschaffungskosten.

Erstens können als Wertkomponente für die verbrauchten Materialien die **tatsächlichen Anschaffungskosten** angesetzt werden.

	Anschaffungspreis	(Bruttopreis laut Rechnung)
+	Anschaffungsnebenkosten	(zum Beispiel für Fracht und Montage)
–	Anschaffungspreisminderungen	(Rabatte, Boni, Skonti)
–	Umsatzsteuer	(soweit abzugsfähig)
=	Anschaffungskosten	

Abbildung 2.5: Ermittlung der Anschaffungskosten

Diese Einzelbewertung zu den tatsächlichen Anschaffungskosten bietet sich an, wenn die Materialien sofort verbraucht werden oder diese keinen Preissteigerungen unterliegen.

Zweitens kann auf aus der Bilanzierung bekannte **Sammelbewertungsverfahren** zurückgegriffen werden. Das bietet sich an, wenn die verbrauchten Materialien aus mehreren Lieferungen stammen und sich dabei gegebenenfalls sogar vermischen (zum Beispiel Heizöl in einem Tank, Getreide in einem Silo). Dann können zur Bewertung **Durchschnittswerte** gebildet werden:

- der periodische Durchschnittspreis als Mittelwert des gewogenen Preises des Anfangsbestandes und aller Zugänge einer Periode;
- der gleitende Durchschnittspreis als der nach jedem Zugang unter Berücksichtigung des gewogenen Bestands fortgeschriebene Wert.

Drittens können **Verbrauchsfolgeverfahren** zur Ermittlung fiktiver Anschaffungskosten herangezogen werden. Die Anschaffungskosten können damit ermittelt werden nach dem

- **Fifo-Verfahren** (First in first out): Unterstellt wird, dass die zuerst gekauften Materialien auch zuerst verbraucht werden.
- **Lifo-Verfahren** (Last in first out): Unterstellt wird, dass die zuletzt gekauften Materialien zuerst verbraucht werden.

- **Hifo-Verfahren** (Highest in first out): Unterstellt wird, dass die am teuersten gekauften Materialien zuerst verbraucht werden.
- **Lofo-Verfahren** (Lowest in first out): Unterstellt wird, dass die am billigsten gekauften Materialien zuerst verbraucht werden.

Beispiele zur Bewertung des Materialverbrauchs
Eine Materialart wurde zu folgenden Preisen beschafft:

Zugang	Menge	Preis je kg
Anfangsbestand	250 kg	24,00 €
Zugang am 10.06.	200 kg	30,00 €
Zugang am 21.06.	300 kg	32,00 €

In der Periode wurden 600 kg verbraucht.
Nach Lifo- und Hifo-Verfahren ergeben sich Anschaffungskosten von:

300 kg à 32 € + 200 kg à 30 € + 100 kg à 24 €
= 18.000 € oder 30 € je kg.

Nach Fifo- und Lofo-Verfahren ergeben sich Anschaffungskosten von:

250 kg à 24 € + 200 kg à 30 € + 150 kg à 32 €
= 16.800 € oder 28 € je kg.

Als periodischer Durchschnittspreis errechnet sich für den Zeitraum ein kg-Preis von:

(250 kg à 24 € + 200 kg à 30 € + 300 kg à 32 €) / 750 kg
= 28,80 €.

Die Anschaffungskosten des Verbrauchs betragen demnach:

600 kg à 28,80 €/kg = 17.280 €.

Welches Bewertungsverfahren für die Kostenrechnung gewählt wird, hängt insbesondere von der tatsächlichen Verbrauchsreihenfolge, aber auch preiskalkulatorischen Überlegungen ab. Bei Werkstoffen mit begrenzter Haltbarkeit bietet sich das Fifo-Verfahren an. Bei einer Auftragsfertigung können beispielsweise die tatsächlichen Anschaffungskosten herangezogen werden. Wird jedoch auf Vorrat produziert, so könnten bei steigenden Beschaffungsmarktpreisen das Lifo-Verfahren oder das Hifo-Verfahren gewählt werden (beide führen, wie im Beispiel, bei stets steigenden Preisen zum gleichen Ergebnis), um über den (entsprechend höher) kalkulierten Preis der Endprodukte die Unternehmenssubstanz zu erhalten.

Sollen Preisschwankungen eliminiert werden, bietet sich der Ansatz von festen **Verrechnungspreisen** an. Diese werden vom Unternehmen auf der Basis von aktuellen oder erwarteten Durchschnittspreisen festgelegt.

Eine Substanzerhaltung ermöglicht der Ansatz des **Wiederbeschaffungswertes** als Wertkomponente. Dieser kann einerseits geschätzt werden. Da Materialien häufig in kürzeren Abständen beschafft werden, kann andererseits vereinfachend auch der aktuelle Tageswert angesetzt werden.

Schließlich ist eine Bewertung des Materialverbrauchs auch zu **Opportunitätskosten** möglich. Das ist dann sinnvoll, wenn für die Beschaffung der Materialien keine Ausgaben entstanden.

Beispiele zur Bewertung zu Opportunitätskosten
Ein Bäcker pflückt die Früchte für seinen Apfelkuchen im eigenen Garten. Als Opportunitätskosten für diese Materialart kann er die Anschaffungskosten ansetzen, die er bei einem Kauf der Früchte auf dem Markt hätte.

2.3 Personalkosten

Personalkosten umfassen alle Kosten, die durch Einsatz der menschlichen Arbeitskraft im Betrieb entstehen. Sie setzen sich zusammen aus den **Personalbasiskosten** (Löhne und Gehälter) als (Direkt-)Entgelt für geleistete Arbeit und den **Personalnebenkosten** (Sozialkosten und sonstige Personalnebenkosten).

Die Personalbasiskosten werden nach arbeitsrechtlichen Gesichtspunkten oftmals noch in Löhne und Gehälter unterteilt. **Löhne** sind Zahlungen, die an Arbeiter geleistet werden. Hierbei wird weitergehend unterschieden in

- **Fertigungslöhne:** Diese stehen in unmittelbarem Zusammenhang mit der Fertigung (zum Beispiel Montage und Lackierarbeiten, Tätigkeiten am Fließband). Sie werden als Zeitlohn oder leistungsabhängig als Akkordlohn (Stücklohn) gezahlt. Zusätzlich zu einem Grundlohn kann weiterhin ein leistungsabhängiger Prämienlohn gezahlt werden (zum Beispiel für Qualitäts- und Produktivitätsverbesserungen, das Erreichen vereinbarter Ziele).
- **Hilfslöhne:** Diese werden für unterstützende Dienste in der Fertigung gezahlt (zum Beispiel Arbeitsvorbereitung, Lager-, Transport- und Reinigungsarbeiten).

Gehälter sind zeitabhängige Zahlungen an Angestellte in Verwaltung und Vertrieb.

Hinweis: Nicht als Personalkosten zu erfassen sind die Kosten für den (nicht angestellten) Inhaber einer Einzelunternehmung. Hierfür wird ein kalkulatorischer Unternehmerlohn angesetzt (siehe Kapitel Kalkulatorischer Unternehmerlohn).

Weiterhin zählen zu den Personalbasiskosten Entgelte für zusätzliche Leistungen der Arbeitnehmer (zum Beispiel Provisionen und Prämien), Zulagen (zum Beispiel Leistungs- und Funktionszulagen) und Zuschläge (zum Beispiel Nacht- und Feiertagszuschläge).

Den größten Umfang an den Personalnebenkosten nehmen die **Sozialkosten** ein, die von den Arbeitgebern zu zahlen sind. Sie entstehen aufgrund gesetzlicher oder tarifvertraglicher Bestimmungen (zum Beispiel Arbeitgeberanteil zur Sozialversicherung, bezahlte Abwesenheiten durch Urlaub, Feiertage Krankheit, Beiträge zur Berufsgenossenschaft), aber auch aufgrund freiwilliger Leistungen (unter anderem betriebliche Altersversorgung, Aus- und Fortbildung, Zuschüsse zur Verpflegung).

Zu den **sonstigen Personalnebenkosten** zählen Anwerbungs-, Vorstellungs-, Umzugs- und Abfindungskosten.

Der Anteil der Personalnebenkosten an den gesamten Personalkosten hängt von der Branche, der Region und der Betriebsgröße ab. Ausgegangen werden kann von Anteilen der Personalnebenkosten an den gesamten Personalkosten in Höhe von ca. 35 % (produzierendes Gewerbe) bis über 50 % (Kredit- und Versicherungswirtschaft).

Die Erfassung der Personalkosten ist relativ einfach. Sie können weitgehend aus der Lohn- und Gehaltsbuchhaltung in die Kostenrechnung übernommen werden. Dort werden Fertigungslöhne (vereinfachend) als Einzelkosten verrechnet, Hilfslöhne, Gehälter, Personalzusatzkosten und sonstige Personalkosten als Gemeinkosten. Jährliche Sonderzahlungen (Weihnachtsgeld, Gratifikationen) werden unabhängig von der tatsächlichen Zahlung gleichmäßig auf das Jahr verteilt (Zwölfteilung).

2.4 Dienstleistungskosten

Dienstleistungskosten, auch Fremdleistungskosten genannt, entstehen, wenn ein Unternehmen von Dritten

- **Dienstleistungen** (zum Beispiel für Telekommunikationskosten, Versicherungsbeiträge, Vermittlungsprovisionen, Beratungskosten, Reise, Transport- und Frachtkosten, Instandhaltungs- und Wartungskosten, nicht aber Kosten für Wasser und Energie, die als Materialkosten zu erfassen sind) oder

- **Rechte** (zum Beispiel Patent- und Lizenzgebühren, Mieten, Pachten)

in Anspruch nimmt.

Die Erfassung der Dienstleistungskosten ist unproblematisch, da hierüber Rechnungen eingehen, die dann in der Finanzbuchhaltung entsprechend erfasst werden und in die Kostenrechnung übergeleitet werden können. Ggf. sind, wie auch in der bilanziellen Erfolgsrechnung, Periodenabgrenzungen vorzunehmen (zum Beispiel, wenn eine Versicherungsprämie unterjährig fällig wird). Dienstleistungskosten werden in der Regel als Gemeinkosten verrechnet.

2.5 Öffentliche Abgaben und Steuern

Öffentliche Abgaben sind an staatliche Einrichtungen für freiwillige oder erzwungene Leistungen zu zahlende

- **Gebühren** (zum Beispiel Abwasser- und Parkgebühren);
- **Beiträge** (zum Beispiel Beiträge zu den Kammern und zur Berufsgenossenschaft);
- **(Kosten-)Steuern**, die den Verkehr zwischen dem Unternehmen und seiner Umwelt, ohne Berücksichtigung des Erfolgs, besteuern (Verkehrssteuern wie Kfz-Steuer und Grunderwerbsteuer sowie Zölle und Verbrauchsteuern wie Tabaksteuer und Mineralölsteuer).

Öffentliche Abgaben ähneln zwar den Dienstleistungskosten, doch steht Abgaben nicht immer eine unmittelbare, als angemessen empfundene Gegenleistung gegenüber.

Hinweis: Die Umsatzsteuer wird nur in Ausnahmefällen in der Kostenrechnung erfasst, da die meisten Unternehmen abzugsberechtigt sind und die Umsatzsteuer damit ein durchlaufender Posten ist.

Öffentliche Abgaben und Steuern werden als Grundkosten erfasst, sie sind in der Regel Gemeinkosten.

Umstritten ist die Berücksichtigung von gewinn- und substanzabhängigen Steuern in der Kostenrechnung.

- **Ertragsteuern** besteuern das (gewinnabhängige) Ergebnis (zum Beispiel Einkommen-, Körperschaft-, Gewerbeertragsteuer). Für eine Berücksichtigung spricht zwar, dass vom Unternehmen in der Regel eine Gewinnerzielung angestrebt wird. Allerdings werden Ertragsteuern auf Grundlage des Gewinns und nicht auf Basis der ermittelten Kosten berechnet. Zudem ist die Erfassung aufgrund der notwendigen Abgrenzung von nicht betriebszielbezogenen Steuern und starken Schwankungen schwierig.

- **Substanzsteuern** besteuern das Roh- oder Reinvermögen (zum Beispiel Grundsteuer, früher auch Vermögens- und Gewerbekapitalsteuer). Sie können als Kosten erfasst werden, wenn betriebsnotwendige Vermögensgegenstände besteuert werden.

2.6 Kalkulatorische Kosten

Kalkulatorische Kosten sind Kosten, denen kein Aufwand (**Zusatzkosten**) oder Aufwand in anderer Höhe (**Anderskosten**) gegenübersteht.

Unterschieden werden als kalkulatorische Kosten

- kalkulatorische Abschreibungen,
- kalkulatorische Zinsen,
- kalkulatorische Wagnisse,
- kalkulatorischer Unternehmerlohn und
- kalkulatorische Miete.

Durch den Ansatz von kalkulatorischen Kosten sollen Unterschiede zwischen Unternehmen (Rechtsform, Eigentumsverhältnisse) egalisiert und Werteverzehre unabhängig vom Geldfluss (insbesondere Wagnisse) erfasst werden.

Der erwartete Werteverzehr wird in gleichmäßigen Raten verrechnet, unabhängig vom tatsächlichen Anfall. Hierdurch soll die Kostenrechnung genauer werden und zugleich nicht die in der Finanzbuchhaltung durch außerordentliche Aufwendungen verursachten Schwankungen abbilden müssen. Kalkulatorische Kosten werden als Gemeinkosten verrechnet.

Beispiel zu kalkulatorischen Kosten
Erfahrungsgemäß fallen bei einem Unternehmen 5 % der Kundenforderungen aus. Bei einem erwarteten Umsatz von 60.000 € wären dies 3.000 €. Tatsächlich fallen in einer Periode 4.000 € aus, in der nächsten nur 2.000 €. Diese Beträge werden als sonstiger betrieblicher (außerordentlicher) Aufwand in der Finanzbuchhaltung erfasst. Würden die Aufwendungen als Grundlage für die Kalkulation herangezogen werden, so müssten die Preiskalkulationen aufgrund des unregelmäßigen Anfalls jede Periode verändert werden. Dieses vermeidet man in der Kostenrechnung durch den Ansatz von einem realistischen Durchschnittswert (hier 3.000 €) als kalkulatorische Kosten.

2.6.1 Kalkulatorische Abschreibungen

Die **Wertminderungen** von Vermögensgegenständen werden im Rechnungswesen mithilfe von Abschreibungen berücksichtigt. Die im externen Rechnungswesen zu buchenden bilanziellen Abschreibungen (Absetzung für Abnutzung, kurz AfA) werden nach handels- und steuerrechtlichen Vorschriften ermittelt. Zu unterscheiden sind dort planmäßige Abschreibungen (für abnutzbare Gegenstände des Anlagevermögens) und außerplanmäßige Abschreibungen (für alle Vermögensgegenstände) sowie steuerliche Sonderabschreibungen.

In der Kostenrechnung werden nur planmäßige Abschreibungen vorgenommen. Diese kalkulatorischen Abschreibungen sollen **den tatsächlichen betriebszielbezogenen Verzehr** von langfristig nutzbaren Vermögensgegenständen abbilden. Mögliche Entwertungsursachen sind

- nutzungsbedingter Verschleiß durch Gebrauch (zum Beispiel Maschine) oder Abbau (zum Beispiel Kiesgrube),
- natürlicher Verschleiß (zum Beispiel Korrosion, Verdunstung),
- technischer Fortschritt (z. B. durch neue Erfindungen oder Werkstoffe),
- wirtschaftliche Überholung (zum Beispiel neue Mode) oder
- Zeitablauf (zum Beispiel begrenzte Nutzbarkeit von Patenten).

Nicht berücksichtigt wird die Entwertung nicht betriebsnotwendiger Vermögensgegenstände (zum Beispiel ungenutzte Lagerhalle). Das Risiko notwendiger außerplanmäßiger Abschreibungen wird durch den Ansatz kalkulatorischer Wagniskosten abgedeckt. Sonderabschreibungen werden ebenfalls nicht berücksichtigt, da hier nur steuerliche Gründe für eine Abschreibung maßgeblich sind.

Kalkulatorische Abschreibungen dienen der Erhaltung der Kapitalsubstanz des Unternehmens. Entsprechend sollen sie den tatsächlichen Werteverzehr von langfristig nutzbaren und betrieblich benötigten Vermögensgegenständen abbilden.

Zur Berechnung der kalkulatorischen Abschreibungen werden Informationen über

- den abzuschreibenden Betrag,
- die Nutzungsdauer als Abschreibungszeitraum sowie
- ein geeignetes Abschreibungsverfahren

benötigt.

Als **abzuschreibender Betrag** ist zu ermitteln, welchen Betrag der Betrieb am Ende der erwarteten Nutzungsdauer für eine Ersatzbeschaffung benötigt. Ziel ist eine „reale“ Substanzerhaltung. Bei stabilem Preisniveau können hierfür die Anschaffungs- beziehungsweise Herstellungskosten herangezogen werden. Wird hingegen ein Preisanstieg erwartet, so ist der **Wiederbeschaffungswert** anzusetzen.

Sofern ein **Liquidationserlös** (Rest- oder Schrottwert) am Ende der Nutzungsdauer zu erwarten ist, mindert dieser den abzuschreibenden Betrag.

Beispiel zum abzuschreibenden Betrag
Ein LKW wird einer Spedition für 195.000 € angeboten. Allerdings kann ein Rabatt von 10.000 € ausgehandelt werden. Zusätzlich ist der Einbau einer Ladevorrichtung für 15.000 € erforderlich. Die Anschaffungskosten errechnen sich:

	Listenpreis	195.000 €
+	nachträgliche Anschaffungskosten	15.000 €
–	Rabatt	10.000 €
=	Anschaffungskosten	200.000 €

Ist während einer geplanten Nutzungsdauer von 5 Jahren eine jährliche Preissteigerung von 7 % zu erwarten, so ergibt sich ein Wiederbeschaffungswert von

$$AKo \cdot (1 + p)^n = 200.000 \text{ €} \cdot 1{,}07^5 = 280.510 \text{ €}$$

Wird am Ende der Nutzungsdauer ein Restwert von 25.000 € erwartet, so ergibt sich ein abzuschreibender Betrag von

	Wiederbeschaffungswert	280.510 €
–	Erwarteter Liquidationserlös	25.000 €
=	Abzuschreibender Betrag	255.510 €

Verteilt wird der abzuschreibende Betrag auf die **tatsächliche Nutzungsdauer**. Dieses ist die Zeit, in der ein Gegenstand für den Betrieb wirtschaftlich nutzbar ist. Anhaltspunkte für die zu erwartende Nutzungsdauer lassen sich zum Beispiel aus Erfahrungen mit ähnlichen Vermögensgegenständen, Angaben der Hersteller und den für die steuerliche Abschreibung heranzuziehenden AfA-Tabellen ableiten.

Im Gegensatz zur Bilanzierung wird in der Kostenrechnung der **Wiederbeschaffungswert** über die tatsächliche Nutzungsdauer abgeschrieben. Erwartete Liquidationserlöse (Restwerte) können zudem berücksichtigt werden.

Hinweis: Die AfA-Tabellen werden vom Bundesfinanzministerium veröffentlicht. Kritisch zu prüfen ist jedoch, ob darin von der technisch möglichen oder der (kürzeren) wirtschaftlich sinnvollen Nutzungsdauer ausgegangen wird. In den seit Anfang 2001 geltenden Tabellen scheint aus fiskalischen Gründen eine stärkere Orientierung an der technischen Nutzungsdauer zu erfolgen.

Beispiel zur Festlegung der Nutzungsdauer

Bei ordentlicher Pflege ist eine Maschine ca. 15 Jahre technisch nutzbar. Allerdings sind gegen Ende dieser Zeit erhebliche Ausfallzeiten zu erwarten. Wirtschaftlich lässt sich die Anlage erfahrungsgemäß 10 Jahre nutzen. Die AfA-Tabelle sieht sogar nur eine 7-jährige Abschreibungsdauer vor.

Abgeschrieben werden sollte in der Kostenrechnung über die wirtschaftliche Nutzungsdauer von 10 Jahren.

Mit der Wahl des **Abschreibungsverfahrens** wird schließlich festgelegt, wie der abzuschreibende Betrag auf die Nutzungsdauer zu verteilen ist. Zu unterscheiden sind

- die zeitabhängigen Abschreibungsverfahren (lineare, degressive und progressive Abschreibung) sowie
- die verbrauchsabhängige Abschreibung.

Bei der Wahl des Abschreibungsverfahrens ist der Kostenrechner grundsätzlich frei. Anforderung ist, dass es den Werteverzehr möglichst exakt abbildet.

Die **lineare Abschreibung** verteilt den abzuschreibenden Betrag eines abnutzbaren Vermögensgegenstandes gleichmäßig auf dessen Nutzungsdauer. Die jährliche Abschreibungsrate errechnet sich:

$$\frac{\text{Wiederbeschaffungswert} - \text{Restwert}}{\text{wirtschaftliche Nutzungsdauer in Jahren}}$$

Beispiel für eine lineare Abschreibung ohne Restwert

Eine Maschine mit 3.000 € Wiederbeschaffungswert und 3 Jahren Nutzungsdauer soll linear abgeschrieben werden.

Es errechnet sich eine Abschreibungsrate von

$$\frac{3.000\text{ €} - 0\text{ €}}{3\text{ Jahre}} = 1.000\text{ €/Jahr}$$

Der Abschreibungsplan hat folgendes Aussehen:

Jahr	Anfangsbestand	– Abschreibung	= Restwert
01	3.000 €	1.000 €	2.000 €
02	2.000 €	1.000 €	1.000 €
03	1.000 €	1.000 €	0 €

Beispiel für eine lineare Abschreibung mit Restwert
Ist für die Maschine ein Schrott-/Restwert von 300 € zu erwarten, so errechnet sich eine Abschreibungsrate von

$$\frac{3.000\text{ €} - 300\text{ €}}{3\text{ Jahre}} = 900\text{ €/Jahr}$$

Der Abschreibungsplan hat dann folgendes Aussehen:

Jahr	Anfangsbestand	– Abschreibung	= Restwert
01	3.000 €	900 €	2.100 €
02	2.100 €	900 €	1.200 €
03	1.200 €	900 €	300 €

Bei der **degressiven Abschreibung** wird der Werteverzehr ebenfalls zeitabhängig verteilt. Allerdings werden die ersten Nutzungsjahre stärker durch Abschreibungen belastet als die letzten. Dieses ist zum Beispiel sinnvoll zur Berücksichtigung des Wertverlustes eines Autos, der in den Anfangsjahren besonders hoch ist. Man unterscheidet zwei degressive Abschreibungsmethoden: die geometrisch-degressive Abschreibung und die arithmetisch-degressive Abschreibung.

Die **geometrisch-degressive Abschreibung** schreibt jedes Jahr den gleichen Prozentsatz auf den Restbuchwert ab. Deshalb wird das Verfahren auch als Buchwertabschreibung bezeichnet. Entsprechend sinkt der Abschreibungsbetrag während der Nutzungsdauer. Da ein Prozentsatz auf den Rest(buch)wert abgeschrieben wird, ist eine Abschreibung auf 0 nicht möglich.

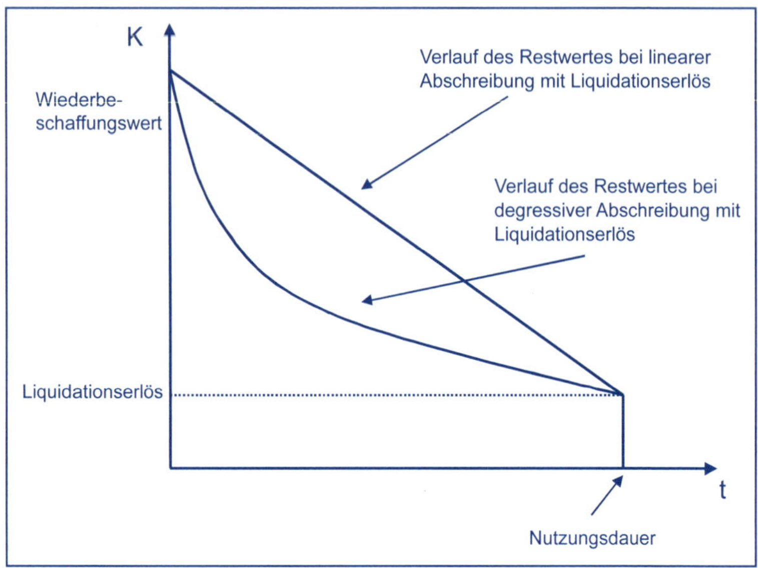

Abbildung 2.6: Wertverlauf bei linearer und geometrisch-degressiver Abschreibung

Der Abschreibungssatz bei geometrisch-degressiver Abschreibung errechnet sich nach der folgenden Formel:

$$\text{Abschreibungssatz} = 1 - \sqrt[n]{\frac{\text{Restwert}}{\text{Wiederbeschaffungswert}}}$$

Hinweis: Soll eine vollständige Abschreibung erfolgen, es ist also kein Restwert zu berücksichtigen, ist der Restwert in der Formel mit 1 anzusetzen, damit eine Lösung ermittelt werden kann.

Beispiel für eine geometrisch-degressive Abschreibung mit Restwert
Für eine Maschine mit 3.000 € Wiederbeschaffungswert und 300 € Restwert ergibt sich bei 3 Jahren Nutzungsdauer eine jährliche Abschreibung von

$$1 - \sqrt[3]{\frac{300\ \text{Euro}}{3.000\ \text{Euro}}} = 53{,}584\ \%$$

Der Abschreibungsplan hat dann folgendes Aussehen

Jahr	Anfangsbestand	– Abschreibung (53,584 %)	= Restwert
01	3.000,00 €	1.607,52 €	1.392,48 €
02	1.392,48 €	746,15 €	646,33 €
03	646,33 €	346,33 €	300,00 €

Bei der **arithmetisch-degressiven Abschreibung** (auch digitale Abschreibung genannt) sinken die Abschreibungsbeträge jedes Jahr um den gleichen Betrag. Die Abschreibungsrate des letzten Nutzungsjahres errechnet sich nach der folgenden Formel:

$$\text{Abschreibungsrate} = \frac{2 \cdot (\text{Wiederbeschaffungswert} - \text{Restwert})}{n \cdot (n+1)}$$

Wenn man den Abschreibungsbetrag des letzten Jahres errechnet hat, kann man die Abschreibungsraten der vorherigen Jahre retrograd ermitteln. So ist die Abschreibungsrate des vorletzten Nutzungsjahres doppelt so hoch wie die des letzten Jahres, die Abschreibungsrate des drittletzten Jahres hat die dreifache Höhe des letzten Jahres usw.

Beispiel für eine arithmetisch-degressive Abschreibung mit Restwert

Für eine Maschine mit 3.000 € Wiederbeschaffungswert und 300 € Restwert ergibt sich bei 3 Jahren Nutzungsdauer eine Abschreibungsrate im letzten Nutzungsjahr von

$$\frac{2 \times (3.000\ € - 300\ €)}{3 \times (3+1)} = 450\ €$$

Wenn die Abschreibungsrate des letzten Nutzungsjahres 450 € beträgt, dann muss die Abschreibungsrate jedes Jahr um 450 € sinken. Die anderen Abschreibungsraten lassen sich somit ausgehend vom letzten Nutzungsjahr berechnen. Der Abschreibungsplan hat folgendes Aussehen:

Jahr	Anfangsbestand	– Abschreibung	= Restwert
01	3.000 €	(900 + 450 =) 1.350 €	1.650 €
02	1.650 €	(450 + 450 =) 900 €	750 €
03	750 €	450 €	300 €

Gegenteil der degressiven Abschreibung ist die **progressive Abschreibung**. Hier steigen die Abschreibungsbeträge jährlich an. Unterstellt wird also, dass in den ersten Nutzungsjahren der Wertverlust geringer ist als in den späteren. Dieses Verfahren ist allerdings nur in Ausnahmefällen sinnvoll, zum Beispiel bei Obstplantagen und Weinbergen.

Bei der leistungs- oder auch **verbrauchsabhängigen Abschreibung** wird der Werteverzehr entsprechend der tatsächlichen Nutzung verrechnet. Damit entspricht das Verfahren dem Verursachungsprinzip in idealer Weise. Allerdings ist zu bedenken, dass Vermögensgegenstände nicht nur aufgrund einer tatsächlichen Nutzung an Wert verlieren. Zur Berechnung der Abschreibungen ist es erforderlich, das Leistungspotenzial des Vermögensgegenstandes zu schätzen (zum Beispiel die Laufleistung einer Maschine in Stunden). Der Abschreibungsbetrag je Leistungseinheit ergibt sich nach der folgenden Formel:

$$\text{Abschreibungsbetrag} = \frac{\text{Wiederbeschaffungswert} - \text{Restwert}}{\text{erwartetes Leistungspotenzial}}$$

Beispiel für eine verbrauchsbedingte Abschreibung mit Restwert

Für eine Maschine mit 3.000 € Wiederbeschaffungswert und 300 € Restwert wird ein Leistungspotenzial von insgesamt 750 Stunden geschätzt.

$$\text{Abschreibung je Stunde} = \frac{3.000\ € - 300\ €}{750\ \text{h}} = 3{,}60\ €/\text{h}$$

Unterstellt man eine Nutzung von 250 Stunden im ersten, 270 Stunden im zweiten und 230 Stunden im dritten Jahr, so ergibt sich nachfolgender Abschreibungsplan:

Jahr	Nutzung	– Abschreibung	= Restwert
01	250 h	3,60 €/h · 250 h = 900 €	2.100 €
02	270 h	3,60 €/h · 270 h = 972 €	1.128 €
03	230 h	3,60 €/h · 230 h = 828 €	300 €

Kombinationen der Abschreibungsverfahren sind in der Kostenrechnung möglich. *Beispiel*: Ein LKW wird von einem Unternehmen zu 40 % linear (zeitabhängig) und zu 60 % verbrauchsbedingt abgeschrieben.

Abbildung 2.7 stellt abschließend die wesentlichen Charakteristika bilanzieller und kalkulatorischer Abschreibungen vergleichend gegenüber.

Abschreibung	bilanziell		kalkulatorisch
	HGB	IFRS	
Basis	Anschaffungs- bzw. Herstellungskosten	Anschaffungs- bzw. Herstellungskosten	i. d. R. Wiederbeschaffungswert
Restwert	i. d. R. nein	ja	ja
Dauer	i. d. R. Nutzungsdauer gemäß AfA-Tabelle	tatsächliche Nutzungsdauer	tatsächliche Nutzungsdauer
Verfahren	linear, leistungsbezogen	das Verfahren, das den Werteverzehr am besten abbildet	das Verfahren, das den Werteverzehr am besten abbildet

Abbildung 2.7: Bilanzielle und kalkulatorische Abschreibung im Vergleich

Die (kalkulatorischen) Abschreibungspläne werden bei Anschaffung eines Vermögensgegenstandes erstellt. Hierbei kann es vorkommen, dass die Abschreibungen falsch verrechnet werden, zum Beispiel, weil die Nutzungsdauer anfangs zu kurz eingeschätzt wurde. Wird dieses offensichtlich, so soll ein in der Vergangenheit gemachter **Fehler bei der kalkulatorischen Abschreibung** (zum Beispiel zu hohe Abschreibungsraten) nicht durch Fehler in Gegenwart und Zukunft (zum Beispiel entsprechend niedrigere Abschreibungsraten) ausgeglichen werden. Vielmehr sollen kalkulatorische Abschreibungen den tatsächlichen Werteverzehr in einer Periode abbilden. Hierbei ist es unerheblich, ob am Ende die Wiederbeschaffungskosten richtig abgeschrieben wurden. Diese gegenwartsorientierte Denkweise verdeutlicht das nachfolgende Beispiel.

Hinweis: Die aufgrund von Abschreibungsfehlern auftretenden Differenzen (es wurde mehr oder weniger als tatsächlich erforderlich abgeschrieben) können als kalkulatorische Wagniskosten (für das Anlagenwagnis) in der Kalkulation berücksichtigt werden.

Beispiel zu korrigierten Abschreibungen

Für eine Maschine mit 12.000 € Wiederbeschaffungswert wurde eine Nutzungsdauer von 4 Jahren erwartet. Entsprechend wurde bei linearer Abschreibung eine jährliche Abschreibung von (12.000 € / 4 Jahre =) 3.000 € verrechnet.

Fall 1: Das Unternehmen stellt zu Beginn des Jahres 03 fest, dass eine tatsächliche Nutzungsdauer von 6 Jahren zu erwarten ist. Hätte man das von Beginn an gewusst, wären jährlich (12.000 € / 6 Jahre =) 2.000 € abgeschrieben worden. Folglich wurden die Kosten in den bereits vergangenen Jahren 01 und 02 zu hoch angesetzt. In den Jahren 03 bis 06 ist nun der „richtige" Werteverzehr von 2.000 € anzusetzen.

Fall 2: Umgekehrt könnte auch zu Beginn des Jahres 03 festgestellt werden, dass die Maschine nur noch dieses Jahr nutzbar ist. Folglich wären die Abschreibungsbeträge in den Jahren 01 und 02 zu niedrig gewesen, da 3 Jahre lang (12.000 € / 3 Jahre =) 4.000 € hätten abgeschrieben werden müssen, was nun (nur) im 3. Jahr erfolgt.

Jahr	ursprüngliche geplante Abschreibungen	Fall 1: längere Nutzungsdauer	Fall 2: kürzere Nutzungsdauer
01	3.000 €	3.000 €	3.000 €
02	3.000 €	3.000 €	3.000 €
03	3.000 €	2.000 €	4.000 €
04	3.000 €	2.000 €	
05	0 €	2.000 €	
06	0 €	2.000 €	
(Summe)	(12.000 €)	(14.000 €)	(10.000 €)

Zwar wären sowohl bei Fall 1 als auch bei Fall 2 in der Summe nicht die Wiederbeschaffungskosten richtig abgeschrieben worden, doch wird der Werteverzehr ab Jahr 03 korrekt erfasst.

2.6.2 Kalkulatorische Zinsen

Ohne Kapital kann ein Betrieb keine Leistungen erstellen. Es steht in Form von Eigen- und Fremdkapital zur Finanzierung der Vermögensgegenstände (Anlagevermögen und Umlaufvermögen) zur Verfügung. Während Fremdkapitalgeber Zinszahlungen erhalten, erwartet ein Eigenkapitalgeber eine angemessene Gewinnausschüttung, die er ansonsten bei alternativen Anlagen erhalten würde (**Opportunitätskosten**).

Beispiel zu Opportunitätskosten
Ein Anleger könnte 100.000 € zu 6 % jährlichem Zins in einer festverzinslichen Anleihe anlegen und würde dafür jährlich 6.000 € Zinsen erhalten. Ebenso kann er das Geld als Eigenkapital in ein Unternehmen einbringen (zum Beispiel als Aktionär). Dann verzichtet er auf die Zinszahlungen, erwartet aber eine angemessene Gewinnausschüttung (Dividende). Damit diese vom Unternehmen gezahlt werden kann, muss das Unternehmen in der Kalkulation Kosten für Zinsen ansetzen – die kalkulatorischen Zinsen.

Die Kosten für das Kapital werden als **kalkulatorische Zinsen** in der Kalkulation berücksichtigt. Die kalkulatorischen Zinsen ergeben sich durch Multiplikation des betriebsnotwendigen Kapitals mit einem festzulegenden kalkulatorischen Zinssatz:

$$\text{Kalkulatorische Zinsen} = \text{betriebsnotwendiges Kapital} \cdot \text{kalkulatorischer Zinssatz}$$

Der **kalkulatorische Zinssatz** wird individuell für jedes Unternehmen ermittelt. Er orientiert sich am langfristigen risikofreien Kapitalmarktzins (zum Beispiel erstklassige Staatsanleihen wie Bundesanleihen). Hierzu wird in der Regel ein Zuschlag addiert, der das (höhere) Risiko einer Anlage des Geldes im Unternehmen berücksichtigt.

Je höher das Risiko eines Unternehmens, umso höher sollte auch der **kalkulatorische Zinssatz** angesetzt werden.

Da die Art der Finanzierung eines Unternehmens keinen Einfluss auf die Kalkulation haben soll, wird der kalkulatorische Zinssatz auf das gesamte betriebsnotwendige Kapital berechnet, unabhängig davon, ob dieses mit Eigenkapital oder Fremdkapital finanziert wurde. In der Finanzbuchhaltung für das Fremdkapital erfasste Zinsaufwendungen werden als neutraler Aufwand betrachtet und bei der Überleitung der Aufwendungen zu den Kosten entsprechend abgezogen.

Hinweis: Teilweise werden die kalkulatorischen Zinsen in Theorie und Praxis nicht auf das gesamte betriebsnotwendige Kapital berechnet, sondern nur auf das Eigenkapital. Entsprechend fließen dann die Fremdkapitalzinsen als Kosten in die Kalkulation ein.

Das **betriebsnotwendige Kapital** kann aus dem in der Bilanz ausgewiesenen Vermögen abgeleitet werden. Es errechnet sich nach dem folgenden Schema:

	Gesamtvermögen laut Bilanz
+	in der Bilanz nicht ausgewiesenes, aber betriebsnotwendiges Vermögen
–	betriebsfremdes Vermögen
=	betriebsnotwendiges Vermögen
–	Abzugskapital
=	betriebsnotwendiges Kapital

Abbildung 2.8: Ermittlung des betriebsnotwendigen Kapitals

Das **Gesamtvermögen laut Bilanz** umfasst alle aktivierten Gegenstände des Anlage- und Umlaufvermögens. Nicht in der Bilanz ausgewiesene Vermögensgegenstände (zum Beispiel geringwertige Wirtschaftsgüter, bereits abgeschriebene, aber noch wirtschaftlich nutzbare Vermögensgegenstände, selbst entwickelte Patente) sind hinzuzuzählen.

Allerdings ist zur Ermittlung der kalkulatorischen Zinsen nur das Vermögen zu berücksichtigen, das zur Erreichung des Betriebszieles notwendig ist. Deswegen ist das **nicht betriebsnotwendige Vermögen** (zum Beispiel ungenutzte Maschinen, betriebsfremde Wertpapieranlagen, überhöhte Kassenbestände, vermietete Gebäude) hiervon abzuziehen.

Es ergibt sich das **betriebsnotwendige Vermögen**, das eigentlich finanziert werden müsste. Allerdings stehen dem Unternehmen (auf der Passivseite der Bilanz ausgewiesene) Teile des Kapitals (vermeintlich) zinsfrei zur Verfügung, müssen also nicht durch Kredite oder Eigenkapital finanziert werden. Hierbei handelt es sich insbesondere um Anzahlungen von Kunden sowie in Anspruch genommene Lieferantenkredite. Diese Posten werden als **Abzugskapital** vom betriebsnotwendigen Vermögen abgezogen.

Hinweis: Diese Mittel stehen aber nur vermeintlich zinsfrei zur Verfügung, da die Kosten hierfür letztlich in die Preise einkalkuliert werden. Zum Beispiel wird ein Großhändler mit günstigen Zahlungsbedingungen seine Produkte etwas teurer kalkulieren (müssen).

Es ergibt sich das zu finanzierende **betriebsnotwendige Kapital**. Das Verhältnis von betriebsnotwendigem Vermögen und Abzugskapital schematisiert Abbildung 2.9.

Aktiva	Passiva
Betriebsnotwendiges Vermögen = Bilanzielles Vermögen + Nicht bilanziertes, aber betriebsnotwendiges Vermögen – Betriebsfremdes Vermögen	Abzugskapital

Abbildung 2.9: Betriebsnotwendiges Vermögen und Abzugskapital

Genauer wird die Ermittlung der kalkulatorischen Zinsen, wenn nicht Stichtagswerte, sondern zeitraumbezogene Durchschnittswerte zum Ansatz kommen. Schließlich können die einzelnen in der (stichtagsbezogenen) Bilanz ausgewiesenen Vermögenspositionen im Laufe der Zeit Wertschwankungen unterliegen.

Beispiel zu Durchschnittswerten

Ein Unternehmen hatte am Anfang einer Periode ein betriebsnotwendiges Kapital von 360.000 €, für das Ende der Periode werden 420.000 € ermittelt. Entsprechend ergibt sich für die Periode ein durchschnittlich gebundenes betriebsnotwendiges Kapital von

$$\frac{360.000\ € + 420.000\ €}{2} = 390.000\ €.$$

Werden einzelne Vermögensgegenstände betrachtet, zum Beispiel im Rahmen von Wirtschaftlichkeitsanalysen bei der Entscheidung zwischen Eigenfertigung und Fremdbezug, so sind Besonderheiten der einzelnen Vermögensgegenstände zu berücksichtigen. Wird beispielsweise ein Produktionsstandort betrachtet, so

- ist der Wert des nicht abnutzbaren Anlagevermögens (zum Beispiel Grundstücke) in voller Höhe anzusetzen;
- wird beim betriebsnotwendigen Umlaufvermögen dessen Durchschnittsbestand angesetzt.

Hingegen ist beim **abnutzbaren Anlagevermögen** zu berücksichtigen, dass sich dessen Wert im Lauf der Nutzungsdauer verändert. Die kalkulatorischen Zinsen können dann nach der Rest(buch)wertmethode oder der Durchschnittsmethode ermittelt werden.

Eine periodengenaue Ermittlung der kalkulatorischen Zinsen für einen abnutzbaren Vermögensgegenstand erfolgt bei der **Rest(buch)wertmethode**. Die kalkulatorischen Zinsen werden auf das jeweils in einer Periode durchschnittlich gebundene Kapital berechnet. Das führt zu sinkenden kalkulatorischen Zinsen während der Nutzungsdauer des Vermögensgegenstandes.

Beispiel zur Restbuchwertmethode
Für eine über 4 Jahre linear abzuschreibende Maschine mit Anschaffungskosten von 36.000 € und ohne Restwert ergeben sich jährliche Abschreibungen von 9.000 €. Der kalkulatorische Zinssatz beträgt 8 %. Die Tabelle zeigt die Ermittlung der kalkulatorischen Zinsen für die einzelnen Jahre.

Jahr	Anfangswert	Restbuchwert	Durchschnittswert der Periode	kalkulatorische Zinsen
01	36.000 €	27.000 €	31.500 €	2.520 €
02	27.000 €	18.000 €	22.500 €	1.800 €
03	18.000 €	9.000 €	13.500 €	1.080 €
04	9.000 €	0 €	4.500 €	360 €
Summe der kalkulatorischen Zinsen für 4 Jahre:				5.760 €

Einfacher ist die Berechnung mit der **Durchschnittsmethode**. Hier werden die kalkulatorischen Zinsen einmalig für die gesamte Nutzungsdauer des Vermögensgegenstandes errechnet. Dadurch ergibt sich eine gleichmäßige Belastung mit kalkulatorischen Zinsen über die Nutzungsdauer.

Beispiel zur Durchschnittsmethode ohne Restwert des Anlageguts
Für eine über 4 Jahre linear abzuschreibende Maschine mit Anschaffungskosten von 36.000 € und einem kalkulatorischen Zinssatz von 8 % betragen die kalkulatorischen Zinsen

$$\frac{36.000\ €}{2} \cdot 8\ \% = 1.440\ €\ \text{pro Jahr}$$

Bei der Durchschnittsmethode sind somit die kalkulatorischen Zinsen am Anfang der Nutzungsdauer niedriger, am Ende jedoch entsprechend höher. Für die gesamte Nutzungsdauer ergeben sich jedoch keine Unterschiede bei der Höhe der von Restbuchwert- und Durchschnittsmethode verrechneten kalkulatorischen Zinsen. Das verdeutlichen ein Vergleich der Beispielrechnungen sowie Abbildung 2.10.

Vergleich der Beispiele zu Restbuchwert- und Durchschnittsmethode

In 4 Jahren sind nach der Durchschnittsmethode kalkulatorische Zinsen von insgesamt (1.440 € · 4) = 5.760 € zu verrechnen. Das entspricht in der Summe den nach der Restbuchwertmethode zu verrechnenden kalkulatorischen Zinsen.

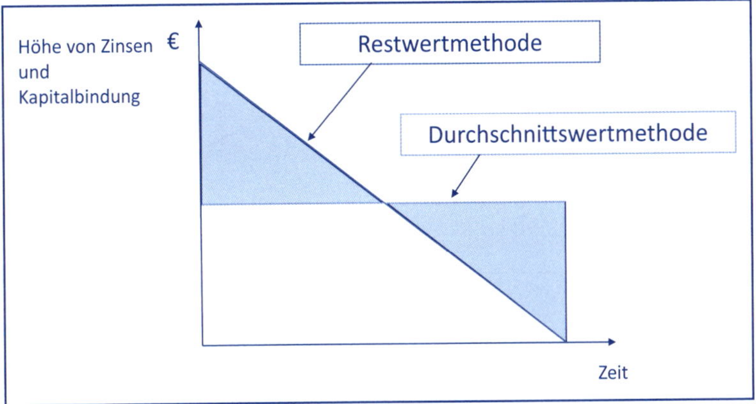

Abbildung 2.10: Ermittlung kalkulatorischer Zinsen

Wird ein Vermögensgegenstand nicht vollständig abgenutzt, so sind für den Restwert über die gesamte Nutzungsdauer kalkulatorische Zinsen in voller Höhe anzusetzen. Schließlich fallen für diese gebundenen Mittel Opportunitätskosten an.

Beispiel zur Durchschnittsmethode mit Restwert des Anlageguts

Ist für die obige Maschine ein Restwert von 4.000 € zu erwarten, so errechnen sich kalkulatorische Zinsen von

$$\left(\frac{32.000\ €}{2} + 4.000\ €\right) \cdot 8\ \% = 1.600\ €\ \text{pro Jahr}$$

oder auch

$$\frac{36.000\ € + 4.000\ €}{2} \cdot 8\ \% = 1.600\ €\ \text{pro Jahr}$$

Da der Restwert nicht abgeschrieben wird, ist er die gesamte Zeit vollständig zu finanzieren. Das verursacht zusätzlich kalkulatorische Zinsen von (4.000 / 2) € · 8 % = 160 € pro Jahr.

Abbildung 2.11 verdeutlicht die Höhe des durch diese Maschine während der Nutzungsdauer gebundenen Kapitals.

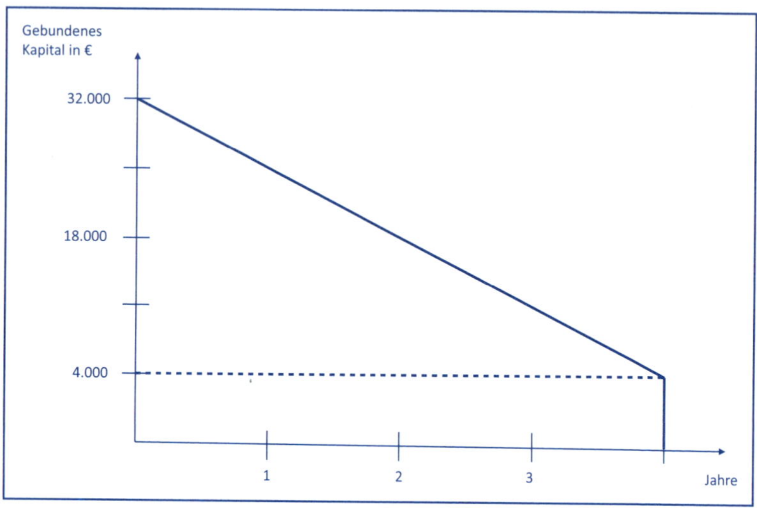

Abbildung 2.11: Gebundenes Kapital

2.6.3 Kalkulatorische Wagnisse

Eine unternehmerische Tätigkeit ist mit verschiedenen Risiken verbunden (siehe Abbildung 2.12), die in unterschiedlicher Weise zu berücksichtigen sind.

Für die versicherten Wagnisse werden Versicherungsprämien gezahlt, die als (aufwandsgleiche) Dienstleistungskosten verrechnet werden (Grundkosten). Hingegen lässt sich das allgemeine Unternehmerwagnis grundsätzlich nicht absichern. Bedrohungen für das Unternehmen, zum Beispiel durch Nachfrageverschiebungen, Strukturwandel, politische Risiken oder Streiks, sind durch den Gewinn abzudecken und werden nicht in der Kostenrechnung berücksichtigt.

Dort werden für die nicht versicherten oder nicht versicherbaren Einzelwagnisse **kalkulatorische Wagniskosten** angesetzt. Diese sollen langfristig die tatsächlichen Verluste ausgleichen und haben den Charakter interner Versicherungsprämien (Selbstversicherung).

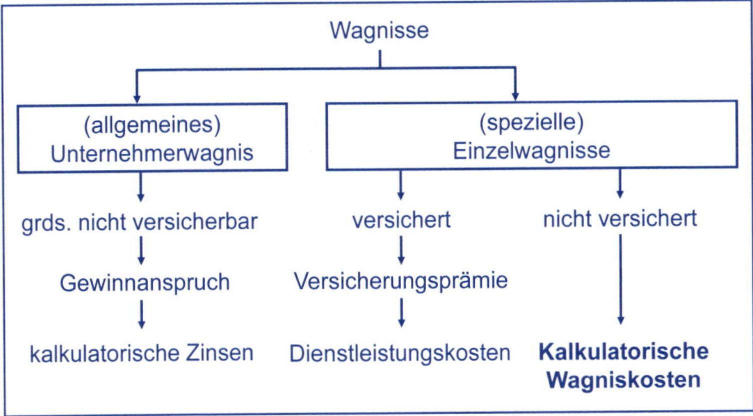

Abbildung 2.12: Unternehmerische Wagnisse und deren Verrechnung

Beispiel zu kalkulatorischen Wagniskosten
Ein Unternehmer entscheidet sich, für ein Fahrzeug keine Vollkaskoversicherung abzuschließen. Dadurch entfallen Dienstleistungskosten für Versicherungsprämien in Höhe von 600 € pro Jahr. Das Schadensrisiko wird aufgrund der Erfahrungen der Vergangenheit und unter Berücksichtigung der erwarteten Fahrleistung auf 550 € geschätzt. In dieser Höhe berücksichtigt der Unternehmer folglich kalkulatorische Wagniskosten in seiner Kalkulation.

Zur Berechnung der kalkulatorischen Wagniskosten werden **Bezugsgrößen** für die verschiedenen Einzelwagnisse gesucht. Diese sollten mit dem Risiko im Zusammenhang stehen und einfach bestimmbar sein. *Beispiel*: Es wird ein Zusammenhang zwischen dem Umsatz und der Höhe der Forderungsausfälle festgestellt. Für jedes Wagnis wird auf Basis von Erfahrungen in der Vergangenheit, Statistiken und Erwartungen ein **Wagniskostensatz** ermittelt.

$$\text{Wagniskostensatz} = \frac{\text{Ist-Wagniskosten}}{\text{Bezugsgröße}}$$

Beispiel zur Berechnung von (Bestands-)Wagniskosten
In den letzten 4 Perioden wurden Vorräte für 1.800.000 € beschafft. Insgesamt sind in dieser Zeit Vorräte im Wert von 54.000 € verdorben. Es errechnet sich ein (Bestände-)Wagniskostensatz für die Vorräte von

$$\frac{54.000\ €}{1.800.000\ €} \cdot 100 = 3\ \%$$

Sollen in der nächsten Periode Vorräte im Wert von 500.000 € beschafft werden, so sind Wagniskosten für das Bestandswagnis zu berücksichtigen in Höhe von

$$500.000\ € \cdot 3\ \% = 15.000\ €$$

Abbildung 2.13 zeigt wichtige Wagnisarten und mögliche Bezugsgrößen. Eine derartige Systematisierung der verschiedenen Einzelwagnisse erleichtert deren Erfassung.

Tritt ein Schadensfall ein, so werden die hierdurch verursachten (tatsächlichen) Aufwendungen in der Finanzbuchhaltung als Aufwand erfasst. Hingegen werden in der Kostenrechnung weiterhin, wie auch in Perioden ohne Schadensfall, lediglich angemessene kalkulatorische (Wagnis-)Kosten verrechnet.

2.6.4 Kalkulatorischer Unternehmerlohn

Angestellte von Unternehmen erhalten ein Gehalt (aufwandsgleiche Personalkosten). Dieses gilt auch für Geschäftsführer von Kapitalgesellschaften. Inhaber von Personengesellschaften können Entgelte vereinbaren, die als Aufwand gebucht werden dürfen. Den Inhabern von **Einzelunternehmen** steht hingegen lediglich ein variabler Gewinnanspruch zu. Im Vorgriff auf einen erwarteten Gewinn werden von ihnen in der Regel Entnahmen getätigt (Auszahlung, kein Aufwand). Ein laufendes Gehalt wird für die Inhaber von Einzelunternehmen nicht gebucht (keine Buchung ohne Beleg!).

Die Tätigkeit eines Einzelunternehmers stellt aber einen Dienstleistungsverzehr des Unternehmens dar. Folglich ist ein kalkulatorischer Unternehmerlohn als Zusatzkosten zu verrechnen. Die Höhe dieser **Opportunitätskosten** sollte sich an der Vergütung orientieren, die ein Angestellter in dieser Funktion beziehungsweise ein Geschäftsführer einer vergleichbaren Kapitalgesellschaft erhalten würde.

Wagnisart	abzudeckende Risiken	mögliche Bezugsgrößen
Anlagenwagnis	Verluste durch außergewöhnliche (und nicht versicherte) Beschädigungen der Anlagegüter (zum Beispiel Unwetter, Unfall) und Abschreibungsfehler (zum Beispiel ist die tatsächliche Nutzungsdauer kürzer als erwartet), aber auch unerwartete Verluste beim Verkauf von Anlagen	Anschaffungskosten oder Wiederbeschaffungswert des Anlagevermögens
Bestandswagnis (Vorrätewagnis)	Wertminderungen der Vorräte durch z. B. technischen Fortschritt, Preissenkungen, Diebstahl, Verderb	Wert des durchschnittlichen Lagerbestands
Entwicklungswagnis	Kosten für erfolglose Forschungs- und Entwicklungsarbeiten	Anteil an den gesamten Forschungs- und Entwicklungskosten
Fertigungs-/Produktionswagnis	Mehrkosten durch Arbeits-, Material- und Konstruktionsfehler bei der Fertigung, zum Beispiel Ausschuss oder notwendige Nacharbeit vor der Auslieferung aufgrund von Qualitätsmängeln	Herstellkosten der Fertigung
Gewährleistungswagnis	Gewährleistungskosten aufgrund von Garantieansprüchen oder Kulanzleistungen für ausgelieferte Erzeugnisse (z. B. Nachbesserung, Ersatz)	Umsatzerlöse, Selbstkosten der abgesetzten Erzeugnisse
Vertriebswagnis (Forderungswagnis)	Verluste durch Forderungsausfälle, Kulanz und Währungsverluste	Umsatzerlöse, Forderungsbestand

Abbildung 2.13: Kalkulatorische Wagnisarten

2.6.5 Kalkulatorische Miete

Stehen einem Unternehmen **Räume oder Gebäude unentgeltlich** zur Verfügung, so ist dieser Leistungsverzehr als kalkulatorische Miete (Zusatzkosten) zu berücksichtigen. Das ist in der Praxis nur bei Einzelunternehmen üblich, wenn der Eigentümer im Privatbesitz befindliche Räumlichkeiten vom Unternehmen nutzen lässt. Bei anderen Unternehmen wird in der Regel ein Mietvertrag vorliegen, der eine vom Unternehmen zu zahlende Miete (= Grundkosten) vorsieht.

Bei der Höhe der kalkulatorischen Miete erfolgt eine Orientierung an möglichen Mieterlösen bei Vermietung des Objekts an einen anderen Nutzer oder notwendige Mietzahlungen des nutzenden Unternehmens für ein vergleichbares Objekt, also den **Opportunitätskosten**.

Kauft ein Unternehmen hingegen ein Gebäude selbst, so ist keine kalkulatorische Miete zu berücksichtigen, da für das Gebäude ja schon kalkulatorische Abschreibungen und kalkulatorische Zinsen berücksichtigt werden.

Fragen zur Wiederholung

Kennen Sie sich aus?

- Lösen Sie die Prüfungsaufgaben 3 und 4 aus dem Kapitel 9.1 dieses Buches.
- Lösen Sie die Aufgaben 39 bis 56 aus dem Buch Übungen zur Kostenrechnung von Freidank/Fischbach/Sassen.

Können Sie die nachfolgenden Fragen beantworten?

- Wie kann eine Möbelmanufaktur die Kosten eines Stuhls ermitteln?
- Recherchieren Sie: Welches sind die wichtigsten Kostenarten bei den großen Aktiengesellschaften wie z. B. BASF, Deutschen Bank, E.on, Lufthansa und VW?
- Welches Verfahren zur Ermittlung des Materialverbrauchs würden Sie einem Unternehmen empfehlen?
- Muss jedes Unternehmen kalkulatorische Kosten erfassen?
- Nennen Sie je ein Beispiel für Materialeinzelkosten, Materialgemeinkosten, fixe Fertigungsgemeinkosten, variable Fertigungsgemeinkosten, Verwaltungsgemeinkosten, Vertriebsgemeinkosten, Dienstleistungskosten.
- Warum sollten kalkulatorische Zinsen in der Kostenrechnung berücksichtigt werden?

3 Kostenstellenrechnung

Lernziele

- Sie kennen die Aufgaben der Kostenstellenrechnung.
- Sie wissen, in welche Kostenstellen ein Betrieb gegliedert werden kann.
- Sie können Hilfs-/Vor- und Haupt-/Endkostenstellen unterscheiden.
- Sie können im BAB eine innerbetriebliche Leistungsverrechnung nach verschiedenen Methoden durchführen. Insbesondere beherrschen Sie das Treppen- und das Gleichungsverfahren.

3.1 Aufgaben und Bildung von Kostenstellen

Nur die in der Kostenartenrechnung erfassten Einzelkosten können den Kostenträgern direkt zugerechnet werden. Im Unternehmen mit mehr als einem Kostenträger wird zur Verteilung der Gemeinkosten auf die einzelnen Kostenträger die **Kostenstellenrechnung** als zweiter Teilbereich der Kostenrechnung benötigt.

Die Kostenstellenrechnung klärt die Fragestellung, **wo** (in welchen betrieblichen Teilbereichen) und in welcher Höhe (Gemein-)Kosten angefallen sind. Hierzu sind verschiedene **Aufgaben** von der Kostenstellenrechnung wahrzunehmen:

- Auf Grundlage einer Planung kann eine **Kontrolle der Wirtschaftlichkeit** der einzelnen Kostenstellen erfolgen (Soll-Ist-Vergleiche). Auch können Schwachstellen und Einsparpotenziale aufgezeigt werden.
- Im Rahmen einer innerbetrieblichen Leistungsverrechnung werden die Gemeinkosten entsprechend der innerbetrieblichen Beanspruchung von Leistungen verrechnet. Hierdurch wird die **Kalkulation vorbereitet** und deren Genauigkeit erhöht. Hierdurch stellt die Kostenstellenrechnung eine Verbindung zwischen Kostenarten- und Kostenträgerrechnung her.

Mithilfe der Kostenstellenrechnung können also dem Management Informationen über relevante Kosten für dispositive Entscheidungen (Führungsentscheidungen) zur Verfügung gestellt werden.

Zur Durchführung der Kostenstellenrechnung wird der Betrieb in Kostenstellen eingeteilt.

> Eine **Kostenstelle** ist ein Teil des Betriebes, der in der Kostenrechnung selbstständig abgerechnet wird. Dort entstehen Kosten und/oder dort werden Kosten zugerechnet

Die **Bildung von Kostenstellen** kann nach unterschiedlichen Kriterien erfolgen, die auch miteinander kombiniert werden können:

- **Funktionale Kriterien** fassen gleiche Arbeitsgänge zu einer Kostenstelle zusammen (zum Beispiel eine Maschine in der Fertigung, Verwaltung, Vertrieb).
- **Räumliche Kriterien** gliedern die Kostenstellen nach räumlichen Gesichtspunkten (zum Beispiel Produktionshalle 14, Raum 327, Verwaltungsgebäude, Werk Mainz, Niederlassung Hamburg).
- **Verantwortungsbezogene Kriterien** fassen den Zuständigkeitsbereich eines Vorgesetzten zu einer Kostenstelle zusammen (zum Beispiel Abteilung, Gruppe).
- **Abrechnungstechnische Kriterien** bilden für jeden Arbeitsplatz eine Kostenstelle (zum Beispiel Sekretariat, eine Maschine).

Bei der Bildung von Kostenstellen nach den obigen Kriterien sind **Probleme** durch Überschneidungen möglich. So können in einer nach räumlichen Kriterien gebildeten Kostenstelle (zum Beispiel Verwaltungsgebäude) verschiedene Funktionen wahrgenommen werden (zum Beispiel Poststelle, Einkauf, Vertrieb, Telefonservice) und mehrere Personen verantwortlich sein. Hierdurch können bei der Kontrolle der Wirtschaftlichkeit Verantwortlichkeiten nicht eindeutig benannt werden. Auf der anderen Seite ist eine Gliederung nach abrechnungstechnischen Kriterien mit hohem Aufwand verbunden. Deswegen sind bei der Bildung von Kostenstellen folgende **Grundsätze** zu beachten:

- Jede Kostenstelle muss ein **selbstständiger Verantwortungsbereich** sein. Nur dadurch wird eine wirksame Kostenkontrolle ermöglicht.
- Es muss **genaue Maßgrößen für die Kostenverursachung** geben. Nur dadurch kann eine fehlerhafte Zurechnung von Kosten vermieden werden.
- Die Kostenstellenrechnung muss **wirtschaftlich** durchführbar sein. Dieses erfordert eine gewisse Systematik und Übersichtlichkeit.

In der Praxis wird bei der Bildung deshalb versucht, **verantwortungsbezogene und funktionale Kriterien** miteinander zu verbinden. So findet sich in Industrieunternehmen häufig eine Untergliederung der Kostenstellen in die Funktionsbereiche:

- **Allgemeine Hilfsstellen** stellen allgemeine Dienstleistungen für viele Unternehmensbereiche zur Verfügung und geben diese als innerbetriebliche Leistungen an andere Kostenstellen ab (zum Beispiel Grundstücke und Gebäude, Energieversorgung, Fuhrpark, Hausdruckerei, Kantine, Poststelle, Telefonzentrale);
- **Bereichshilfsstellen** erbringen Vorleistungen für nur einen bestimmten Unternehmensbereich. Insbesondere handelt es sich hierbei um **Fertigungshilfsstellen**, die Vorleistungen für den eigentlichen Fertigungsprozess erbringen (wie zum Beispiel Arbeitsvorbereitung, Konstruktionsbüro, Lehrwerkstatt, Zwischenlager, Reparaturwerkstatt);
- **Materialstellen** dienen der Beschaffung, Lagerung, Prüfung und Bereitstellung von Material (zum Beispiel Einkauf, Materiallager, Prüflabor, Warenausgabe);
- **Fertigungsstellen** führen die eigentliche Leistungserstellung durch (zum Beispiel Dreherei, Montage, Lackiererei);
- **Verwaltungsstellen** führen die notwendigen Verwaltungstätigkeiten durch (zum Beispiel Geschäftsleitung, Rechtsabteilung, Personalabteilung, Rechnungswesen, Controlling);
- **Vertriebsstellen** lagern, verkaufen und versenden die fertigen Erzeugnisse (zum Beispiel Absatzlager, Werbung, Verkauf, Versand und Kundendienst).

Diese Grobgliederung kann entsprechend der individuellen Gegebenheiten eines Unternehmens weiter verfeinert werden. Gerade im Fertigungsbereich wird es oftmals sinnvoll sein, einzelne Maschinen als (Fertigungs-)Kostenstelle auszuweisen.

Die **Anzahl** der Kostenstellen in einem Betrieb hängt, wie auch die Bildung der Kostenarten, stark von den mit der Kostenrechnung verfolgten Zielen ab. Hierbei sollte der Grundsatz der Wirtschaftlichkeit beachtet werden.

Zur Verbesserung der Übersichtlichkeit werden die Kostenstellen in Abhängigkeit von der Beteiligung an der Leistungserstellung gegliedert in

- **Hauptkostenstellen**, die unmittelbar zur Erstellung und Verwertung der Leistungen beitragen (*Beispiele*: Einkauf, Montage, Produktion, Vertrieb; aus abrechnungstechnischen Gründen werden hierzu neben den Material-, Fertigungs- und Vertriebsstellen auch die Verwaltungsstellen gezählt) und

- **Hilfskostenstellen**, die keine an den Markt abzugebenden Leistungen erstellen, sondern nur interne (Hilfs-) Leistungen für andere (Hilfs- und Haupt-)Kostenstellen erbringen, also nur mittelbar an der Leistungserstellung beteiligt sind (*Beispiele:* Allgemeine Hilfsstellen und Fertigungshilfsstellen wie zum Beispiel Kantine, Betriebsfeuerwehr beziehungsweise Konstruktionsbüro).

Teilweise werden auch noch **Nebenkostenstellen** unterschieden. Hierunter können Hauptkostenstellen verstanden werden, die weniger wichtige Produkte (Nebenprodukte) erstellen und verwerten, zum Beispiel die Aufbereitung und Verwertung von Abfall.

Verbreitet ist auch die praktisch synonyme Einteilung der Kostenstellen nach abrechnungstechnischen Kriterien in:

- **Endkostenstellen**, die ihre Kosten direkt auf Kostenträger verrechnen,
- **Vorkostenstellen**, die ihre Kosten auf andere Kostenstellen (Vor- und Endkostenstellen) verrechnen.

Allerdings ist eine eindeutige Zuordnung von Kostenstellen in diese Kategorien nicht immer möglich, zum Beispiel, wenn die (Hilfskostenstelle) Kantine eines Versicherungsunternehmens auch Essen an Mitarbeiter anderer Betriebe abgibt. In diesem Fall werden sowohl interne als auch externe Leistungen erbracht.

Die in einem Betrieb gebildeten Kostenstellen werden in einem hierarchisch aufgebauten **Kostenstellenplan** zusammengefasst.

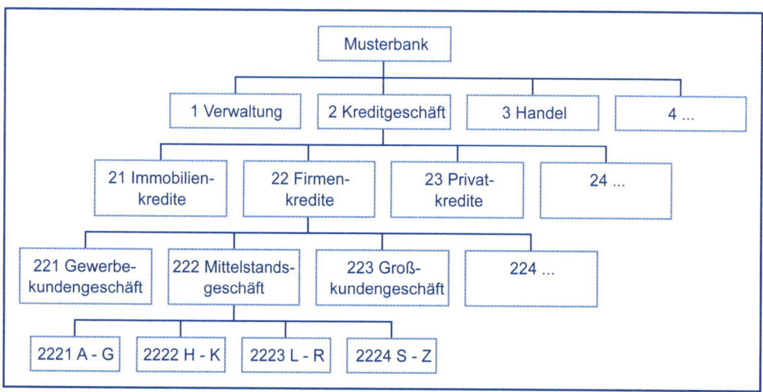

Abbildung 3.1: Beispiel für eine Kostenstellenhierarchie in einer Bank

3.2 Ablauf der Kostenstellenrechnung

3.2.1 Der Betriebsabrechnungsbogen

Zwar kann eine Kostenstellenrechnung durch eine kontenmäßige Buchung erfolgen, doch wird diese in der Praxis üblicherweise in einem **Betriebsabrechnungsbogen (BAB)** durchgeführt. Dieser ist, wie Abbildung 3.2 zeigt, als Tabelle aufgebaut. Die gebildeten Kostenstellen finden sich in den einzelnen Spalten des BAB, zuerst die Hilfskostenstellen, dann die Hauptkostenstellen. Die zuzurechnenden Gemeinkostenarten werden in der ersten Spalte aufgeführt und in den entsprechenden Zeilen bei den Kostenstellen eingetragen. Im BAB werden grundsätzlich nur **Gemeinkosten** verrechnet. Allerdings können die Kostenträger-Einzelkosten zur Information in einer ersten Zeile bei den Kostenstellen eingetragen werden. Dieses kann für eine später vorzunehmende Ermittlung von Zuschlagssätzen und die Kostenkontrolle hilfreich sein.

Die **Kostenstellenrechnung** wird innerhalb des BAB durchgeführt und umfasst folgende Schritte:

- die Verteilung der primären (Kostenträger-)Gemeinkosten auf die Kostenstellen,
- die Durchführung der innerbetrieblichen Leistungsverrechnung und
- die Bildung von Kalkulationssätzen.

Bei Durchführung einer Normalkostenrechnung kann im BAB zudem eine **Kostenkontrolle** durch die Ermittlung von Über- und Unterdeckungen durchgeführt werden.

3.2.2 Zurechnung der primären Gemeinkosten

Nach Aufstellung eines Betriebsabrechnungsbogens werden in einem ersten Schritt die (Kostenträger-)Gemeinkostenarten den einzelnen Kostenstellen zugerechnet. Dieses sollte nach dem Verursachungsprinzip erfolgen. Die Kosten sind also dort zuzurechnen, wo sie tatsächlich verursacht wurden.

Entsprechend der Zurechenbarkeit auf die einzelnen Kostenstellen können die Kostenträger-Gemeinkosten unterschieden werden in

- **Kostenstellen-Einzelkosten,** die einer Kostenstelle mithilfe von Belegen (zum Beispiel Fahrtenbüchern, Lohn- und Gehaltslisten, Verbrauchszählern und sonstigen Aufzeichnungen) direkt zugerechnet werden können (zum Beispiel kalkulatorische Abschreibungen für die in einer Kostenstelle betriebene Maschine, Gehälter für die Mitarbeiter einer Kostenstelle, dort verbrauchte Hilfs- und Betriebsstoffe),

Kostenstellen / Kostenarten (in Tsd. €)	Summe	Vorkostenstellen				Endkostenstellen					
		Allgemeine		Besondere		Material	Fertigung			Verwaltung	Vertrieb
		A	B	C	D	E	F	G	H	I	J
Gemeinkosten											
Primäre Gemeinkostenarten											
Gemeinkostenmaterial	30	2	2	2	2	9	2	3	6	1	1
Energiekosten	75	2	5	8	5	2	9	10	21	8	5
Gehälter, Hilfslöhne und Sozialkosten	120	6	7	5	8	7	5	12	5	47	18
Mieten	50	4	4	4	4	5	9	4	6	8	2
Reparaturen und Instandhaltungen	37	1	1	2	2	1	6	5	16	2	1
Kalkulatorische Kosten	74	2	2	2	2	1	5	5	36	12	7
(...)	34	3	1	2	3	4	2	3	1	9	6
Summe der primären Gemeinkosten	420	20	22	25	26	29	38	42	91	87	40
Umlage der sekundären Gemeinkosten											
Umlage der Vorkostenstelle A	0	-20	2	1	3	2	2	1	2	3	4
Umlage der Vorkostenstelle B	0		-24	1	2	1	3	2	1	9	5
Umlage der Vorkostenstelle C	0			-27	3		7	5	10	1	1
Umlage der Vorkostenstelle D	0				-34		2	21	11		
Summe der Gemeinkosten nach Kostenstellenumlage	420	0	0	0	0	32	52	71	115	100	50
zur Information: Einzelkosten	*530*					*400*	*80*	*50*	*0*		
Bezugsgrößen						MatEK	FertEK	FertEK	M-Satz	HK	HK
Menge Bezugsgröße									500 Std.	800 T€	800 T€
Kalkulationssätze						8,0%	65,0%	142,0%	230,0 €	12,500%	6,250%

Abbildung 3.2: Aufbau eines Betriebsabrechnungsbogens

- **Kostenstellen-Gemeinkosten**, die einer Kostenstelle nicht direkt zugerechnet werden können (echte Kostenstellen-Gemeinkosten) oder sollen (unechte Kostenstellen-Gemeinkosten). Zur möglichst verursachungsgerechten Verrechnung dieser Kosten werden ersatzweise **Mengenschlüssel** (zum Beispiel Stückzahlen, Maschinen- oder Fertigungsstunden, Raumgrößen) oder **Wertschlüssel** (zum Beispiel Materialkosten, Löhne, Herstellkosten, Wert der Vorräte oder Umsatz) herangezogen.

Kostenart	Schlüsselgröße	Zurechnung
Gehalt	Gehaltslisten	direkt
Hilfs- und Betriebsstoffe	Materialentnahmescheine	direkt
Heizungskosten	Verbrauch laut Zähler	direkt
Kalkulatorische Zinsen	Werte gemäß Anlagenbuchhaltung	direkt
Büromaterial	Materialentnahmescheine oder	direkt
	Zahl der Angestellten	indirekt
Heizungskosten	Quadratmeter	indirekt
Miete	Quadratmeter	indirekt
Interne Transportkosten	Tonnenkilometer	indirekt
Gewährleistungskosten	Umsatz	indirekt

Abbildung 3.3: Schlüsselgrößen für die Zurechnung von Kostenträger-Gemeinkosten auf Kostenstellen

Beispiel zur Verrechnung von Kostenstellen-Gemeinkosten
Die Heizkosten eines Unternehmens betragen in einer Periode 80.000 €. Da an den Heizkörpern keine Verbrauchszähler angebracht wurden, sollen die Kosten mithilfe der Raumfläche als Mengenschlüssel verteilt werden.

Insgesamt werden 5.000 Quadratmeter beheizt. Eine Abteilung, die auf 200 qm Bürofläche untergebracht ist, bekommt Heizkosten zugerechnet von

$$\frac{200 \text{ qm}}{5.000 \text{ qm}} \cdot 80.000\ € = 3.200\ €$$

Wären hingegen an den einzelnen Heizkörpern Verbrauchszähler angebracht, könnten die Heizkosten den Kostenstellen als Einzelkosten verursachungsgerecht zugerechnet werden.

Ist eine verursachungsgerechte Verteilung der Kosten nicht möglich beziehungsweise erwünscht (zum Beispiel Kosten der Revision), können diese auch nach dem **Durchschnittsprinzip** oder dem **Tragfähigkeitsprinzip** zugerechnet werden. Anzustreben ist jedoch eine Verrechnung nach dem **Verursachungsprinzip**.

Die den Kostenstellen in diesem ersten Schritt zugerechneten Gemeinkosten werden als **primäre Gemeinkosten** bezeichnet. Die im Rahmen der anschließenden innerbetrieblichen Leistungsverrechnung den Kostenstellen zugerechneten Gemeinkosten werden als sekundäre Gemeinkosten bezeichnet.

3.2.3 Innerbetriebliche Leistungsverrechnung

Hilfs-/Vorkostenstellen weisen im Gegensatz zu den Haupt-/Endkostenstellen keinen Bezug zu den Kostenträgern des Unternehmens auf. Deshalb werden die den Hilfs-/Vorkostenstellen zugerechneten Gemeinkosten im Rahmen der innerbetrieblichen Leistungsverrechnung auf die Haupt-/Endkostenstellen verrechnet. Diese (erst) im Rahmen der innerbetrieblichen Leistungsverrechnung einer Kostenstelle zugerechneten Kosten werden als **sekundäre Gemeinkosten** bezeichnet. Entsprechend wird die innerbetriebliche Leistungsverrechnung auch als Sekundärkostenverrechnung bezeichnet.

Beispiele für innerbetriebliche Leistungen:
Strom des betriebseigenen Elektrizitätswerks, Gebäudekosten, IT-Support, Transportleistungen, Essen der Kantine, interne Beratungsleistungen sowie selbst erstellte und genutzte Anlagen und Produkte.

Das **Ziel** der innerbetrieblichen Leistungsverrechnung ist erst dann erreicht, wenn alle Gemeinkosten der Hilfs-/Vorkostenstellen auf die Haupt-/Endkostenstellen verrechnet wurden. Die gesamten Gemeinkosten einer Hauptkostenstelle setzen sich dann aus primären Gemeinkosten und sekundären Gemeinkosten zusammen.

Angestrebt wird eine möglichst verursachungsgerechte Verrechnung. **Basis** hierfür ist der erfasste **Verzehr innerbetrieblicher Leistungen**, der vollständig ermittelt werden muss. Allerdings sind auch hierbei die Anforderungen der Wesentlichkeit und Wirtschaftlichkeit zu beachten.

Das Problem teilweise sehr komplexer und wechselseitiger Leistungsbeziehungen wird von den vorgeschlagenen Verfahren der innerbetrieblichen Leistungsverrechnung auf unterschiedliche Weise gelöst.

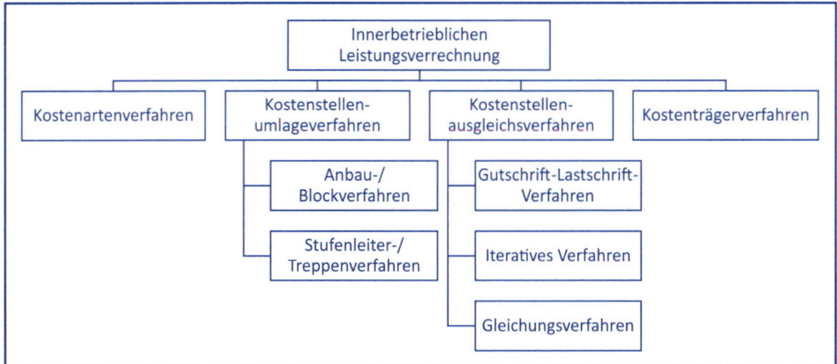

Abbildung 3.4: Verfahren der innerbetrieblichen Leistungsverrechnung

Nicht näher eingegangen werden soll auf **Hauptkostenstellenverfahren**, die keine Kosten von Hilfs- auf Hauptkostenstellen (Nullverfahren) oder nur direkt zurechenbare Material- und Lohnkosten auf die Hauptkostenstellen (Kostenartenverfahren) verrechnen.

Die zu den **Kostenstellenumlageverfahren** zählenden Block- und Treppenverfahren verzichten auf eine vollständige Berücksichtigung aller Leistungsbeziehungen. Dadurch sind die Rechnungen relativ einfach, selbst in größeren Unternehmen (theoretisch) ohne IT-Unterstützung handhabbar. Dadurch ist die Leistungsverrechnung nicht exakt, dafür aber leicht nachzuvollziehen.

Kostenstellenausgleichsverfahren berücksichtigen alle wechselseitigen Leistungsbeziehungen. Beim Gutschrift-Lastschrift-Verfahren wird eine Verrechnung der Leistungen mit standardisierten Verrechnungssätzen aus Vorperioden vorgenommen. Da die Verrechnungssätze der aktuellen Periode oftmals von denen der Vergangenheit abweichen, wäre am Jahresende eine Nachverrechnung nötig. Wird hierauf verzichtet, verbleiben Über- bzw. Unterdeckungen bei den Vorkostenstellen. Näher vorgestellt werden soll nachfolgend das Gleichungsverfahren. Liegen umfangreichere Leistungsbeziehungen vor, gewährleisten Matrizenrechnungen und die heute gängigen IT-Programme eine verursachungsgerechte Leistungsverrechnung. Iterative Verfahren streben nach der Ermittlung einer ersten Näherungslösung eine schrittweise Verbesserung der Genauigkeit an.

Kostenträgerverfahren kalkulieren Verrechnungspreise für innerbetriebliche Leistungen. Die Kosten werden dann entsprechend der Leistungsabnahme mit (für die Periode in der Regel festen) Verrechnungssätzen auf die Kostenstellen verrechnet. Eine derartige Vorgehensweise bietet sich für selbst erstellte aktivierbare sowie alternativ am Markt beschaffbare Leistungen an. Zur Kalkulation werden die in Kapitel Kostenträgerstückrechnung (Kalkulation) vorzustellenden Verfahren der Kostenträgerstückrechnung verwendet.

Die **Durchführung der innerbetrieblichen Leistungsverfahren** soll am Beispiel von Blockverfahren, Treppenverfahren und Gleichungsverfahren erläutert werden. Hierzu wird jeweils das nachfolgende Beispiel herangezogen.

Beispiel zur innerbetrieblichen Leistungsverrechnung

Die Vorkostenstelle 1 produziert pro Periode 110 Leistungseinheiten (LE). 20 LE sind für die Vorkostenstelle 2 bestimmt, 50 für die Endkostenstelle A und 30 für die Endkostenstelle B. 10 LE werden selbst verbraucht.

Die Vorkostenstelle 2 produziert 150 LE. 5 LE werden an die Vorkostenstelle 1, 40 an die Endkostenstelle A und 80 an die Endkostenstelle B geliefert. 25 LE werden selbst verbraucht.

Die nachfolgende Übersicht verdeutlicht die Leistungsbeziehungen:

abgebende KSt / empfangende KSt	VorKSt 1	VorKSt 2	EndKSt A	EndKSt B	Summe
Vorkostenstelle 1	10	20	50	30	110
Vorkostenstelle 2	5	25	40	80	150
Als primäre Kosten wurden ermittelt:					
Vorkostenstelle 1	2.400 €				
Vorkostenstelle 2	3.600 €				
Endkostenstelle A	9.300 €				
Endkostenstelle B	6.700 €				
Summe	22.000 €				

Das **Blockverfahren** (auch Anbauverfahren) ist ein sehr einfaches Verfahren, das keine Leistungsbeziehungen zwischen Hilfskostenstellen berücksichtigt. Die Kosten der erbrachten Leistungen werden direkt den Hauptkostenstellen zugerechnet. Der Preis für eine innerbetriebliche Verrechnungseinheit errechnet sich

$$\frac{\text{primäre (Gemein-)Kosten der Kostenstelle}}{\text{an Hauptkostenstellen abgegebene Leistungseinheiten}}$$

Das **Blockverfahren** berücksichtigt keine Leistungsbeziehungen zwischen den Hilfskostenstellen.

Folglich führt das Blockverfahren nur dann zu brauchbaren Ergebnissen, wenn **keine Leistungsbeziehungen** zwischen den Hilfskostenstellen bestehen oder diese nicht berücksichtigt werden sollen, zum Beispiel, weil die Kosten gering sind.

Beispiel zum Blockverfahren

Für die Leistungen der Vorkostenstelle 1 errechnet sich ein Verrechnungssatz von

$$\frac{2.400 \text{ Euro}}{50+30} = 30 \text{ € je LE}$$

Für die Leistungen der Vorkostenstelle 2 errechnet sich ein Verrechnungssatz von

$$\frac{3.600 \text{ Euro}}{40+80} = 30 \text{ € je LE}$$

Mit diesen Verrechnungssätzen kann die innerbetriebliche Leistungsverrechnung im BAB vorgenommen werden.

	VorKSt 1	VorKSt 2	EndKSt A	EndKSt B
primäre Kosten	2.400 €	3.600 €	9.300 €	6.700 €
Umlage VorKSt 1	–2.400 €		50 LE · 30 €/LE = 1.500 €	30 LE · 30 €/LE = 900 €
Umlage VorKSt 2		–3.600 €	40 LE · 30 €/LE = 1.200 €	80 LE · 30 €/LE = 2.400 €
Gemeinkosten	0 €	0 €	12.000 €	10.000 €

Ein ebenfalls einfaches Verfahren ist das **Treppenverfahren** (auch Stufenleiterverfahren), das früher in der Praxis weit verbreitet war und auch heute immer noch angewendet wird. Berücksichtigt werden hierbei nur einseitige Leistungsbeziehungen zwischen Hilfskostenstellen. Der Preis für eine innerbetriebliche Verrechnungseinheit errechnet sich

$$\frac{\begin{array}{c}\text{primäre}\\ \text{(Gemein-)Kosten}\end{array} + \begin{array}{c}\text{von vorgelagerten Kostenstellen erhaltene}\\ \text{sekundäre (Gemein-)Kosten}\end{array}}{\text{an nach gelagerte Kostenstellen abgegebene Leistungseinheiten}}$$

Das Treppenverfahren führt nur dann zu richtigen Ergebnissen, wenn zwischen den Hilfskostenstellen keine oder nur **einseitige Leistungsbeziehungen** bestehen, das heißt, es darf keine Kostenstelle Leistungen von einer Kostenstelle erhalten, an die sie auch welche abgibt.

Das **Treppenverfahren** berücksichtigt nur einseitige Leistungsbeziehungen zwischen den Hilfskostenstellen.

Um bei wechselseitigen Leistungsbeziehungen ein annähernd richtiges Ergebnis zu ermitteln, müssen die Kostenstellen auf dem BAB so angeordnet werden, dass möglichst wenige Leistungsbeziehungen (wertmäßig) unberücksichtigt bleiben.

Beispiel zum Treppenverfahren

Mit den Zahlen des obigen Beispiels errechnet sich für die Leistungen der Vorkostenstelle 1 ein Verrechnungssatz von

$$\frac{2.400 \text{ Euro}}{20+50+30} = 24 \text{ € je LE}$$

Für die Leistungen der Vorkostenstelle 2 errechnet sich ein Verrechnungssatz von

$$\frac{3.600 \text{ Euro} + 20 \cdot 24 \text{ Euro}}{40+80} = 34 \text{ € je LE}$$

Mit diesen Verrechnungssätzen kann die innerbetriebliche Leistungsverrechnung im BAB vorgenommen werden.

	VorKSt 1	VorKSt 2	EndKSt A	EndKSt B
primäre Kosten	2.400 €	3.600 €	9.300 €	6.700 €
Umlage VorKSt 1	–2.400 €	20 LE · 24 €/LE = 480 €	50 LE · 24 €/LE = 1.200 €	30 LE · 24 €/LE = 720 €
Umlage VorKSt 2		–4.080 €	40 LE · 34 €/LE = 1.360 €	80 LE · 34 €/LE = 2.720 €
Gemeinkosten	0 €	0 €	11.860 €	10.140 €

Das **Gleichungsverfahren** (auch mathematisches Verfahren) berücksichtigt alle innerbetrieblichen Leistungsbeziehungen. Hierdurch werden stets exakte innerbetriebliche Verrechnungspreise ermittelt. Der Preis einer Leistungseinheit errechnet sich nach dem folgenden Schema:

$$\frac{\text{primäre (Gemein-)Kosten} + \text{von anderen Kostenstellen erhaltene sekundäre (Gemein-)Kosten}}{\text{an alle Kostenstellen abgegebene Leistungseinheiten}}$$

Eine Ermittlung der innerbetrieblichen Verrechnungspreise ist durch das Aufstellen eines Systems linearer Gleichungen möglich. Für jede Kostenstelle gilt:

$$\text{primäre Kosten} + \text{sekundäre Kosten} = \text{abgegebene Leistungen} \cdot \text{Preis}$$

> Das **Gleichungsverfahren** berücksichtigt alle Leistungsbeziehungen zwischen den Hilfskostenstellen.

Die Auflösung derartiger Gleichungssysteme für das (einfache) Musterbeispiel wird nachfolgend gezeigt.

Beispiel zum Gleichungsverfahren

Mit den Zahlen des obigen Beispiels lassen sich nachfolgende Gleichungen aufstellen. Da die innerbetrieblichen Verrechnungspreise nicht bekannt sind, werden hierfür Stellvertreter (zum Beispiel p_1 für den Preis einer Leistungseinheit der Vorkostenstelle 1) verwendet.

VorKSt 1: $2.400\ € + 10 \cdot p_1 + 5 \cdot p_2 = 110 \cdot p_1$

oder auch: $2.400\ € + 5 \cdot p_2 = 100 \cdot p_1$

VorKSt 2: $3.600\ € + 20 \cdot p_1 + 25 \cdot p_2 = 150 \cdot p_2$

oder auch: $3.600\ € + 20 \cdot p_1 = 125 \cdot p_2$

Nun werden die beiden (gekürzten) Gleichungen aufgelöst und zuvor entsprechend umgestellt, hier beispielsweise nach p_1:

VorKSt 1: $100 \cdot p_1 = 2.400\ € + 5 \cdot p_2$

VorKSt 2: $20 \cdot p_1 = -3.600\ € + 125 \cdot p_2$

Nach Division der ersten Gleichung durch 5 steht auch bei dieser Gleichung $20 \cdot p_1$ auf der linken Seite:

VorKSt 1 (/5): $20 \cdot p_1 = 480\ € + 1 \cdot p_2$

Nun können die Gleichungen zusammengeführt (gleichgesetzt) und nach p_2 aufgelöst werden:

$-3.600\text{ €} + 125 \cdot p_2 = 480\text{ €} + 1 \cdot p_2$

$124 \cdot p_2 = 3.600\text{ €} + 480\text{ €}$

$p_2 = 32{,}903226\text{ €}$

Durch Einsetzen des errechneten Preises für p_2 in eine Gleichung (hier die für VorKSt 1) und deren Auflösung erhält man den Preis von p_1

$20 \cdot p_1 = 480\text{ €} + 1 \cdot p_2$

$20 \cdot p_1 = 480\text{ €} + 1 \cdot 32{,}903226\text{ €}$

$20 \cdot p_1 = 512{,}903\text{ €}$

$p_1 = 25{,}645161\text{ €}$

Auch mit diesen Verrechnungssätzen kann die innerbetriebliche Leistungsverrechnung im BAB vorgenommen werden. Hierbei ist zu beachten, dass von der zuerst abgerechneten Vorkostenstelle mehr Kosten an die anderen Kostenstellen verrechnet, als ihr an primären Gemeinkosten zugerechnet wurden. Durch die anschließend zuzurechnenden sekundären Kosten wird diese Vorkostenstelle ausgeglichen. (Hinweis: Gerechnet wird hier mit kaufmännisch gerundeten Beträgen, wodurch kleinere Rundungsfehler entstehen und die beiden Vorkostenstellen minimale Restbeträge ausweisen.)

	VorKSt 1	VorKSt 2	EndKSt A	EndKSt B
primäre Kosten	2.400 €	3.600 €	9.300 €	6.700 €
Umlage VorKSt 1	–100 LE · 25,65 €/LE = –2.565,00 €	20 LE · 25,65 €/LE = 513,00 €	50 LE · 25,65 €/LE = 1.282,50 €	30 LE · 25,65 €/LE = 769,50 €
Umlage VorKSt 2	5 LE · 32,90 €/LE = 164,50 €	–125 LE · 32,90 €/LE = –4.112,50 €	40 LE · 32,90 €/LE = 1.316,00 €	80 LE · 32,90 €/LE = 2.632,00 €
Gemeinkosten	–0,50 €	+0,50 €	11.898,50 €	10.101,50 €

Liegen komplexere Leistungsbeziehungen vor, können die Verrechnungspreise mithilfe der Matrizenrechnung ermittelt werden.

In der Praxis wird die innerbetriebliche Leistungsverrechnung mittlerweile regelmäßig softwaregestützt durchgeführt. Die meisten Programme, wie etwa die gängigen ERP-Systeme, gehen i. d. R. iterativ vor. Sie streben damit eine dem Gleichungsverfahren entsprechende

Genauigkeit an. Es findet in der Praxis aber auch weiterhin das Treppenverfahren Anwendung. Zwar könnte die eingesetzte Software problemlos exaktere Ergebnisse ermitteln, doch ist das Treppenverfahren mit seinen vereinfachenden Prämissen für Praktiker oftmals besser nachvollziehbar. Diese Nachvollziehbarkeit ist für die Akzeptanz der Kostenrechnung mitunter als wichtiger einzuschätzen, als eine (ggf. nicht notwendige) wissenschaftliche Exaktheit.

3.2.4 Bildung von Kalkulationssätzen

Mit Abschluss der innerbetrieblichen Leistungsverrechnung konnten die Gemeinkosten in voller Höhe den Endkostenstellen zugerechnet werden – als primäre und sekundäre Gemeinkosten. Diese werden anschließend mithilfe von Kalkulationssätzen auf die verschiedenen Kostenträger des Unternehmens verrechnet.

Hinweis: Gibt es in dem Unternehmen nur einen Kostenträger und treten keine Bestandsveränderungen auf, so ist eine Kostenstellenrechnung nur zur Kontrolle der Wirtschaftlichkeit notwendig. Zur Verrechnung der Gemeinkosten wird sie nicht benötigt, da alle Kosten zwangsläufig dem einen Kostenträger zuzurechnen sind.

> Die Bildung von Kalkulationssätzen ist Grundlage für die Verrechnung der Gemeinkosten auf die Kostenträger. Es wird also damit eine **Verbindung zwischen Kostenstellen- und Kostenträgerrechnung** hergestellt.

Zur **Verrechnung der Gemeinkosten** auf die Kostenträger sind, wie auch bei der Zurechnung der primären Gemeinkosten auf die Kostenstellen, geeignete Bezugsgrößen zu identifizieren. Eine möglichst verursachungsgerechte Verrechnung erfordert **Bezugsgrößen (Zuschlagsgrundlagen)**, die in einer Beziehung zu den zu verrechnenden Gemeinkosten stehen und sich mit diesen möglichst parallel entwickeln. Ein Kalkulationssatz drückt das Verhältnis von Gemeinkosten und Zuschlagsgrundlage aus:

$$\text{Kalkulationssatz} = \frac{\text{Gemeinkosten einer Endkostenstelle}}{\text{Bezugsgröße}}$$

Die Verrechnung der Gemeinkosten auf die Kostenträger erfolgt überwiegend auf Basis **prozentualer Zuschlagssätze**. Die allgemeine Formel zur Ermittlung eines Zuschlagssatzes lautet:

$$\text{Zuschlagssatz} = \frac{\text{Gemeinkosten einer Endkostenstelle}}{\text{Zuschlagsgrundlage}}$$

Beispielsweise besteht häufig eine hohe Korrelation von Materialgemeinkosten und Materialeinzelkosten. Deshalb werden die Materialeinzelkosten als Zuschlagsgrundlage zur Verteilung der Materialgemeinkosten gewählt.

Beispiel zur Ermittlung eines Materialgemeinkostenzuschlagssatzes
Laut Betriebsabrechnungsbogen belaufen sich die Materialgemeinkosten auf 12.000 €. Die Gemeinkosten sollen auf Basis der Materialeinzelkosten verteilt werden. Bei 60.000 € Materialeinzelkosten, die insgesamt in dem Unternehmen in der Periode angefallen sind, ergibt sich ein Zuschlagssatz von

$$\frac{12.000 \text{ Euro}}{60.000 \text{ Euro}} \cdot 100 = 20\ \%$$

Beispiel zum Rechnen mit Gemeinkostenzuschlägen
Im obigen Beispiel wurde ein Materialgemeinkostensatz von 20% ermittelt. Einem Kostenträger, dem 100 € an Materialeinzelkosten zugerechnet werden können, sind folglich weitere (100 € · 20% =) 20 € (anteilige) Gemeinkosten zuzurechnen. Einem anderen Kostenträger, der 160 € an Materialeinzelkosten verursacht, werden (160 € · 20% =) 32 € an Materialgemeinkosten zugerechnet.

Weiterhin werden auch **Mengen- und Zeiteinheiten** (zum Beispiel Stück und Stunden) als Zuschlagsgrundlage zur Verteilung der Gemeinkosten verwendet.

Beispiel zum Maschinenstundensatz
Eine Maschine wurde als Fertigungshauptkostenstelle eingerichtet. Die Kosten betragen 67.200 € pro Periode. Bei einer erwarteten Maschinenlaufzeit von 4.800 Stunden pro Periode ergibt sich ein Maschinenstundensatz von

$$\frac{67.200 \text{ Euro}}{4.800 \text{ Stunden}} = 14 \text{ € je Stunde}$$

Einem Kostenträger, der auf dieser Maschine 2 Stunden bearbeitet wird, können (2 h · 14 € je Stunde =) 28 € an Gemeinkosten zugerechnet werden.

Gemeinkosten	Bezugsgrößen	
	wertmäßig	mengenmäßig
Materialgemeinkosten	Materialeinzelkosten	Materialmengen (zum Beispiel kg oder qm)
Fertigungsgemeinkosten	Fertigungslöhne	Fertigungszeiten (zum Beispiel Maschinenstundensatz)
Verwaltungsgemeinkosten	Herstellkosten der Fertigung oder Herstellkosten des Umsatzes	Produktionsmenge in Stück oder Absatzmenge in Stück
Vertriebsgemeinkosten	Herstellkosten des Umsatzes	Absatzmenge in Stück

Abbildung 3.5: Übliche Bezugsgrößen für Gemeinkosten

Die Zuschlagssätze und Verrechnungssätze werden üblicherweise nur einmal pro Periode errechnet. Sie gelten für alle Kostenträger. Im Rahmen der Istkostenrechnung ist eine Zurechnung der Gemeinkosten auf die Kostenträger erst nach Abschluss der Periode möglich. Für eine Vorkalkulation ist es notwendig, die Gemeinkosten mit **Normalzuschlagssätzen** zu verrechnen. Diese werden aus den Relationen vergangener Perioden abgeleitet, wobei voraussehbare Entwicklungen (zum Beispiel Preiserhöhungen von Produktionsfaktoren) berücksichtigt werden.

Beispiel zu Normalzuschlagssätzen
Für die vergangenen Perioden kann ein durchschnittlicher Fertigungsgemeinkostenzuschlagssatz von 120 % ermittelt werden. Deshalb wird ein (Normal-)Zuschlagssatz von 120 % für die nächste Periode festgelegt. Die tatsächlichen Fertigungsgemeinkosten sind zu diesem Zeitpunkt noch nicht bekannt.

Damit eine vollständige Verrechnung der Gemeinkosten erfolgt, muss die zu wählende Bezugsgröße eine vollständige Korrelation zu den zu verteilenden Gemeinkosten aufweisen: Die Bezugsgröße verändert sich dann in gleichem Maße wie die Höhe der zu verrechnenden Gemeinkosten. Das ist in der Praxis jedoch selten. Vielmehr werden die mithilfe von Normal-Gemeinkostenzuschlagssätzen verrechneten Gemeinkosten in der Regel von den später ermittelten Ist-Gemeinkosten abweichen. Es entstehen dann

- **Unterdeckungen** (Normal-Gemeinkosten < Ist-Gemeinkosten; es wurden mit den Normal-Gemeinkostenzuschlagssätzen weniger Gemeinkosten verrechnet, als tatsächlich angefallen sind) beziehungsweise
- **Überdeckungen** (Normal-Gemeinkosten > Ist-Gemeinkosten; es wurden mehr Gemeinkosten verrechnet, als tatsächlich angefallen sind).

Beispiel zur Überdeckung
Liegt eine Überdeckung vor, wurden zu hohe Kosten kalkuliert. Folge kann ein höherer Erfolg sein, aber auch ein sinkender Umsatz, wenn „am Markt vorbei" kalkuliert wurde.

Die Unter- beziehungsweise Überdeckungen stellen Verrechnungsfehler dar, die entstehen, weil eine vollständige Korrelation von Bezugsgröße und zu verteilenden Gemeinkosten nicht (mehr) gegeben ist. Die durch einen Abgleich gewonnenen Erfahrungen sind bei der zukünftigen Festlegung von Zuschlagssätzen zu berücksichtigen.

Beispiel zur Ermittlung von Abweichungen
In einem Unternehmen wurde mit folgenden Normal-Gemeinkostenzuschlagssätzen kalkuliert:

Material	10%
Fertigung	90%
Verwaltung und Vertrieb	30%

Tatsächlich ergaben sich folgende Istkosten:

Materialkosten	120.000 €
Fertigungslöhne	80.000 €
Materialgemeinkosten	13.200 €
Fertigungsgemeinkosten	62.400 €
Verwaltungs- und Vertriebsgemeinkosten	96.460 €

Die Über- und Unterdeckungen können in der folgenden Übersicht ermittelt werden. Hierzu sind zuerst auf Basis der Istkosten die Ist-Zuschlagssätze zu errechnen. In einem zweiten Schritt können die Normal-Gemeinkosten in € auf Basis der Ist-Einzelkosten errechnet werden.

	Istkosten in €	Ist-	Normal-	Normalkosten in €	Unterdeckung	Überdeckung
		Zuschlagssatz				
Mat.-EK	120.000			120.000		
Mat.-GK	13.200	11 %	10 %	12.000	1.200	
Fert.-EK	80.000			80.000		
Fert.-GK	62.400	78 %	90 %	72.000		9.600
HK	275.600			284.000		
Vw&VtGK	96.460	35 %	30 %	85.200	11.260	
SK	372.060			369.200	2.860	

Fragen zur Wiederholung

Kennen Sie sich aus?

- Lösen Sie die Prüfungsaufgabe 5 aus dem Kapitel 9.1 dieses Buches.
- Lösen Sie die Aufgaben 57 bis 61 aus dem Buch Übungen zur Kostenrechnung von Freidank/Fischbach/Sassen.

Können Sie die nachfolgenden Fragen beantworten?

- Wozu dient die Kostenstellenrechnung?
- Muss jedes Unternehmen eine Kostenstellenrechnung durchführen? Welche Folgen hätte es, wenn ein Unternehmen darauf verzichten würde?
- Was sind typische Beispiele für Vor- und Endkostenstellen bei einem Unternehmen? Nennen Sie je zwei Beispiele.
- Können Sie erläutern, in welchen Schritten eine Kostenstellenrechnung abläuft?
- Welches Verfahren der Innerbetrieblichen Leistungsverrechnung würden Sie einem mittelständischen Unternehmen empfehlen? Warum?
- Welchen Nutzen haben Zuschlagssätze? Wann sollten die wie ermittelt werden?

4 Kalkulation

Lernziele

- Sie kennen die Kalkulationsverfahren, die bei den verschiedenen Fertigungstypen zu verwenden sind.
- Sie beherrschen die Verfahren der Divisionskalkulation.
- Sie können die Herstell- und die Selbstkosten von Kostenträgern mithilfe der Zuschlagskalkulation ermitteln.
- Sie können Maschinenstundensätze ermitteln und verrechnen.
- Sie kennen die Besonderheiten der Kuppelproduktion und wissen, wie damit kalkuliert werden kann.

Die Kostenträgerrechnung (KTrR) untersucht, wofür die Kosten angefallen sind. Die Fragestellung lautet: **Wofür sind die Kosten angefallen?** Grundlage der Kostenträgerrechnung sind die Informationen aus der Kostenarten- und Kostenstellenrechnung.

> Als **Kostenträger** werden die Leistungen eines Betriebes bezeichnet, also die erstellten Güter und/oder Dienstleistungen. Kostenträger ist in der Regel ein einzelnes Produkt, es können aber auch Produktgruppen, andere betriebliche Teilbereiche oder das ganze Unternehmen sein.

Die Kostenträgerrechnung unterteilt sich in

- eine stückbezogene **Kostenträgerstückrechnung** (Kalkulation), welche die Selbstkosten der Kostenträger pro Einheit ermitteln soll, sowie
- eine periodenbezogene **Kostenträgerzeitrechnung** (Kurzfristige Erfolgsrechnung, Betriebsergebnisrechnung), die den Erfolg von Kostenträgern für eine Periode ermitteln soll.

Im anschließenden Abschnitt werden die Verfahren der Kostenträgerstückrechnung vorgestellt. Im nachfolgenden 5. Kapitel wird im

Rahmen der Erfolgsrechnungen auf die Kostenträgerzeitrechnung eingegangen.

4.1 Aufgaben und Überblick

Aufgabe der auch als **Kalkulation** oder Selbstkostenrechnung bezeichneten Kostenträger*stück*rechnung (KTrStR) ist die möglichst verursachungsgerechte Verteilung der angefallenen Kosten auf die **Kostenträger**. Zu kalkulierende Kostenträger sind die **betrieblichen Leistungen**. Diese können sein

- insbesondere die abzusetzenden Güter und Dienstleistungen,
- verbrauchte innerbetriebliche Leistungen sowie
- in Handels- und Steuerbilanz zu aktivierende fertige und unfertige Erzeugnisse sowie selbst erstellte Anlagen und Einrichtungen.

Durch die Kalkulation sollen den einzelnen Kostenträgern die Einzel- und Gemeinkosten verursachungsgerecht zugeordnet werden. Hierbei werden die Herstellkosten sowie die Selbstkosten der Kostenträger ermittelt. Die **Herstellkosten** werden insbesondere zur Bewertung von Beständen in Handels- und Steuerbilanz benötigt. Die **Selbstkosten** sind die Grundlage für Preis- und Kostenentscheidungen. Durch die Einbeziehung des Erlöses lässt sich zudem der Erfolg pro Stück ermitteln.

Kalkulation ist die Ermittlung der Kosten betrieblicher Leistungen.

Die **Festlegung der Verkaufspreise** ist keine eigentliche Aufgabe der Kosten- und Leistungsrechnung, sondern von Marketing beziehungsweise Geschäftsleitung. Hierbei sind aber die von der Kostenrechnung ermittelten Informationen zu den Kosten der Kostenträger eine wichtige Grundlage. Bei der Preisfestlegung gibt es folgende Möglichkeiten:

- **Kostenorientierte Preisfestlegung:** Bei dieser so genannten Kosten-Plus-Kalkulation ergibt sich der Preis aus den Kosten zuzüglich eines absoluten oder relativen Gewinnaufschlags (zum Beispiel 40 % der Kosten).
- **Konkurrenzorientierte Preisfestlegung:** Das Unternehmen orientiert sich bei der Festlegung des Verkaufspreises an den Verkaufspreisen der Konkurrenz. Erforderlich ist dann, dass die Absatzgüter vergleichbar sind und ein funktionierender Markt besteht.
- **Nachfrageorientierte Preisfestlegung:** Hier wird der Preis auf Grundlage des Nutzens für den Nachfrager festgelegt. Dieser kann

durch Befragung oder Beobachtung der potenziellen Kunden in Erfahrung gebracht werden. Je größer der Nutzen des Produktes für den Kunden ist, desto höher wird dessen Preis festgelegt.

Grundsätzlich sollten, auch bei der konkurrenz- und der nachfrageorientierten Kalkulation, die Kosten immer gedeckt werden. Nur kurzfristig kann gegebenenfalls aus absatzpolitischen oder strategischen Gründen darauf verzichtet werden. Langfristig ist eine Deckung aller Kosten erforderlich, da ansonsten die Existenz des Unternehmens gefährdet wird.

In Abhängigkeit vom **Zeitpunkt der Durchführung** der Kalkulation lassen sich Vor-, Zwischen- und Nachkalkulationen unterscheiden.

Eine **Vorkalkulation** (auch als Angebots-, Plan- oder Standardkalkulation bezeichnet) wird vor der Leistungserstellung durchgeführt. Hierzu werden auf Basis erwarteter Mengen und Preise die für die Kostenträger geplanten Kosten (Plankosten) ermittelt. Die gewonnenen Informationen sind eine wichtige Entscheidungsgrundlage bei der Ermittlung von Preisen für die abzusetzenden Güter und Dienstleistungen. Allerdings können nur Informationen über kostendeckende Preise (Preisuntergrenzen) geliefert werden. Die tatsächlichen Preise werden durch Angebot und Nachfrage auf dem Absatzmarkt bestimmt.

Hinweis: Eine Ausnahme ist die Kalkulation öffentlicher Aufträge. Diese werden auf Basis der Kosten zuzüglich eines Gewinnzuschlages kalkuliert.

Weiterhin können mithilfe der Vorkalkulation Preisobergrenzen für zu beschaffende Einsatzgüter (Entscheidungen zwischen Eigenfertigung und Fremdbezug) ermittelt sowie innerbetriebliche Verrechnungspreise festgelegt werden.

Eine **Zwischenkalkulation** erfolgt während der Leistungserstellung. Basis hierfür sind sowohl tatsächliche (bereits angefallene), geschätzte als auch geplante Kosten. Mithilfe von Soll-Ist-Vergleichen können die geplanten Kosten kontrolliert sowie die Vorkalkulation gegebenenfalls korrigiert werden. Eine Zwischenkalkulation wird nur bei längeren Fertigungsprozessen (zum Beispiel Bauprojekten) sowie zur bilanziellen Bewertung unfertiger Erzeugnisse durchgeführt.

Eine **Nachkalkulation** kann erst nach der Leistungserstellung auf Basis von tatsächlich angefallenen (Ist-)Kosten durchgeführt werden. Sie ist folglich vergangenheitsorientiert. Damit können die tatsächlichen Kosten der Kostenträger ermittelt, Fehler der Vorkalkulation aufgezeigt und Erfahrungen für spätere Kalkulationen gesammelt werden. Weiterhin dienen die mit der Nachkalkulation gewonnenen Informationen zur Ermittlung von bilanziellen Bewertungsansätzen für eigene Erzeugnisse und selbst erstellte Anlagen sowie für die kurzfristige Erfolgsrechnung.

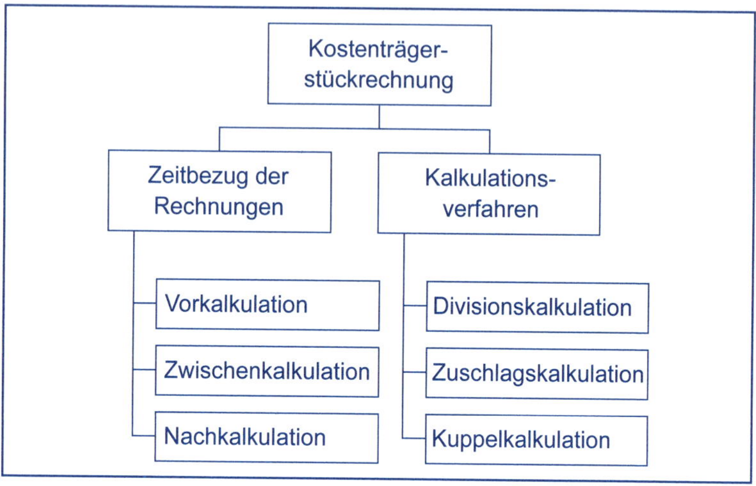

Abbildung 4.1: Zeitbezug und Verfahren der Kostenträgerstückrechnung

Die Kostenträgerstückrechnung kann als Vor-, Zwischen- oder Nachkalkulation mit verschiedenen **Berechnungsverfahren** durchgeführt werden. Welches zu wählen ist, hängt vom Produktionsprogramm und den verwendeten Fertigungsmethoden des Unternehmens ab. Eine Charakterisierung der **Fertigungsmethoden** findet sich in Abbildung 4.2.

Welche Kalkulationsverfahren bei welcher Fertigungsmethode zu verwenden sind, zeigt Abbildung 4.3. Durchgezogene Linien drücken aus, dass dieses Verfahren häufig angewendet wird, gestrichelte Linien zeigen weitere Möglichkeiten auf. Die Kalkulationsverfahren werden anschließend vorgestellt.

4.2 Divisionskalkulationen

Die Verfahren der Divisionskalkulation ermitteln die Herstell- beziehungsweise Selbstkosten eines Produktes mittels **Division** der gesamten Kosten durch eine Schlüsselgröße.

Fertigungs-methode	Beschreibung der Herstellung	Beispiele
Massen-fertigung	nur ein homogenes Produkt (identische Produkte, die in der Regel in großen Mengen und über einen längeren Zeitraum hergestellt werden)	Strom, Wasser, Kies, Zement
Sorten-fertigung	mehrere verwandte Produkte einer Art (eher einfache Produkte in unterschiedlicher Größe und/oder Qualität)	Bier, Joghurt, Schokolade, Baustoffe, Papier, Reinigungsdienstleistungen, Müllabfuhr
Serien-fertigung	zeitlich begrenzte Herstellung gleicher komplizierterer Produkte, die nach einiger Zeit in der Regel durch neue ersetzt werden (Serie)	Autos, Fernseher, Drucker, Windkraftanlagen
Einzel-fertigung	ein individuelles Produkt (die Arbeitsabläufe unterscheiden sich meist von ähnlichen Produkten)	Gebäude, Schiffe, Großanlagen, Spezialmaschinen, Spielfilme
Kuppel-fertigung	neben einem erwünschten Hauptprodukt entstehen bei der Herstellung zwangsläufig noch ein oder mehrere Nebenprodukte	Teer und Koks als Nebenprodukte bei der Erzeugung von Gas Passagiere und Fracht im Flugzeug

Abbildung 4.2: Charakterisierung der Fertigungsmethoden

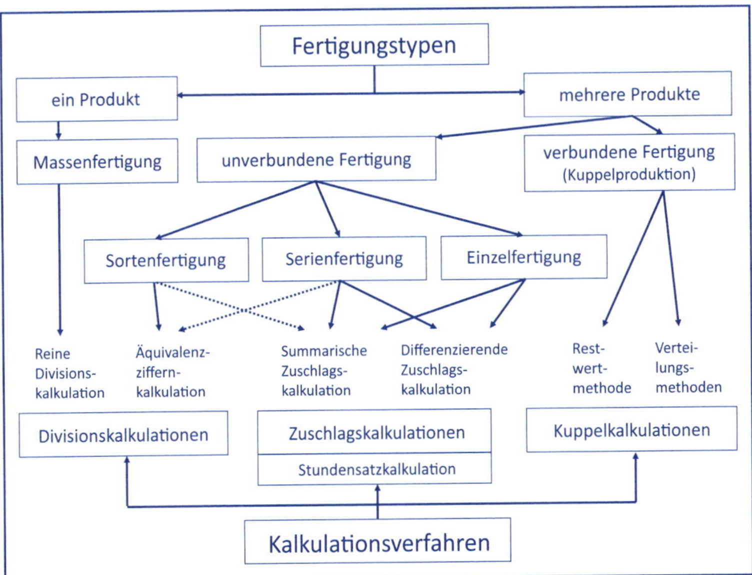

Abbildung 4.3: Fertigungstypen und Kalkulationsverfahren

In Einproduktunternehmen mit Massenfertigung können die Kosten eines Kostenträgers mit den Verfahren der **reinen Divisionskalkulation** ermittelt werden. Hierzu werden die gesamten Kosten durch eine Leistungsmenge dividiert. Je nachdem, in wie vielen Teilbeträgen die Kosten auf die Kostenträger verrechnet werden sollen, lassen sich einstufige, zweistufige und mehrstufige Divisionskalkulationen unterscheiden. In Mehrproduktunternehmen mit Sortenfertigung findet die **Äquivalenzziffernkalkulation** Anwendung.

4.2.1 Einstufige Divisionskalkulation

Bei der einstufigen Divisionskalkulation werden die Selbstkosten je Leistungseinheit (k) aus den Gesamtkosten (K) und der Produktionsmenge in Stück (x) ermittelt:

$$k = \frac{\text{gesamte Kosten}}{\text{produzierte} = \text{abgesetzte Menge}} = \frac{K}{x}$$

Voraussetzung für alle Verfahren der reinen Divisionskalkulation ist, dass eine homogene Erzeugnisart hergestellt wird. Es gibt also keine Unterschiede zwischen den Erzeugnissen. Bei der einstufigen Divisionskalkulation muss zudem ein einstufiger Produktionsprozess vorliegen, das heißt, es findet keine Lagerbildung statt. Die fertigen Erzeugnisse werden sofort abgesetzt (wie zum Beispiel Wasser und Strom).

Beispiel zur einstufigen Divisionskalkulation
Ein Kraftwerk produziert (und verkauft) in einer Periode 60.000 kWh Energie. Die gesamten Kosten betragen 9.000 €.

$$k = \frac{9.000 \text{ Euro}}{60.000 \text{ kWh}} = 0{,}15 \text{ Euro je kWh}$$

Auf eine Unterscheidung in Einzel- und Gemeinkosten wird hierbei verzichtet. Eine Kostenstellenrechnung ist hierfür also nicht notwendig.

4.2.2 Zweistufige Divisionskalkulation

Entspricht die Produktionsmenge des homogenen Erzeugnisses nicht der Absatzmenge, so ist die zweistufige Divisionskalkulation anzuwenden. Mit dieser Methode können Lagerbestandsveränderungen bei fertigen Erzeugnissen berücksichtigt werden, Lagerbestandsveränderungen bei unfertigen Erzeugnissen können weiterhin nicht berücksichtigt werden.

Zur Berechnung der Stückkosten wird zwischen Herstellkosten (HK) sowie Verwaltungs- und Vertriebsgemeinkosten (Vw&VtGK) unterschieden. Die (gesamten) Herstellkosten werden durch die produzierte Menge (x_P) dividiert, die Verwaltungs- und Vertriebsgemeinkosten (vereinfachend) durch die abgesetzte Menge (x_A). Die Selbstkosten je Stück (k) errechnen sich

$$k = \frac{\text{Herstellkosten}}{\text{produzierte Menge}} + \frac{\text{Verwaltungs- und Vertriebsgemeinkosten}}{\text{abgesetzte Menge}}$$

$$= \frac{HK}{x_p} + \frac{Vw\&VtGK}{x_a}$$

Beispiel zur zweistufigen Divisionskalkulation

Eine Fabrik produziert 200.000 Plastikeimer, aber nur 150.000 werden abgesetzt. Die Herstellkosten betragen 50.000 €, für Verwaltung und Vertrieb werden Gemeinkosten in Höhe von 15.000 € ermittelt. Ein abgesetzter Eimer kostet

$$k = \frac{50.000\ €}{200.000\ \text{St.}} + \frac{15.000\ €}{150.000\ \text{St.}} = 0{,}25\ € + 0{,}10\ € = 0{,}35\ €/\text{Stück}$$

Die Herstellkosten je Stück betragen 0,25 €. Zuzüglich 0,10 € für Verwaltungs- und Vertriebsgemeinkosten ergeben sich Selbstkosten je Stück von 0,35 €.

4.2.3 Mehrstufige Divisionskalkulation

Durchläuft ein homogenes Erzeugnis mehrere Produktionsstufen, so werden gegebenenfalls Halbfabrikate zwischengelagert. Dieses kann durch eine mehrstufige Divisionskalkulation berücksichtigt werden, die die Kosten für jede Produktionsstufe ermittelt. Hierzu müssen die Produktionsmengen der einzelnen Stufen bekannt sein.

Die Selbstkosten des Fertigproduktes ergeben sich als Summe aus den Herstellkosten der einzelnen Stufen (Anzahl der Stufen = n) und den Verwaltungs- und Vertriebsgemeinkosten.

$$k = \frac{\text{HK der Stufe 1}}{x_p \text{ der Stufe 1}} + \frac{\text{HK der Stufe 2}}{x_p \text{ der Stufe 2}} + \cdots + \frac{\text{HK der Stufe n}}{x_p \text{ der Stufe n}} + \frac{\text{Verwaltungs- und Vertriebsgemeinkosten}}{x_A}$$

$$= \frac{HK_1}{x_1} + \frac{HK_2}{x_2} + \frac{\cdots}{\cdots} + \frac{HK_n}{x_n} + \frac{Vw\&VtGK}{x_A}$$

Beispiel zur mehrstufigen Divisionskalkulation
Ein Produkt durchläuft zwei Produktionsstufen. In Stufe 1 fallen für die Produktion von 8.000 Stück Kosten von 20.000 € an. In Stufe 2 werden 7.000 Stück verarbeitet. Dabei entstehen Kosten in Höhe von 10.500 €. Verkauft werden können 4.000 Stück. Die Verwaltungs- und Vertriebsgemeinkosten betragen 8.000 €.

$$k_1 = \frac{20.000\text{ €}}{8.000\text{ St.}} = 2{,}50\text{ €/Stück}$$

$$k_1 = \frac{10.500\text{ €}}{7.000\text{ St.}} = 1{,}50\text{ €/Stück}$$

$$k = 2{,}50\text{ €} + 1{,}50\text{ €} + \frac{8.000\text{ €}}{4.000\text{ St.}} = 6{,}00\text{ €/Stück}$$

Die Selbstkosten pro abgesetztem Stück betragen 6 €. Die Herstellkosten der unfertigen Erzeugnisse, die lediglich die Stufe 1 durchlaufen haben, betragen 2,50 €. Die Herstellkosten der fertigen, aber nicht abgesetzten Erzeugnisse betragen (2,50 € + 1,50 € =) 4 € je Stück.

Fazit: Die Verfahren der **reinen Divisionskalkulation** können angewendet werden, wenn nur eine homogene Erzeugnisart hergestellt wird.

- Bei der einstufigen Divisionskalkulation muss die Produktion dem Absatz entsprechen.
- Bei der zweistufigen Divisionsrechnung kann ein Zwischenlager für fertige Erzeugnisse berücksichtigt werden.
- Bei der mehrstufigen Divisionskalkulation können alle Zwischenlager berücksichtigt werden.

4.2.4 Äquivalenzziffernrechnung

Die Äquivalenzziffernrechnung ist eine **Sonderform der Divisionskalkulation**. Sie eignet sich zur Ermittlung der Selbstkosten von

Produkten mit verwandter Materialzusammensetzung und Kostenstruktur. Beispiele für **Sorten** sind Baustoffe, Bier, Kraftstoffe und Fruchtjoghurt. Bei Sorten-Produktionen sind die Gesamtkosten bekannt. Bei der verursachungsgerechten Verteilung auf die einzelnen Sorten und Produkte kann ausgenutzt werden, dass zwischen den Sorten feste Kostenrelationen bestehen. Es ist zum Beispiel bekannt, um wie viel die Sorte A in der Herstellung teurer ist als die Sorte B.

Die **Äquivalenzziffernrechnung** wird bei Sortenfertigung angewendet. Als **Sorten** werden Produkte mit ähnlicher Materialzusammensetzung bezeichnet. Deren Kosten stehen in einem festen Verhältnis zueinander.

Die Vorgehensweise der Äquivalenzziffernrechnung vollzieht sich in vier Schritten, die anhand eines begleitenden Beispiels verdeutlicht werden sollen.

1. Schritt: Zuordnung von Äquivalenzziffern

Zur Verteilung der Kosten auf die Sorten bedient man sich so genannter Äquivalenzziffern. Das sind **Gewichtungsfaktoren**, die ausdrücken, in welchem Verhältnis die Kosten der einzelnen Sorten zueinander stehen. Als **Basissorte** wählt man in der Regel die volumenreichste Sorte. Diese erhält die Äquivalenzziffer 1,0. Für die anderen Sorten können dann entsprechend der Kostenrelationen (an der Basissorte orientierte) höhere oder niedrigere Äquivalenzziffern ermittelt werden.

Beispiel zur Zuordnung von Äquivalenzziffern

Eine Brauerei mit Gesamtkosten von 40.000 € stellt drei Biersorten her. Hergestellt werden die in der 2. Spalte angegebenen Mengen. Eine Analyse ergibt, dass das Weizenbier in der Herstellung 10 % günstiger als das Pils ist. Das Starkbier ist hingegen 20 % aufwändiger als das Pils.

Gewählt wird die Sorte Pils als Basissorte. Entsprechend können die folgenden Äquivalenzziffern (ÄZ) vergeben werden (siehe 3. Spalte in der Tabelle).

Sorten	Menge	ÄZ
Pils	41.000 l	1,0
Weizen	30.000 l	0,9
Starkbier	10.000 l	1,2

2. Schritt: Bildung von Rechnungseinheiten zur Kostenverteilung

Durch Multiplikation der jeweiligen Äquivalenzziffern mit der Produktionsmenge ergeben sich neutrale Rechnungseinheiten. Mit deren Hilfe können im 4. Schritt die Kosten auf die Sorten verteilt werden.

Beispiel zum Rechnen mit Äquivalenzziffern

Es ergeben sich für das Beispiel die in der 4. Spalte ausgewiesenen Rechnungseinheiten, insgesamt 80.000.

Sorten	Menge	ÄZ	Rechnungseinheiten	
Pils	41.000 l	1,0	41.000 l · 1,0 =	41.000 RE
Weizen	30.000 l	0,9	30.000 l · 0,9 =	27.000 RE
Starkbier	10.000 l	1,2	10.000 l · 1,2 =	12.000 RE
Summe der Rechnungseinheiten				80.000 RE

3. Schritt: Ermittlung der Kosten pro Rechnungseinheit

Mittels Division der Gesamtkosten durch die Summe der Rechnungseinheiten (RE) erhält man die Kosten pro Rechnungseinheit.

$$\frac{\text{Gesamtkosten}}{\text{Summe der Rechnungseinheiten}} + \frac{40.000\ €}{80.000\ \text{RE}} = 0,50\ €$$

4. Schritt: Zuordnung der Kosten auf die Sorten

Durch Multiplikation der Äquivalenzziffern mit dem errechneten Preis je Rechnungseinheit können die Kosten der Produkte ermittelt werden.

Die Sorte Pils (mit der Äquivalenzziffer 1) kostet demnach 0,50 € je Liter. Die Sorte Starkbier ist gemäß Aufgabe 20 % teurer (deshalb wurde die Äquivalenzziffer 1,2 vergeben) und kostet 1,2 · 0,50 € = 0,60 € je Liter.

Es ergeben sich für das Beispiel folgende Gesamtkosten der Sorten:

Sorten	**Menge**	**Kosten je Liter (ÄZ · Kosten je RE)**	**Kosten (Menge · Kosten je Liter)**	
Pils	41.000 l	1,0 · 0,5 = 0,5	41.000 l · 0,5 =	20.500 €
Weizen	30.000 l	0,9 · 0,5 = 0,45	30.000 l · 0,45 =	13.500 €
Starkbier	10.000 l	1,2 · 0,5 = 0,6	10.000 l · 0,6 =	6.000 €
Gesamtkosten				40.000 €

4.3 Zuschlagskalkulationen

Bei der Herstellung verschiedener Produktarten in unterschiedlichen Arbeitsabläufen (differenzierte **Einzel- oder Serienfertigung**) wird die Zuschlagskalkulation zur Ermittlung der Herstell- und Selbstkosten verwendet. Bei derartigen Fertigungen werden die betrieblichen Ressourcen (zum Beispiel Maschinen, Verwaltungsabläufe) in unterschiedlichem Maße beansprucht. Die hierdurch verursachten **Gemeinkosten** sollen anteilig mithilfe von Schlüsselgrößen oder durch Zuschlagssätze verrechnet werden.

Die Wahl einer geeigneten **Schlüsselgröße beziehungsweise Zuschlagsbasis** zur Verteilung der Gemeinkosten ist von entscheidender Bedeutung für die Genauigkeit der Kalkulation. Eine geeignete Zuschlagsbasis entwickelt sich entsprechend des Verursachungsprinzips parallel zu den verursachten Gemeinkosten. Das ermittelte Verhältnis gilt für den gesamten Betrieb und wird jeweils für die Kalkulation der einzelnen Kostenträger verwendet. Ebenfalls wichtig ist es, die als Zuschlagsbasis genutzten Größen (vornehmlich sind diese Einzelkosten) genau zu erfassen. Erfassungsfehler können zu falschen Ergebnissen bei der Kalkulation führen.

In Abhängigkeit von der Anzahl der zur Verteilung der Gemeinkosten verwendeten Zuschlagssätze beziehungsweise Schlüsselgrößen werden unterschieden

- die summarische Zuschlagskalkulation und
- die differenzierende Zuschlagskalkulation.

4.3.1 Summarische Zuschlagskalkulation

Die einfachste Form der Zuschlagskalkulation ist die summarische Zuschlagskalkulation (auch einfache oder kumulative Zuschlagskalkulation). Hierbei werden einem Kostenträger die (gesamten) anteiligen Gemeinkosten auf Grundlage eines einzigen (summarischen) Zuschlagssatzes zugerechnet.

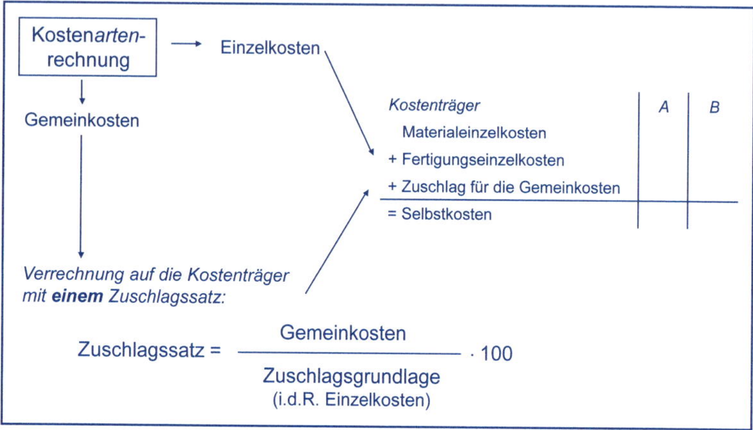

Abbildung 4.4: Summarische Zuschlagskalkulation

Zur Ermittlung des Zuschlagssatzes werden die zu verteilenden Gemeinkosten ins Verhältnis zu einer Zuschlagsgrundlage gesetzt:

$$\text{Gemeinkostenzuschlagssatz} = \frac{\text{Gesamtkosten}}{\text{Zuschlagsgrundlage}} \times 100$$

Als **Zuschlagsgrundlage** werden häufig die gesamten Einzelkosten herangezogen, seltener Teile der Einzelkosten (zum Beispiel Materialeinzelkosten) oder mengenmäßige Zuschlagsgrundlagen wie zum Beispiel Fertigungszeiten und Materialmengen. Hierbei wird stets unterstellt, dass sich die zu verteilenden Gemeinkosten **parallel zur Zuschlagsgrundlage** entwickeln, also im Zeitablauf in gleichem Maße steigen oder sinken.

Beispiel zur Ermittlung eines summarischen Zuschlagssatzes
Ein Unternehmen hat Gesamtkosten in Höhe von 300.000 €, wovon den Kostenträgern 160.000 € als Materialeinzelkosten und 40.000 € als Fertigungseinzelkosten zugerechnet werden können. Die restlichen 100.000 € sind Gemeinkosten.

Auf Basis der gesamten Einzelkosten errechnet sich ein Gemeinkostenzuschlagssatz von

$$\frac{100.000\,€}{160.000\,€ + 40.000\,€} \cdot 100 = 50\,\%$$

Alternativ kann für das Unternehmen auf Basis der Materialeinzelkosten ein Gemeinkostenzuschlagssatz errechnet werden von

$$\frac{100.000\,€}{160.000\,€} \cdot 100 = 62{,}5\,\%$$

Auf Basis der Fertigungseinzelkosten errechnet sich hingegen ein Gemeinkostenzuschlagssatz von

$$\frac{100.000\,€}{40.000\,€} \cdot 100 = 250\,\%$$

Zu wählen ist die Zuschlagsgrundlage, deren Entwicklung die höchste Korrelation zu den zu verteilenden Gemeinkosten aufweist. Welche das ist, wird in der Praxis über mehrere Perioden beobachtet und auch immer wieder kontrolliert.

Mithilfe des ermittelten Zuschlagssatzes werden die Gemeinkosten auf die verschiedenen Produkte verteilt. Je mehr Einzelkosten einem Kostenträger zugerechnet werden können, umso höher sind die ihm zuzurechnenden Gemeinkosten.

Beispiel zur summarischen Zuschlagskalkulation
In dem Unternehmen werden zwei Produkte kalkuliert. Dem Produkt A können 40 € an Materialeinzelkosten und 20 € an Fertigungslohneinzelkosten zugerechnet werden, Produkt B 50 € an Materialeinzelkosten und 90 € an Fertigungslohneinzelkosten.

Bei einem auf der Basis der gesamten Einzelkosten berechneten Gemeinkostenzuschlagssatz von 50 % ergeben sich für die beiden Produkte folgende Selbstkosten:

	Produkt A	Produkt B
Materialeinzelkosten	40,00 €	50,00 €
Fertigungslohneinzelkosten	20,00 €	90,00 €
Einzelkosten	60,00 €	140,00 €
+ 50 % Gemeinkostenzuschlag (bezogen auf die gesamten Einzelkosten des Produkts)	30,00 €	70,00 €
= Selbstkosten	90,00 €	210,00 €

Wäre hingegen auf Basis der Materialeinzelkosten (Fertigungslohneinzelkosten) ein Gemeinkostenzuschlagssatz von 62,5 % (250 %) errechnet worden, müssten Produkt A 25 € (50 €) und Produkt B 31,25 € (225 €) an Gemeinkosten zugerechnet werden. Die Selbstkosten beliefen sich bei A auf 85 € (110 €) und bei B auf 171,25 € (365 €).

Der ermittelte Gemeinkostenzuschlagssatz muss regelmäßig überprüft werden, damit die Gemeinkosten richtig zugerechnet werden. In der Regel erfolgt dieses einmal pro Periode.

Eine Kostenstellenrechnung ist für die summarische Zuschlagskalkulation nicht erforderlich. Deshalb sowie aufgrund der **einfachen Handhabung** mit nur einem einheitlichen Zuschlagssatz für alle Kostenträger findet das Verfahren oftmals in kleineren produzierenden Unternehmen sowie bei Dienstleistern Anwendung.

Allerdings weist die summarische Zuschlagskalkulation erhebliche **Mängel** auf. Zu kritisieren ist zunächst, dass das Verfahren **Bestandsveränderungen** nicht berücksichtigt. Jedes Produkt, egal ob abgesetzt oder für das Lager produziert, wird mit dem gleichen Gemeinkostenzuschlagssatz belastet. Mit diesem werden aber auch Vertriebsgemeinkosten zugerechnet, die jedoch nur den abgesetzten Erzeugnissen zugerechnet werden sollen. Zudem wird nicht berücksichtigt, dass die verschiedenen Kostenträger die einzelnen Gemeinkosten in unterschiedlichem Maße verursachen können. Alle werden jedoch mit dem gleichen Gemeinkostenzuschlagssatz kalkuliert, egal ob sie sehr einfach oder aufwändig herzustellen sind.

Beurteilung der summarischen Zuschlagskalkulation

- einfaches Verfahren, da nur ein Zuschlagssatz;
- Kostenstellenrechnung ist nicht erforderlich;
- Bestandsveränderungen werden nicht berücksichtigt;
- ein einziger Zuschlagssatz ist in der Regel ungenau, da die unterstellte Proportionalität zwischen Einzel- und Gemeinkosten kaum gegeben sein wird.

4.3.2 Differenzierende Zuschlagskalkulationen

Bei den Verfahren der mehrstufigen oder differenzierenden Zuschlagskalkulation wird berücksichtigt, dass die Höhe der Gemeinkosten in der Regel von mehreren Einflussgrößen abhängt. Entsprechend werden mehrere Zuschlagssätze zur Verrechnung der Gemeinkosten verwendet.

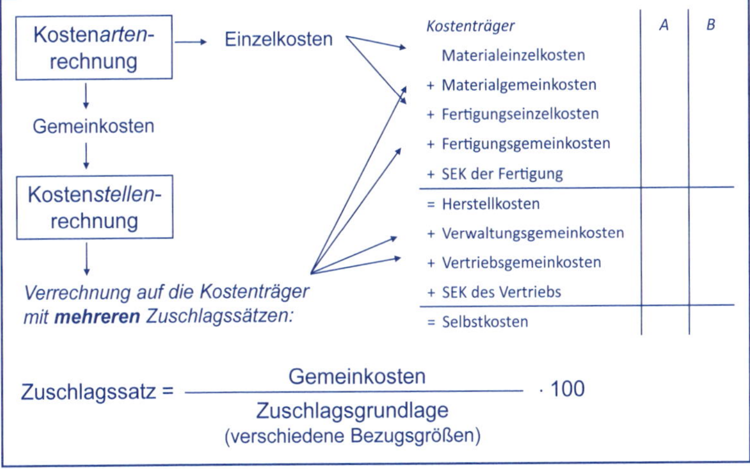

Abbildung 4.5: Differenzierende Zuschlagskalkulation

Theoretisch kann für jede erfasste Gemeinkostenart ein Zuschlagssatz gebildet werden (**differenzierte Zuschlagskalkulation**). In der Praxis findet jedoch eine Beschränkung auf wenige ausgewählte Zuschlagssätze statt (elektive Zuschlagskalkulation). Die grundsätzliche Vorgehensweise ist identisch. Deshalb wird die Vorgehensweise nachfolgend am Beispiel der **elektiven (auswählenden) Zuschlagskalkulation** vorgestellt. Üblich sind hierbei die nachfolgenden Zuschlagsgrundlagen.

Die **materialabhängigen Gemeinkosten** werden den Kostenträgern auf Basis des Fertigungsmaterials zugeschlagen. Der Gemeinkostenzuschlagssatz (GKZS) für die Materialgemeinkosten errechnet sich:

$$\text{Material-GKZS} = \frac{\text{Materialgemeinkosten}}{\text{Materialeinzelkosten}} \cdot 100$$

Die **lohnabhängigen Gemeinkosten** werden den Kostenträgern auf Basis der dort als Einzelkosten zugerechneten Fertigungslöhne zugeschlagen.

$$\text{Fertigungs-GKZS} = \frac{\text{Fertigungsgemeinkosten}}{\text{Fertigungseinzelkosten}} \cdot 100$$

Die restlichen **Gemeinkosten der Bereiche Verwaltung und Vertrieb** werden häufig auf Basis der Herstellkosten (= alle Einzel- und Gemeinkosten in Material- und Fertigungsbereich) verteilt.

$$\text{Verwaltungs- und Vertriebs-GKZS} = \frac{\text{Verwaltungs- und Vertriebsgemeinkosten}}{\text{Herstellkosten}} \cdot 100$$

Beispiel zu Zuschlagsgrundlagen

Im Fertigungsbereich eines Unternehmens wurden drei (Fertigungsend-) Kostenstellen gebildet. Die dort zugerechneten Gemeinkosten können auch auf Basis von drei verschiedenen Zuschlagsgrundlagen auf die einzelnen Kostenträger verteilt werden. Das bietet sich an, wenn sich keine einzelne verursachungsgerechte Zuschlagsgrundlage für die gesamten Fertigungsgemeinkosten finden lässt.

Für differenzierende Zuschlagskalkulationen kann das in Abbildung 4.6 wiedergegebene Kalkulationsschema verwendet werden.

Zusätzlich werden in dem Schema der differenzierenden Zuschlagskalkulation **Sondereinzelkosten der Fertigung** und **Sondereinzelkosten des Vertriebs** berücksichtigt. Diese fallen jeweils auftragsspezifisch und unabhängig von den Gemeinkosten an. Deshalb dürfen sie nicht mithilfe des allgemeinen Gemeinkostenzuschlagssatzes belastet werden.

<table>
<tr><td>Materialeinzelkosten</td><td rowspan="2">Material-kosten</td><td rowspan="5">Herstellkosten</td><td rowspan="8">Selbstkosten</td></tr>
<tr><td>Materialgemeinkosten</td></tr>
<tr><td>Fertigungs(lohn)einzelkosten</td><td rowspan="3">Fertigungs-kosten</td></tr>
<tr><td>Fertigungsgemeinkosten</td></tr>
<tr><td>Sondereinzelkosten der Fertigung</td></tr>
<tr><td colspan="3">Verwaltungsgemeinkosten</td></tr>
<tr><td colspan="3">Vertriebsgemeinkosten</td></tr>
<tr><td colspan="3">Sondereinzelkosten des Vertriebs</td></tr>
</table>

Abbildung 4.6: Schema einer differenzierenden Zuschlagskalkulation

Beispiel zur Zuschlagskalkulation

Im Wege der Vorkalkulation sollen die Selbstkosten einer Druckmaschine ermittelt werden. Für diese fallen 200 € Fertigungsmaterial und 120 € Fertigungslöhne an. Weiterhin können der Maschine 30 € an Sondereinzelkosten (SEK) der Fertigung sowie 150 € für Vertriebsprovisionen (SEK des Vertriebs) zugerechnet werden. In dem Unternehmen wird in dieser Periode mit folgenden Zuschlagssätzen für die Gemeinkosten kalkuliert:

Material-Gemeinkostenzuschlagssatz	35 %
Fertigung-Gemeinkostenzuschlagssatz	150 %
Verwaltungs-Gemeinkostenzuschlagssatz	25 %
Vertriebs-Gemeinkostenzuschlagssatz	15 %

Für das Produkt ergeben sich folgende Selbstkosten:

	Kostenart	**Kosten**	**Erläuterungen**
(1)	Materialeinzelkosten	200,00 €	
(2)	+ 35 % Zuschlag für anteilige Materialgemeinkosten	70,00 €	bezogen auf (1)
(3)	= Materialkosten	270,00 €	= (1) + (2)
(4)	Fertigungseinzelkosten	120,00 €	
(5)	+ 150 % Zuschlag für anteilige Fertigungsgemeinkosten	180,00 €	bezogen auf (4)

	Kostenart	Kosten	Erläuterungen
(6)	+ Sondereinzelkosten der Fertigung	30,00 €	
(7)	= Fertigungskosten	330,00 €	= (4) + (5) + (6)
(8)	= Herstellkosten	600,00 €	= (3) + (7)
(9)	+ 25 % Zuschlag für anteilige Verwaltungsgemeinkosten	150,00 €	bezogen auf (8)
(10)	+ 15 % Zuschlag für anteilige Vertriebsgemeinkosten	90,00 €	bezogen auf (8)
(11)	+ Sondereinzelkosten des Vertriebs	150,00 €	
(12)	= Selbstkosten	990,00 €	= (8) bis (11)

Exkurs zum Unterschied zwischen Herstellkosten und Herstellungskosten:

Die mithilfe der Zuschlagskalkulation ermittelten **Herstellkosten** können als Grundlage zur Bewertung von Beständen in Handels- und Steuerbilanz herangezogen werden. Dort heißen sie **Herstellungskosten**. Die Wertansätze können voneinander abweichen, da die Herstellungskosten des § 255 HGB auf dem Realisationsprinzip beruhen und keine kalkulatorischen Kosten beinhalten dürfen. Zudem bestehen bei der Ermittlung der zu aktivierenden Herstellungskosten Gebote, **Wahlrechte** und Verbote. Eine (vereinfachende) Gegenüberstellung der Begriffe findet sich in Abbildung 4.7.

	Kostenart	Aktivierung in der Handelsbilanz
	(Fertigungs-)Materialeinzelkosten	Pflicht
+	Fertigungseinzelkosten	Pflicht
+	Sondereinzelkosten der Fertigung	Pflicht
+	Materialgemeinkosten	Pflicht
+	Fertigungsgemeinkosten	Pflicht
=	Herstellkosten der Kostenrechnung	
+	Allgemeine (herstellungsbezogene) Verwaltungsgemeinkosten	Pflicht
=	Untergrenze der handelsrechtlichen Herstellungskosten	
+	Allgemeine (nicht herstellungsbezogene) Verwaltungsgemeinkosten	Wahlrecht
=	Obergrenze der handelsrechtlichen Herstellungskosten	
+	Vertriebskosten	Verbot
=	Selbstkosten	
+	Gewinnzuschlag	Verbot
=	Netto-Angebotspreis	
+	Umsatzsteuer	Verbot
=	Brutto-Angebotspreis	

Abbildung 4.7: Herstellkosten und Herstellungskosten

Treten **Lagerbestandsveränderungen** auf, so wird zwischen Herstellkosten der Fertigung (Produktion) und Herstellkosten des Umsatzes unterschieden. Von den Herstellkosten der Fertigung gelangt man durch Bereinigung um die **Lagerbestandsveränderungen** an unfertigen und fertigen Erzeugnissen zu den Herstellkosten des Umsatzes:

	Herstellkosten der Fertigung (HKF)
+	Bestandsminderungen an unfertigen und fertigen Erzeugnissen
–	Bestandsmehrungen an unfertigen und fertigen Erzeugnissen
=	Herstellkosten des Umsatzes (HKU)

Abbildung 4.8: Ermittlung der Herstellkosten des Umsatzes

Die Verwaltungsgemeinkosten können dann zum Beispiel auf Basis der Herstellkosten der Fertigung als Zuschlagsgrundlage verrechnet werden.

$$\text{Verwaltungs-GKZS} = \frac{\text{Verwaltungsgemeinkosten}}{\text{Herstellkosten der Fertigung}} \cdot 100$$

Die Vertriebsgemeinkosten werden hingegen stets auf die Herstellkosten der abgesetzten Erzeugnisse verrechnet, den **Herstellkosten des Umsatzes**.

$$\text{Vertriebs-GKZS} = \frac{\text{Vertriebsgemeinkosten}}{\text{Herstellkosten des Umsatzes}} \cdot 100$$

Beispiel zu Herstellkosten des Umsatzes

Ein Unternehmen hat in einer Periode 1.000 Maschinen hergestellt, von denen nur 800 Stück verkauft wurden. Bei Herstellkosten der Fertigung von 600.000 € ergeben sich für die 90.000 € Verwaltungsgemeinkosten und die 18.000 € Vertriebsgemeinkosten folgende (Ist-)Zuschlagssätze:

$$\text{Verwaltungs-Gemeinkostenzuschlagssatz} = \frac{90.000\ €}{600.000\ €} \cdot 100 = 15\ \%$$

Es ergeben sich in der Periode folgende Herstellkosten des Umsatzes:

	600.000 €	Herstellkosten der Fertigung (= 1.000 Stück à 600 €)
–	120.000 €	Bestandsmehrungen an fertigen Erzeugnissen (für 200 Stück à 600 €)
=	480.000 €	Herstellkosten des Umsatzes (= 800 Stück à 600 €)

Die Herstellkosten des Umsatzes sind Zuschlagsgrundlage für die Vertriebsgemeinkosten:

$$\text{Vertriebs-Gemeinkostenzuschlagssatz} = \frac{18.000\ €}{480.000\ €} \cdot 100 = 3{,}75\ \%$$

Die Verrechnung der Verwaltungsgemeinkosten auf Basis der Herstellkosten der Fertigung beinhaltet eine gewisse Ungenauigkeit, da auch durch abgesetzte Erzeugnisse Kosten in der Verwaltung verursacht werden (zum Beispiel Teile der Kosten der Geschäftsleitung). Deswegen werden die Verwaltungsgemeinkosten oftmals zusammen mit den Vertriebsgemeinkosten verrechnet. Gemeinsame Zuschlagsgrundlage sind dann die **Herstellkosten des Umsatzes**.

$$\text{Verwaltungs- und Vertriebs-GKZS} = \frac{\text{Verwaltungs- und Vertriebsgemeinkosten}}{\text{Herstellkosten des Umsatzes}} \cdot 100$$

$$\text{Vw\&Vt-GKZS} = \frac{90.000\,€ + 18.000\,€}{480.000\,€} \cdot 100 = 22{,}5\,\%$$

Die **Genauigkeit der Zuschlagskalkulation** kann durch eine weitere Differenzierung der Gemeinkostenblöcke erhöht werden. Hierzu bietet sich insbesondere der **Fertigungsbereich** an. Durch weitere Zuschlagssätze kann man der Verschiedenheit einzelner Teile des Fertigungsbereichs besser gerecht werden und die Gemeinkosten verursachungsgerechter zurechnen.

Beispiel zu mehreren Fertigungsgemeinkostenzuschlagssätzen
Statt die Fertigungsgemeinkosten mit einem Zuschlagssatz von 150% zu verrechnen, wird der Fertigungsbereich in drei Kostenstellen unterteilt. Für die Verteilung der jeweiligen Gemeinkosten werden individuelle Zuschlagssätze ermittelt. Die Fertigungsgemeinkosten werden dann entsprechend in drei Schritten zugerechnet.

Trotzdem wird eine Zuschlagskalkulation kaum absolut verursachungsgerechte Ergebnisse ermitteln. Dieses liegt insbesondere daran, dass die bei der Festlegung des Gemeinkostenzuschlags **unterstellte Proportionalität zwischen Einzel- und Gemeinkosten** nicht gegeben ist.

Vielmehr wurden die Zuschlagssätze für eine bestimmte Beschäftigung ermittelt. Ändert sich diese, kann es zu einer falschen Verrechnung der Kosten kommen. Bei sinkender Beschäftigung werden zu wenig Kosten verrechnet (Unterdeckung), bei steigender Beschäftigung zu viel (Überdeckung).

Zudem sind in der Praxis durch eine fortschreitende Automatisierung und Rationalisierung sinkende Einzelkosten (Fertigungslöhne) bei gleichzeitig steigenden Gemeinkosten (fixe Kosten für Abschreibungen und Zinsen) festzustellen. Dieses führt zu teilweise sehr **hohen Zuschlagssätzen**. Dann können bereits kleine Erfassungsfehler bei den Einzelkosten zu großen Zurechnungsfehlern bei den Gemeinkosten und damit einer falschen Kalkulation führen.

Deshalb können, gerade im Fertigungsbereich, alternativ beziehungsweise ergänzend **weitere Bezugsgrößen** zur Verteilung der Gemeinkosten verwendet werden. Hierzu bieten sich insbesondere Abteilungs- oder Maschinenstundensätze an. Fortschritte bei der Kalkulation verspricht auch die zeitweise intensiv diskutierte

Prozesskostenrechnung, mit deren Hilfe insbesondere die Kosten fertigungsnaher Verwaltungsbereiche verursachungsgerechter verrechnet werden können.

Beurteilung der differenzierenden Zuschlagskalkulationen

- wichtig, da ein in der Praxis sehr weit verbreitetes Verfahren;
- ist genauer als die summarische Zuschlagskalkulation;
- Bestandsveränderungen können berücksichtigt werden;
- Verfeinerungen sind durch eine weitere Differenzierung von Zuschlagssätzen sowie eine Verrechnung von Gemeinkosten mithilfe von Maschinen-/Abteilungsstundensätzen möglich;
- bei hohen Zuschlagssätzen führen bereits kleine Erfassungsfehler zu großen Fehlern bei der Kalkulation;
- die unterstellte Proportionalität zwischen Einzel- und Gemeinkosten ist kaum gegeben; teilweise ist hier Abhilfe durch die Prozesskostenrechnung möglich.

4.3.3 Kalkulation mit Stundensätzen

Die Genauigkeit der Zuschlagskalkulation kann weiterhin durch die Orientierung an Arbeitsplätzen (zum Beispiel Abteilungen, einzelnen Maschinen oder Maschinengruppen) zur Verrechnung der Gemeinkosten erhöht werden (Platzkostenrechnung). Deren Kosten werden dann mithilfe von Abteilungs- oder **Maschinenstundensätzen** auf die Kostenträger verrechnet. Ebenso ist die Kalkulation mit Stundensätzen in Dienstleistungsunternehmen verbreitet.

Hierzu sind die in der Kostenstellenrechnung ermittelten Kosten der entsprechenden Kostenstelle (zum Beispiel Maschine, Abteilung) zu ermitteln und durch die (Soll-)Arbeitszeit zu teilen.

$$\text{Stundensatz} = \frac{\text{Kosten der Kostenstelle}}{\text{Arbeitszeit der Kostenstelle}}$$

Beispiel zur Ermittlung von Stundensätzen

Die IT-Abteilung eines Unternehmens erbringt monatlich 2.000 Stunden interne Dienstleistungen für andere Bereiche. Für die Abteilung werden für diesen Zeitraum Kosten in Höhe von 120.000 € ermittelt. Es ergibt sich ein Abteilungsstundensatz von

$$\frac{120.000\ €}{2.000\ \text{h}} = 60\ €/\text{h}$$

Bei einer Maschine sind **alle maschinenabhängigen Kosten** wie kalkulatorische Abschreibungen und Zinsen, Raumkosten, Energiekosten, Wartung zu ermitteln.

$$\text{Maschinenstundensatz} = \frac{\text{Fertigungsgemeinkosten der Maschine}}{\text{Soll-Maschinenlaufzeit}}$$

Beispiel zur Maschinenstundensatzermittlung

Eine in der Fertigung eingesetzte Maschine hat einen Wiederbeschaffungswert von 42.000 €. Die Anschaffungskosten betrugen 32.000 €. Die geschätzte Nutzungsdauer beträgt 5 Jahre, der Schrottwert wird mit 6.000 € angenommen. Das betriebsnotwendige Kapital wird mit 6% verzinst. Für diese Maschine besteht ein Wartungsvertrag, für den jährlich 1.860 € gezahlt werden. Die Maschine benötigt weiterhin eine Fläche von 180 qm der Fabrikhalle (Miete 5 € je qm und Monat). Für Strom wird eine fixe Grundgebühr von 600 € pro Jahr verrechnet sowie verbrauchsabhängig 3 € pro Betriebsstunde. Die Maschine läuft jährlich 1.800 Stunden. Die Maschine wird zur Produktion der Erzeugnisse A und B genutzt. Während A pro Stück 5 Stunden bearbeitet wird, benötigt man für die Erstellung von B nur 3 Maschinenstunden.

Für die Maschine ergeben sich folgende Kosten pro Periode:

kalkulatorische Abschreibungen	$\frac{42.000\text{ €} - 6.000}{5\text{ Jahre}} =$	7.200 €
durchschnittlich gebundenes Kapital	$\frac{32.000\text{ €} + 6.000\text{ €}}{2} = 19.000\text{ €}$	
kalkulatorische Zinsen	19.000 € · 6% =	1.140 €
Wartung		1.860 €
Raumkosten	180 qm · 5 € je qm im Monat · 12 Monate =	10.800 €
Stromkosten	600 € + (1.800 h · 3 €) =	6.000 €
Maschinenkosten pro Jahr		27.000 €

Für die Kalkulation der Produkte A und B müssen pro Stück also folgende Maschinenkosten berücksichtigt werden:

Produkt A: 5 Stunden · 15,00 € je Stunde = 75,00 €/Stück

Produkt B: 3 Stunden · 15,00 € je Stunde = 45,00 €/Stück

$$\text{Maschinenstundensatz} = \frac{27.000\text{ €}}{1.800\text{ h}} = 15,00\text{ € je h}$$

Aufgrund der immer noch zunehmenden Automatisierung von Fertigungsprozessen können in produzierenden Unternehmen große Teile der Fertigungsgemeinkosten mithilfe von Maschinenstundensätzen verrechnet werden. Die verbleibenden (Rest-)Gemeinkosten können mithilfe eines so genannten **Restgemeinkostenzuschlagssatzes** auf Basis der Fertigungseinzelkosten verrechnet werden.

$$\text{Restfertigungs-GKZS} = \frac{\text{restliche Fertigungsgemeinkosten}}{\text{Fertigungseinzelkosten}} \cdot 100$$

4.3.4 Zuschlagskalkulation im Handel (Handelskalkulation)

In Handelsunternehmen kann die Zuschlagskalkulation in abgewandelter Form Anwendung finden. Diese Unternehmen kaufen Waren ein. Neben den Kosten für den Wareneinsatz fallen Kosten des Händlers an (zum Beispiel für Personal, Lagerflächen). Diese so genannten Handlungskosten werden durch einen Handlungskostenzuschlagssatz auf die Warenkosten aufgeschlagen.

$$\text{Handlungskostenzuschlagssatz} = \frac{\text{Handlungskosten}}{\text{Warenkosten}} \cdot 100$$

Für die Handelskalkulation kann folgendes Schema verwendet werden:

	Einkaufspreis der Ware
–	Rabatte, Boni, Skonti vom Lieferanten
+	Bezugskosten
=	Warenkosten (Einstandskosten)
+	Handlungskostenzuschlag (Betriebskosten in % der Warenkosten)
=	Selbstkosten der Ware
+	Gewinnzuschlag (absolut oder in % der Selbstkosten)
=	Nettoverkaufspreis der Ware
+	Kundenskonto
+	Vertreterprovisionen
=	Nettolistenpreis der Ware
+	Umsatzsteuer
=	Bruttoverkaufspreis der Ware

4.4 Kalkulationsverfahren bei Kuppelproduktion

Entstehen bei einem Produktionsprozess zwangsläufig mehrere Produkte, so spricht man von einer Kuppelproduktion. Bei einer derartigen verbundenen Produktion entsteht neben einem erwünschten Hauptprodukt mindestens ein weiteres Haupt- oder Nebenprodukt. Kuppelproduktionen sind insbesondere in der chemischen Industrie, aber auch in anderen Bereichen feststellbar.

Hintergrund: Theoretisch ist jeder Produktionsprozess eine Kuppelproduktion. Neben den erwünschten Produkten fallen aus naturgesetzlichen Gründen gegebenenfalls nicht erwünschte Produkte sowie Abfälle an. Können diese „Nebenwirkungen" des Produktionsprozesses nicht recycelt oder anderweitig verwertet werden (Kuppelprodukte im engeren Sinne), so müssen sie entsorgt werden. Dadurch entstehen Umweltbelastungen und auch Kosten. Auch diese könnten mithilfe der Kuppelkalkulation berücksichtigt werden. Die Kuppelkalkulation wird jedoch derzeit insbesondere dann verwendet, wenn die unerwünschten Nebenprodukte am Markt veräußert werden können. Zu verweisen ist auch darauf, dass zwischen Abfall- und Kuppelprodukten eine fließende Grenze besteht, da zunehmend Verwertungsmöglichkeiten für Abfälle bestehen, zum Beispiel die Nutzung von Abwärme zum Heizen oder die Erstellung von Parkbänken aus Abfallgranulaten.

Beispiele für Kuppelproduktionen

- Bei der Produktion von Roheisen entstehen im Hochofen gleichzeitig Schlacke, Gichtgas und auch Abwärme.
- Bei der Benzinherstellung fallen unter anderem auch Heizöl, Schweröl und Bitumen an.
- In einer Kokerei fallen gleichzeitig Koks, Gas, Teer und Benzol an.
- In einem Sägewerk fallen neben zugeschnittenen Brettern auch Sägespäne an, die als Heizmaterial verkauft werden können.

Problematisch für die Kalkulation bei Kuppelproduktion ist, dass sich die Kosten des Produktionsprozesses nicht eindeutig auf die Produkte zurechnen lassen. Es ist also keine verursachungsgerechte Kalkulation möglich. Die Verfahren der Kuppelkalkulation verteilen die (Gemein-)Kosten deshalb nach dem **Tragfähigkeits- beziehungsweise Durchschnittsprinzip** auf die Kostenträger.

Je nachdem inwieweit sich Haupt- und Nebenprodukte unterscheiden lassen, können die (Gemein-)Kosten mithilfe der Restwertmethode oder der Verteilungsmethode auf die Kostenträger verrechnet werden.

Die **Restwertmethode** (auch Subtraktionsmethode oder Restkostenrechnung genannt) findet Anwendung, wenn sich bei der Produktion **ein Hauptprodukt** und ein oder mehrere Nebenprodukte unterscheiden lassen. Bei der Kalkulation wird dann unterstellt, dass mit den Nebenprodukten kein Gewinn erwirtschaftet wird. Folglich werden den Nebenprodukten Kosten in genau der Höhe ihrer Erlöse zugerechnet. Hierbei ist zu berücksichtigen, dass gegebenenfalls eine weitere Bearbeitung der Nebenprodukte nach der Trennung vom Hauptprodukt (Gabelung) notwendig ist, um diese verkaufen zu können.

Beispiel zu Kosten nach der Gabelung
In einem Sägewerk fallen beim Zurechtschneiden von Brettern Sägespäne an. Diese können, wenn sie zusammengefegt und abgefüllt werden, an ein Heizkraftwerk verkauft werden. Nach der Gabelung (Ende des Sägevorgangs) fallen noch Kosten für Personal, Verpackung und gegebenenfalls Transport an.

Das Hauptprodukt trägt dann nur die (restlichen) Kosten, die von den Nebenprodukten nicht getragen werden können. Für die Kosten des Hauptproduktes gilt:

	Kosten des Kuppelproduktionsprozesses
–	Überschuss aus Nebenprodukten (Erlöse – weitere Kosten nach der Gabelung)
=	Kosten des Hauptproduktes

Beispiele für eine Kuppelkalkulation mit der Restwertmethode
Für die Herstellung von Hauptprodukt A und dem dabei anfallenden Nebenprodukt B entstehen Kosten von insgesamt 4.300 €. Um das Produkt B verkaufen zu können, sind noch Nacharbeiten notwendig. Hierfür fallen nach der Gabelung der beiden Produkte noch weitere 1.200 € an Kosten für das Nebenprodukt B an. Der Verkaufserlös für B beträgt 2.900 €. Nach der Restwertmethode ergeben sich für Produkt A folgende Kosten:

	4.300 €	Herstellkosten der Produktion von A und B
–	1.700 €	Herstellkosten des Kuppelproduktes (= 2.900 € Verkaufserlös von Produkt B – 1.200 € Kosten für Nacharbeiten)
=	2.600 €	Herstellkosten von Produkt A

Lassen sich Haupt- und (bei deren Produktion zwangsläufig anfallende) Nebenprodukte nicht eindeutig unterscheiden, die Produkte sind also gleichrangig, so können die Kosten mithilfe der **Verteilungsmethode** verrechnet werden. Die Kosten können hierbei nach dem Tragfähigkeitsprinzip entsprechend der erzielbaren Marktpreise **(Marktpreismethode)** zugerechnet werden: Je höher der Erlös, desto höher sind die anteilig zu tragenden Kosten. Die Vorgehensweise entspricht dabei der der Äquivalenzziffernrechnung.

Beispiele für eine Kuppelkalkulation mit der Marktpreismethode
Bei einem Kuppelproduktionsprozess entstehen die beiden Hauptprodukte H1 und H2. Deren Gesamtkosten betragen 6.300 €.

Produkte	Menge	Erlöse je Stück	Rechnungs-einheiten	Gesamt-kosten	Kosten je Stück
H1	100 Stück	20 €	2.000 RE	1.500 €	15 €
H2	200 Stück	32 €	6.400 RE	4.800 €	24 €
			8.400 RE	6.300 €	

Die Rechnungseinheiten ergeben sich durch Multiplikation der Menge mit den Erlösen. Bei 8.400 Rechnungseinheiten und Kosten von 6.300 € ergibt sich ein Preis je Rechnungseinheit von 0,75 €.

Weiterhin können die Kosten nach der **Schlüsselmethode** entsprechend bestimmter technischer Eigenschaften (z. B. Gewicht, Heizwert) auf die Kostenträger verteilt werden. Hierbei werden folglich weder Erlös- noch Nutzenaspekte berücksichtigt. Schließlich ist eine gleichmäßige Verteilung der Kosten nach dem **Durchschnittsprinzip** auf die einzelnen Produkte denkbar.

Kritisch festgestellt werden muss zusammenfassend, dass alle Verfahren der Kuppelkalkulation die Kosten letztlich nur **willkürlich** auf die Kostenträger verteilen. Für eine aussagefähige Kalkulation (zum Beispiel als Grundlage von Preisverhandlungen oder zur Bewertung von Beständen) sind sie deswegen nicht geeignet.

Fragen zur Wiederholung

Kennen Sie sich aus?

- Lösen Sie die Prüfungsaufgaben 6 bis 11 aus dem Kapitel 9.1 dieses Buches.
- Lösen Sie die Aufgaben 62 bis 74 aus dem Buch Übungen zur Kostenrechnung von Freidank/Fischbach/Sassen.

Können Sie die nachfolgenden Fragen beantworten?

- Warum sollte ein Unternehmen eine Kostenträgerstückrechnung durchführen? Was ist der Unterschied zur Kostenträgerzeitrechnung?
- Was sind die Leistungen eines Unternehmens? Warum sollten diese ihre Kosten immer decken?
- Wann ist die Äquivalenzziffernkalkulation ein geeignetes Kalkulationsverfahren? Wie ist dann die Vorgehensweise?
- Erläutern Sie die Unterschiede zwischen summarischer und differenzierender Zuschlagskalkulation. Welches Verfahren würden Sie warum bevorzugen?
- Welches Kalkulationsverfahren würden Sie einem Hersteller von Computern empfehlen?
- Der Verwaltungsgemeinkostenzuschlagssatz ist im Ist höher als geplant. Was sind die Konsequenzen?

5 Erfolgsrechnungen

Lernziele

- Sie kennen die verschiedenen Verfahren zur Erfolgsermittlung.
- Sie wissen, wie der kalkulatorische Erfolg je Periode für einen und mehrere Kostenträger ermittelt werden kann.
- Sie können die Vorgehensweise von Gesamtkostenverfahren und Umsatzkostenverfahren unterscheiden.
- Sie kennen die Unterschiede zwischen Voll- und Teilkostenrechnung.
- Sie kennen die Auswirkungen der Bewertung von Lagebeständen auf das Ergebnis der Kostenträgerzeitrechnung.
- Sie können eine einstufige und insbesondere eine mehrstufige Deckungsbeitragsrechnung erstellen.

5.1 Kostenträgerzeitrechnung auf Vollkostenbasis

Zweiter Teilbereich der Kostenträgerrechnung ist die periodenbezogene Kostenträger*zeit*rechnung. Ihre **Aufgabe** ist die Ermittlung des (kurzfristigen) Erfolgs eines oder mehrerer Kostenträger in einer Periode. Zur Erfolgsermittlung werden den **Kosten** des oder der Kostenträger die entsprechenden **Leistungen** in der betrachteten Periode gegenübergestellt. Das Ergebnis zeigt den **Erfolg** (Gewinn oder Verlust), der in der Betrachtungsperiode mit dem Kostenträger erwirtschaftet wurde. Deshalb wird die Kostenträgerzeitrechnung auch als **kurzfristige Erfolgsrechnung** oder Betriebsergebnisrechnung bezeichnet.

Die Kostenträgerzeitrechnung ist also eine Zusammenführung von Kostenrechnung und **Leistungsrechnung**. Die Leistungsrechnung ist hierbei analog zur Kostenrechnung aufgebaut. Eine **Erlösartenrechnung** systematisiert die Erlösarten. So lassen sich Einzelerlöse und Gemeinerlöse unterscheiden (zum Beispiel Einzelerlöse aus dem Verkauf eines Computers, Gemeinerlöse aus anschließend in Anspruch genommenen Serviceleistungen wie Schulungen, kostenpflichtige Hotline, Updates). Die **Erlösstellenrechnung** ordnet die Erlöse dem Ort der Entstehung zu (Marktsegmente, Teilmärkte, Absatzwege, Kunden). Die **Erlösträgerrechnung** ermittelt schließlich die Erlöse pro Stück. Der Begriff Leistungsträgerzeitrechnung könnte als Synonym für die Kostenträgerzeitrechnung verwendet werden.

Damit ähnelt die kurzfristige Erfolgsrechnung der Gewinn- und Verlustrechnung des Jahresabschlusses. Allerdings ist sie kurzfristiger ausgerichtet. Denn nur wenn der Erfolg unterjährig ermittelt wird, können Fehlentwicklungen rechtzeitig erkannt und Steuerungsimpulse (zum Beispiel zur Planung der Produktion oder des Absatzes) gewonnen werden. Zudem basiert die Kostenträgerzeitrechnung auf den betriebswirtschaftlich aussagefähigeren Kosten und Leistungen, nicht auf den von handels- und steuerrechtlichen Bestimmungen geprägten Aufwendungen und Erträgen. Zur Abstimmung von handelsrechtlichem und kalkulatorischem Ergebnis sind so genannte **Überleitungsrechnungen** zu erstellen. Hierbei gilt:

	Ergebnis der Kostenträgerzeitrechnung
–	(rein) kalkulatorisches Ergebnis (= Kalkulatorische Leistungen – kalkulatorische Kosten)
+	Neutrales Ergebnis (= Neutrale Erträge – neutrale Aufwendungen)
=	bilanzielles Ergebnis

Abbildung 5.1: Überleitungsrechnung

Die kurzfristige Erfolgsrechnung kann nach dem **Gesamtkostenverfahren** (GKV) und dem **Umsatzkostenverfahren** (UKV) durchgeführt werden. Beide Verfahren führen auf unterschiedlichen Wegen immer zum **gleichen Ergebnis** (siehe Abbildung 5.2).

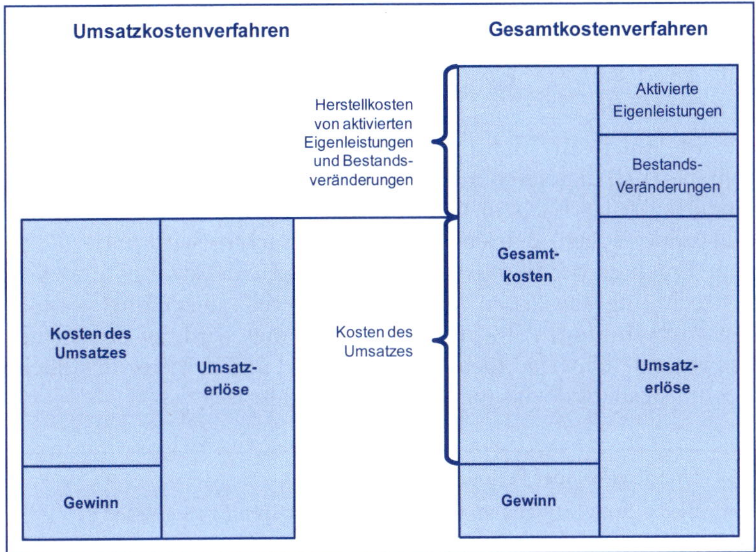

Abbildung 5.2: Verfahren der kurzfristigen Erfolgsrechnung

5.1.1 Gesamtkostenverfahren

Bei der Betriebsergebnisermittlung nach dem Gesamtkostenverfahren werden **alle Kosten** einer Periode betrachtet. Diese werden den gesamten Leistungen dieser Periode gegenübergestellt. Folglich müssen **Bestandsveränderungen** bei den unfertigen und fertigen Erzeugnissen sowie gegebenenfalls aktivierte Eigenleistungen berücksichtigt werden.

In formaler Hinsicht kann die kurzfristige Erfolgsrechnung nach dem Gesamtkostenverfahren in **Kontenform** sowie in Staffelform durchgeführt werden.

Kosten	Leistungen
Gesamte Kosten der Periode (gegliedert nach Kostenarten)	Umsatzerlöse der Periode (summarisch oder gegliedert nach Produktarten)
Bestandsminderungen an fertigen und unfertigen Erzeugnissen (bewertet zu Herstellkosten)	Bestandsmehrungen an fertigen und unfertigen Erzeugnissen (bewertet zu Herstellkosten)
	andere aktivierte Eigenleistungen (bewertet zu Herstellkosten)
(kalkulatorischer) Betriebsgewinn	(kalkulatorischer) Betriebsverlust

Abbildung 5.3: Gesamtkostenverfahren in Kontenform

Das (kalkulatorische) **Betriebsergebnis** findet sich als Saldo auf der kleineren Seite des Kontos: ein (kalkulatorischer) Betriebsgewinn auf der Kostenseite, ein (kalkulatorischer) Betriebsverlust auf der Leistungsseite.

Am Ende der kurzfristigen Erfolgsrechnung in **Staffelform** ergibt sich das (kalkulatorische) Betriebsergebnis: Eine positive Zahl zeigt einen (kalkulatorischen) Betriebsgewinn, eine negative Zahl einen (kalkulatorischen) Betriebsverlust. Das Ergebnis wird in der Regel vom Ergebnis der (handels-/steuerrechtlichen) Gewinn- und Verlustrechnung abweichen, da dort, wie bereits ausgeführt, erstens mit Aufwendungen und Erträgen gerechnet wird, zweitens (nur) das gesamte Unternehmen betrachtet wird und drittens die übliche Rechnungsperiode das (ganze) Geschäftsjahr ist.

	Umsatzerlöse der Periode
+	Bestandsmehrungen an fertigen und unfertigen Erzeugnissen (bewertet zu Herstellkosten)
+	andere aktivierte Eigenleistungen (bewertet zu Herstellkosten)
=	Leistungen der Periode
–	gesamte Kosten der Periode (gegliedert nach Kostenarten)
–	Bestandsminderungen an fertigen und unfertigen Erzeugnissen (bewertet zu Herstellkosten)
=	(kalkulatorisches) Betriebsergebnis

Abbildung 5.4: Gesamtkostenverfahren in Staffelform

Beispiel zur kurzfristigen Erfolgsrechnung, Periode 01

Die Vorgehensweise bei der Kostenträgerzeitrechnung nach Gesamtkostenverfahren in Konten- und Staffelform sowie später auch nach dem Umsatzkostenverfahren soll am nachfolgenden Beispiel verdeutlicht werden.

Für ein Unternehmen liegen für die Periode 01 folgende Zahlen vor:

Produktionsmenge	200 Stück
Absatzmenge	150 Stück
fixe Herstellkosten	20.000 €
variable Herstellkosten pro Stück	50 €
fixe Vertriebskosten	5.000 €
variable Vertriebskosten pro Stück	20 €

Der Verkaufspreis beträgt 220 € je Stück. Das Fertigwarenlager war am Anfang der Periode leer. Zwischenlager für unfertige Erzeugnisse existieren nicht.

Für das Beispiel wird nach dem Gesamtkostenverfahren in **Kontenform** das Betriebsergebnis wie folgt ermittelt:

Beispiel zum Gesamtkostenverfahren in Kontenform, Periode 01

Kosten		Periode 01	Leistungen
fixe Herstellkosten	20.000 €	Umsatzerlöse (150 Stück · 220 €)	33.000 €
variable Herstellkosten (200 St. · 50 €)	10.000 €	Bestandsmehrungen (50 Stück · 50 € k_v + 100 € anteilige fixe HK je Stück)	7.500 €
fixe Vertriebskosten	5.000 €	Andere aktivierte Eigenleistungen	0 €
variable Vertriebskosten (150 St. · 20 €)	3.000 €		
Bestandsminderungen	0 €		
Betriebsgewinn	2.500 €	Betriebsverlust	0 €
	40.500 €		40.500 €

Die Vorgehensweise in **Staffelform** ist inhaltlich und auch vom Ergebnis her identisch, hat aber ein anderes Aussehen:

Beispiel zum Gesamtkostenverfahren in Staffelform, Periode 01

	Umsatzerlöse der Periode (150 Stück · 220 €)		33.000 €
+	Bestandsmehrungen an fertigen und unfertigen Erzeugnissen (50 Stück · (50 € k_v + 100 € anteilige fixe HK))		7.500 €
+	andere aktivierte Eigenleistungen		0
=	Leistungen der Periode		40.500 €
–	gesamte Kosten der Periode		38.000 €
	fixe Herstellkosten	20.000 €	

	variable Herstellkosten (200 St. · 50 €)	10.000 €	
	fixe Vertriebskosten	5.000 €	
	variable Vertriebskosten (150 St. · 20 €)	3.000 €	
–	Bestandsminderungen an fertigen und unfertigen Erzeugnissen		0 €
=	Betriebsergebnis (Gewinn)		2.500 €

Die nicht abgesetzten Produkte werden jeweils mit Herstellkosten von 150 € je Stück ins Lager eingestellt (50 € variable Kosten + 100 € anteilige fixe Kosten). Die Vertriebskosten fallen für abgesetzte Erzeugnisse an. Sie werden deshalb niemals aktiviert, sondern immer in der laufenden Periode verrechnet.

Für die nachfolgenden Perioden ist festzulegen, welche **Verbrauchsreihenfolge** bei der Bewertung der einzulagernden und erst in späteren Perioden abzusetzenden Erzeugnisse zu unterstellen ist. Wird beispielsweise als Verbrauchsreihenfolge Fifo (first in first out) unterstellt, so werden die zuerst produzierten Erzeugnisse, also die Lagerbestände, zuerst verkauft. Als Kosten für diese Erzeugnisse sind die Herstellkosten der aus dem Lager entnommenen Erzeugnisse anzusetzen. Die Verbrauchsreihenfolge ist dann für die kurzfristige Erfolgsrechnung relevant, wenn die Herstellkosten in den Perioden unterschiedlich sind. Das soll für Periode 02 des obigen Beispiels verdeutlicht werden.

Beispiel zur kurzfristigen Erfolgsrechnung, Periode 02

In der Periode 02 steigen die fixen und die variablen Herstellkosten um jeweils 10%. Die Produktionsmenge beträgt wieder 200 Stück, abgesetzt werden jedoch 240 Stück. Als Verbrauchsreihenfolge gilt First in first out (Fifo). Die sonstigen Daten bleiben unverändert.

In der Periode 02 ergibt sich ein Betriebsergebnis von 4.150 €. Die Ermittlung soll am Beispiel des Gesamtkostenverfahrens in Kontenform gezeigt werden.

Beispiel zum Gesamtkostenverfahren in Kontenform, Periode 02

Kosten		**Periode 02**	**Leistungen**
fixe Herstellkosten	22.000 €		52.800 €
variable Herstellkosten (200 St. · 55 €)	11.000 €	Bestandsmehrungen (10 Stück · 165 €)	1.650 €
fixe Vertriebskosten	5.000 €	Andere aktivierte Eigenleistungen	0 €
variable Vertriebskosten (240 St. · 20 €)	4.800 €		
Bestandsminderungen (50 Stück · 150 €)	7.500 €		
Betriebsgewinn	4.150 €	Betriebsverlust	0 €
	54.450 €		54.450 €

Aufgrund der unterstellten Verbrauchsreihenfolge (Fifo) werden zuerst die Lagerbestände verkauft (hier 50 Stück), dann die in der aktuellen Periode produzierten Erzeugnisse (190 der 200 produzierten Stück, die restlichen 10 Stück gehen in das Lager). Folglich entstehen Kosten für Lagerbestandsminderungen. Hierbei sind die Kosten anzusetzen, die bei der Zuführung zum Lager als Leistungen eingestellt wurden (siehe hierzu Periode 01: 50 Stück à 150 €). Die nicht abgesetzten Produkte werden zu Herstellkosten ins Lager eingestellt und entsprechend auf der Leistungsseite berücksichtigt (55 € variable Kosten + 110 € als 10/200 der fixen Herstellkosten von 22.000 € = 165 €).

Würdigung des Gesamtkostenverfahrens

- Das Gesamtkostenverfahren ist rechnerisch einfach. Eine Kostenstellen- und Kostenträgerrechnung ist nicht erforderlich.
- Die Struktur ähnelt der Gliederung der Gewinn- und Verlustrechnungen mittelständischer Unternehmen, da dort das Gesamtkostenverfahren üblich ist. Deshalb ist die Abstimmung (Überleitungsrechnung) einfach.
- Bei Lagerbestandsveränderungen ist eine Erfassung und Bewertung der Bestände an unfertigen und fertigen Erzeugnissen notwendig. Das kann bei umfangreichen Fertigungsprogrammen sehr aufwändig sein.
- Stellt das Unternehmen mehrere Produkte her, so ist eine Analyse des Erfolgs einzelner Produkte nicht möglich. Hierzu ist ein gesondertes Kostenträgerzeitblatt erforderlich.
- Das Gesamtkostenverfahren kann in Konten- und Staffelform angewendet werden. Die Ergebnisse sind identisch.

5.1.2 Umsatzkostenverfahren

Das Umsatzkostenverfahren ermittelt den Betriebserfolg durch einen anderen Rechenweg. Es erfolgt hierbei eine Orientierung an den abgesetzten Kostenträgern. Den Umsatzerlösen werden die hierfür angefallenen Kosten gegenübergestellt. Bestandserhöhungen werden folglich nicht berücksichtigt. Zwangsläufig ergibt sich aber das gleiche Ergebnis wie nach dem Gesamtkostenverfahren.

> Umsatzkostenverfahren und Gesamtkostenverfahren führen auf unterschiedlichen Rechenwegen stets zum gleichen kalkulatorischen (Betriebs-)Ergebnis.

Durch die Orientierung an den einzelnen Kostenträgern ist es möglich, für jedes Produkt und jede Produktgruppe eine kurzfristige Erfolgsrechnung zu erstellen.

Die Ermittlung des Betriebsergebnisses erfolgt üblicherweise in **Staffelform** nach dem folgenden Schema:

	Umsatzerlöse der Periode (gegliedert nach den einzelnen Produkten)
–	Selbstkosten der in der Periode abgesetzten Produkte (gegliedert nach den einzelnen Produkten)
=	(kalkulatorisches) Betriebsergebnis

Abbildung 5.5: Umsatzkostenverfahren in Staffelform

Hierbei werden die Selbstkosten für die einzelnen Produkte üblicherweise wiederum in die wichtigen Kostenarten (Herstellkosten, Verwaltungsgemeinkosten, Vertriebskosten) untergliedert.

Weniger gebräuchlich, aber ebenfalls möglich, ist die Durchführung der kurzfristigen Erfolgsrechnung nach dem Umsatzkostenverfahren in **Kontenform**.

Kosten	Leistungen
Selbstkosten der in der Periode abgesetzten Produkte (gegliedert nach Produktarten)	Umsatzerlöse der Periode (gegliedert nach Produktarten)
(kalkulatorischer) Betriebsgewinn	(kalkulatorischer) Betriebsverlust

Abbildung 5.6: Umsatzkostenverfahren in Kontenform

Die Vorgehensweise des Umsatzkostenverfahrens soll für das obige Beispiel in Staffelform für die Perioden 01 und 02 durchgeführt werden.

Beispiel zum Umsatzkostenverfahren in Staffelform, Periode 01

	Umsatzerlöse der Periode (150 Stück · 220 €)	33.000 €
–	fixe Herstellkosten (anteilig für 150 von 200 Stück)	15.000 €
–	variable Herstellkosten (150 Stück · 50 €)	7.500 €
–	fixe Vertriebskosten	5.000 €
–	variable Vertriebskosten (150 Stück · 20 €)	3.000 €
=	Betriebsergebnis (Gewinn)	2.500 €

In der Periode 02 ist, aufgrund der Lagerbestandsveränderungen und der unterstellten Verbrauchsreihenfolge, eine Bewertung der aus dem Lager entnommenen fertigen Erzeugnisse notwendig.

Beispiel zum Umsatzkostenverfahren in Staffelform, Periode 02

	Umsatzerlöse der Periode (240 Stück · 220 €)	52.800 €
–	fixe Herstellkosten (anteilig für 190 von 200 Stück)	20.900 €
–	variable Herstellkosten (190 Stück · 55 €)	10.450 €
–	Bestandsminderungen (50 Stück · 150 €)	7.500 €
–	fixe Vertriebskosten	5.000 €
–	variable Vertriebskosten (240 Stück · 20 €)	4.800 €
=	Betriebsergebnis (Gewinn)	4.150 €

Würdigung des Umsatzkostenverfahrens

- Ermittelt werden kann auch der Erfolgsbeitrag einzelner Produkte und Produktgruppen zum Erfolg des Unternehmens.
- Eine gesonderte Ermittlung von Lagerbestandsveränderungen ist nicht notwendig. Benötigt werden nur Angaben zu den Herstellkosten der verkauften Lagerbestände.
- Das Umsatzkostenverfahren ist aufwändiger als das Gesamtkostenverfahren, da eine aussagekräftige Kostenstellen- und Kostenträgerstückrechnung benötigt wird (zum Beispiel Angaben zu Herstellkosten).
- Das Umsatzkostenverfahren kann in Konten- und Staffelform angewendet werden. Die Ergebnisse sind identisch.

5.2 Vollkosten- versus Teilkostenrechnung

In Abhängigkeit von der Zurechnung der Kosten auf die Kostenträger werden Systeme der Vollkostenrechnung und Systeme der Teilkostenrechnung unterschieden. Die Kostenträgerstückrechnung (Kalkulation) wurde bislang auf Vollkostenbasis durchgeführt. Ziel der Vollkostenrechnung ist die möglichst genaue Verrechnung aller Kosten auf die einzelnen Kostenträger. Hierzu werden den Kostenträgern neben den (direkt zurechenbaren) **Einzelkosten** auch die (überwiegend fixen) **Gemeinkosten** mittels **Bezugsgrößen** zugerechnet. Es erfolgt eine Proportionalisierung der fixen Kosten, obwohl diese in der Regel nicht von der Produktionsmenge, sondern eher von Zeitgrößen abhängig sind.

Bei Änderungen der Beschäftigung wirkt sich die **Proportionalisierung der fixen Kosten** nachteilig aus. Es zeigen sich die Grenzen der Vollkostenrechnung. Je weniger Leistungseinheiten produziert werden, auf desto weniger Produkte verteilen sich die Fixkosten. Folglich werden die Produkte bei geringer Beschäftigung teurer kalkuliert als bei hoher Beschäftigung. Das widerspricht nicht nur dem Verursachungsprinzip, es besteht auch die Gefahr, dass am Markt vorbei kalkuliert wird. Das nachfolgende Beispiel verdeutlicht die Vorgehensweise der Vollkostenrechnung bei der Kalkulation.

Hinweis: Wird ein dauerhaftes Sinken der Beschäftigung erwartet, so sollte das Unternehmen deshalb versuchen, fixe Kosten abzubauen (zum Beispiel durch den Verkauf von Anlagevermögen und die Kündigung/Auflösung langfristiger Verträge).

Beispiel zur Kalkulation mit der Vollkostenrechnung
Ein Unternehmen produziert monatlich 10.000 Taschenrechner. Es fallen Gesamtkosten von 70.000 € an (20.000 € fixe Kosten und variable Stückkosten von 5 €). Nach der Vollkostenrechnung ergeben sich Selbstkosten von

$$k = \frac{70.000\text{ € Gesamtkosten}}{10.000\text{ Taschenrechner}} = 7\text{ € je Stück}$$

Hinweis: Bei einer Produktionsmenge von 20.000 Rechnern ergäben sich aufgrund der Proportionalisierung der fixen Kosten Selbstkosten von 6 € je Stück, bei einer Produktion von 1.000 Rechnern errechnen sich Selbstkosten je Stück von 25 €.

Die Proportionalisierung der fixen Kosten ist akzeptabel, solange diese beeinflussbar sind. Langfristig ist das für die fixen Kosten gegeben. Deshalb liefert die Vollkostenrechnung für langfristige Entscheidungen die richtigen Ergebnisse.

Beispiele zur Abbaubarkeit von fixen Kosten
Die fixen Kosten für Anlagevermögen können nicht kurzfristig abgebaut werden. In der Regel dauert es mehrere Monate, bis ein Firmengebäude verkauft werden kann oder ein Käufer für eine Spezialmaschine gefunden wurde. Ebenso sind bei der Freisetzung von Angestellten teilweise mehrmonatige Kündigungsfristen und auch soziale Aspekte zu beachten. Hier liegt also eine Kostenremanenz vor: Die Kosten können nicht so schnell abgebaut wie zuvor aufgebaut werden.

Hinweis: Was variable und was fixe Kosten sind, hängt vom betrachteten Zeitraum ab. Je länger der Betrachtungszeitraum, desto geringer sind die in diesem Zeitraum nicht beeinflussbaren (also fixen) Kosten.

Kurzfristig müssen die (zeitabhängigen) fixen Kosten jedoch als gegeben hingenommen werden, da sie in dieser Zeit nicht verändert werden können. Deshalb sind die fixen Kosten **kurzfristig nicht entscheidungsrelevant**. Wird eine Vollkostenrechnung für kurzfristige Entscheidungen herangezogen, so kann das zu nicht optimalen Ergebnissen führen. Insbesondere ist die **Vollkostenrechnung nicht geeignet** für folgende kurzfristige Entscheidungen:

- Ermittlung von kurzfristigen Preisuntergrenzen,
- Entscheidung zwischen Eigenfertigung und Fremdbezug (Preisobergrenze),
- Ermittlung des gewinnoptimalen Produktionsprogramms.

Die Mängel der Vollkostenrechnung bei kurzfristigen Entscheidungen verdeutlicht die Fortsetzung des Beispiels.

Beispiel zum Zusatzauftrag bei Vollkostenrechnung
Ein Kunde bietet für den nächsten Monat (einmalig) die Abnahme weiterer 6.000 Taschenrechner zu einem Stückpreis von 6 € an. (Zusatzauftrag). Ausreichende Kapazitäten sind vorhanden.

Auf Grundlage dieser Daten ergeben sich im Rahmen der Vollkostenrechnung folgende Selbstkosten je Stück:

$$k = \frac{70.000\text{ €} + 6.000 \cdot 5\text{ €}}{16.000\text{ Stück}} = 6{,}25\text{ €}$$

Ein Vollkostenrechner wird dieses Angebot ablehnen. Er will mindestens einen Preis in Höhe der Selbstkosten von 6,25 € je Stück erzielen.

Hierbei wird jedoch ignoriert, dass in den 6,25 € anteilige Fixkosten (1,25 € je Stück bei einer Produktionsmenge von 16.000 Stück) enthalten sind, die ohnehin anfallen, da sie kurzfristig nicht abgebaut werden können.

Die Verfahren der **Teilkostenrechnung** betrachten im Rahmen der Kostenträgerstückrechnung nur die Kosten, die kurzfristig entscheidungsrelevant sind. Das sind die Kosten, die anfallen durch die Produktion des in Rede stehenden Stücks.

Verfahren der Vollkostenrechnung

- unterscheiden Einzel- und Gemeinkosten,
- verrechnen alle Kosten auf die Kostenträger,
- sind aufgrund der Proportionalisierung der fixen Kosten für kurzfristige Entscheidungen nicht geeignet.

Nach Art und Inhalt der Zurechnung von Kosten können folgende **Systeme der Teilkostenrechnung** unterschieden werden.

- Die **einstufige Deckungsbeitragsrechnung** rechnet den Kostenträgern nur die variablen Kosten zu. Zur Ermittlung des Betriebsergebnisses werden die fixen Kosten nur in einer Summe abgezogen (siehe Kapitel 5.4.1).
- Die **mehrstufige Deckungsbeitragsrechnung** rechnet den Kostenträgern zuerst die variablen Kosten zu. Der Fixkostenblock wird aufgespaltet und, soweit möglich, den betrieblichen Teilbereichen verursachungsgerecht zugerechnet (siehe Kapitel 5.4.2).
- Die **relative Einzelkostenrechnung** rechnet den Kostenträgern nur Einzelkosten zu. Durch den Aufbau einer Bezugsgrößenhierarchie können die verbleibenden Gemeinkosten auf höheren Ebenen als Einzelkosten zugerechnet werden. Die auf Paul Riebel zurückgehende relative Einzelkostenrechnung hat sich in der Praxis nicht durchsetzen können und ist deshalb von eher theoretischer Bedeutung. Sie wird in diesem Buch nicht eingehender behandelt.
- Die zukunftsorientierte **Grenzplankostenrechnung** rechnet den Kostenträgern variable Plankosten zu (siehe hierzu Kapitel 7.4).

Wie auch die Vollkostenrechnung erfasst die Teilkostenrechnung im Rahmen der Kostenartenrechnung alle Kosten. Die Gesamtkosten werden jedoch in ihre fixen und variablen Bestandteile zerlegt (**Kostenauflösung**). Hierbei werden lineare Kostenverläufe unterstellt, das heißt, die variablen Kosten haben proportionalen Charakter. Die Vorgehensweise der Kostenstellenrechnung ist ebenfalls ähnlich. Allerdings wird auf die Schlüsselung der fixen Gemeinkosten verzichtet. **Unterschiede der Teilkostenrechnung zur Vollkostenrechnung** ergeben sich insbesondere bei der Kostenträgerstückrechnung und durch die Berücksichtigung der Erlöse.

Die **Kostenträgerstückrechnung** verrechnet im System der Teilkostenrechnung nur die entscheidungsrelevanten Kosten (variable Kosten) auf die Kostenträger. Die fixen Kosten, die von der Produktionsmenge unabhängig sind und in der Regel zeitabhängig anfallen, bleiben hier unberücksichtigt.

Die Teilkostenrechnung bezieht auch die **Erlöse** eines Kostenträgers ein. Hier wird ebenfalls ein linearer Verlauf unterstellt. Durch die Einbeziehung der Erlöse wird deutlich, welchen Beitrag ein einzelnes Produkt zum kurzfristigen Erfolg leisten kann.

Die Fortsetzung des obigen Beispiels zeigt, wie ein Teilkostenrechner den Zusatzauftrag bewertet.

Beispiel zur Entscheidung über den Zusatzauftrag bei Teilkostenrechnung
Die Gesamtkosten von 70.000 € setzen sich aus 20.000 € fixen Kosten und 50.000 € variablen Kosten (5 € je Stück) zusammen. Soll die Entscheidung über den Zusatzauftrag (6.000 Taschenrechner zu einem Stückpreis von 6 €) auf Teilkostenbasis getroffen werden, so sind nur die entscheidungsrelevanten variablen Kosten zu berücksichtigen. Die kurzfristig nicht abbaubaren fixen Kosten von 20.000 € fallen bei jeder Produktionsmenge an und sind deshalb für die Entscheidung über den Zusatzauftrag nicht relevant. Vorausgesetzt wird, dass genügend freie Kapazitäten zur Verfügung stehen.

Da der Zusatzauftrag mindestens die variablen Kosten von 5 € je Stück erlöst, schlägt der Teilkostenrechner die Annahme des Zusatzauftrages vor.

Betriebswirtschaftlich ist diese Entscheidung auf Teilkostenbasis vorteilhaft, denn durch die Annahme des Zusatzauftrages erhöht sich der **Erfolg** des Unternehmens. Das zeigt der Vergleich der Betriebsergebnisse.

Beispiel: Vergleich der Betriebsergebnisse
Bei einer Entscheidung auf Vollkostenbasis wird der Zusatzauftrag nicht angenommen. Wird die reguläre Produktion zu 8 € je Stück verkauft, so ergibt sich aus der Produktion von Taschenrechnern ein Periodenerfolg von:

	80.000 €	Umsatzerlöse (10.000 Stück · 8 €)
–	50.000 €	variable Kosten (10.000 Stück · 5 €)
–	20.000 €	fixe Kosten
=	10.000 €	Betriebserfolg

Bei einer Annahme des Zusatzauftrages ergibt sich hingegen ein um 6.000 € höheres Ergebnis:

	116.000 €	Umsatzerlöse (10.000 Stück · 8 € + 6.000 Stück · 6 €)
–	80.000 €	variable Kosten (16.000 Stück · 5 €)
–	20.000 €	fixe Kosten
=	16.000 €	Betriebserfolg

Für Entscheidungszwecke wird in der Teilkostenrechnung also nicht der Gewinn pro Stück betrachtet. Vielmehr wird ein **Deckungsbeitrag** errechnet. Das ist die Differenz zwischen Erlösen und variablen Kosten. Der Deckungsbeitrag drückt also aus, was vom Verkaufserlös nach Abzug der variablen Kosten noch übrigbleibt und damit zur Deckung der fixen Kosten sowie gegebenenfalls zur Erwirtschaftung eines Gewinns zur Verfügung steht. Unterstellt werden hierbei lineare Verläufe der Erlöse und der variablen Kosten.

Der **Deckungsbeitrag** ist eine sehr wichtige betriebswirtschaftliche Größe. Er errechnet sich nach der Formel

$$\text{Deckungsbeitrag} = \text{Erlöse} - \text{variable Kosten}$$

Für den einzelnen Kostenträger gilt: $db = e - k_v$

Für das gesamte (Einprodukt-)Unternehmen gilt: $DB = E - K_v$

Die Deckungsbeiträge werden zur **Abdeckung der Fixkosten** verwendet. Ist die Summe der Deckungsbeiträge größer als die fixen Kosten, so wird ein Gewinn erwirtschaftet.

Für den **Betriebserfolg** gilt:

Betriebserfolg = Erlöse – (gesamte) Kosten
Betriebserfolg = (Gesamt-)Deckungsbeitrag – fixe Kosten

Es wird ein Gewinn erzielt, wenn (Gesamt-)Deckungsbeitrag > fixe Kosten.

Es wird ein Verlust erzielt, wenn (Gesamt-)Deckungsbeitrag < fixe Kosten.

Die Summe der **Deckungsbeiträge eines Unternehmens** sollte mindestens die Summe der fixen Kosten erreichen. Dann entsprechen die Erlöse den (gesamten) Kosten. Jedes zusätzliche Geschäft mit einem positiven Deckungsbeitrag verbessert den Erfolg.

Beispiel zum Deckungsbeitrag: Erläuterung der Ergebnisunterschiede

Bei variablen Kosten von 5 € je Stück und einem möglichen Erlös von 6 € je Stück ergibt sich durch die Annahme des Zusatzauftrages ein Deckungsbeitrag von 1 € pro Stück.

$$db = e - k_v = 6\,€ - 5\,€ = 1\,€$$

Bei einem Zusatzauftrag über 6.000 Stück erhöht sich der kalkulatorische Erfolg in der Periode um (6.000 Stück · 1 € =) 6.000 € gegenüber einer Entscheidung auf Vollkostenbasis.

Der Deckungsbeitrag eines Produktes verdeutlicht also, was das Produkt zur Verbesserung des Ergebnisses beiträgt. Folglich sollten (kurzfristig) alle Erzeugnisse mit einem positiven Deckungsbeitrag produziert werden. Umgekehrt ausgedrückt: Erzeugnisse mit einem negativen Deckungsbeitrag sollten nicht produziert werden, da diese nicht einmal die variablen Kosten erwirtschaften. Folglich würde sich das Ergebnis bei Ausweitung der Produktionsmenge von Produkten mit negativem Deckungsbeitrag verschlechtern.

Beispiel zum Deckungsbeitrag
Ein Unternehmen kann 1.200 Produkte für je 10 € verkaufen. Bei der Produktion fielen variable Stückkosten von 6 € an, die Fixkosten betragen in jeder Periode 4.000 €. Der Erfolg dieser Periode beträgt also

$$\text{Erfolg} = \text{Erlöse} - \text{Kosten} = E - K$$
$$= 12.000\ € - (4.000\ € + 1.200\ \text{Stück} \cdot 6\ €) = 800\ €$$

oder auch

$$\text{Erfolg} = \text{(Gesamt-)Deckungsbeitrag} - \text{fixe Kosten} = DB - K_f$$
$$= 1.200\ \text{Stück} \cdot (10\ € - 6\ €) - 4.000\ € = 800\ €$$

Der Deckungsbeitrag ist die zentrale Größe in der Teilkostenrechnung. Er wird in allen Kostenrechnungssystemen auf Teilkostenbasis verwendet.

Verfahren der Teilkostenrechnung
- verrechnen nur Teile der Kosten (variable Kosten, teilweise auch Einzelkosten) auf die Kostenträger,
- ermitteln Deckungsbeiträge (Erlös – variable Kosten),
- eignen sich für kurzfristig orientierte Entscheidungsrechnungen.

Langfristig und zur Ermittlung des Betriebsergebnisses werden aber alle Kosten berücksichtigt.

5.3 Betriebsergebnisermittlung auf Teilkostenbasis

Die Gedanken der Teilkostenrechnung können zu abweichenden Ergebnissen bei der kurzfristigen Erfolgsrechnung führen. Die in Kapitel Kostenträgerzeitrechnung (Kurzfristige Erfolgsrechnung) vorgestellte Kostenträgerzeitrechnung auf Vollkostenbasis bewertet **Lagerbestandserhöhungen** sowie aus dem Lager entnommene Erzeugnisse zu vollen Kosten. Folglich werden den Erzeugnissen neben den durch sie verursachten variablen Kosten weiterhin anteilige fixe Kosten zugerechnet. Dies geschieht unabhängig davon, ob die Produkte abgesetzt oder ins Lager gebracht wurden. Es erfolgt damit eine künstliche **Proportionalisierung der fixen Kosten**.

Diese Vorgehensweise widerspricht einer Abbildung des tatsächlichen Werteverzehrs einer Periode, denn es können dadurch zeitabhängige (und bereits angefallene) fixe Kosten über das Lager in spätere Perioden verlagert werden. Bei Lagerbestandsminderungen werden entsprechend Teile der fixen Kosten von Vorperioden in der aktuellen Periode erst ergebniswirksam verrechnet. Zudem hängt die Höhe der anteiligen fixen Kosten von der Produktionsmenge ab. Diese verdeutlicht die Fortsetzung des Beispiels aus dem 4. Kapitel.

Beispiel zur Proportionalisierung fixer Kosten

Für das obige Unternehmen lautet die lineare Kostenfunktion für die Herstellkosten in der Periode 01

$$K = K_f + k_v \cdot x = 20.000\ € + 50\ € \cdot x$$

Bei einer Produktionsmenge von 200 Stück betragen die fixen Herstellkosten je Stück (20.000 € / 200 Stück =) 100 €. Zuzüglich 50 € variabler Kosten ergeben sich Herstellkosten je Stück von 150 €.

Bei einer Produktionsmenge von 1.000 Stück betragen die fixen Herstellkosten je Stück hingegen (20.000 € / 1.000 Stück =) 20 €. Zuzüglich 50 € variabler Kosten ergeben sich dann Herstellkosten je Stück von 70 €.

Bei einer Produktionsmenge von nur 10 Stück betragen die fixen Herstellkosten je Stück hingegen (20.000 € / 10 Stück =) 2.000 €. Zuzüglich 50 € variabler Kosten ergeben sich Herstellkosten je Stück von 2.050 €.

Durch das Beispiel wird deutlich, dass eine Bewertung der Lagerbestände zu Vollkosten (inkl. proportionalisierter Fixkosten) sehr problematisch ist. Bei hohen Produktionsmengen ergeben sich durch die pro Stück niedrigeren anteiligen fixen Kosten entsprechend niedrigere Herstellkosten und umgekehrt. Die fixen Kosten sind jedoch zeitabhängig und sollten in der Periode verrechnet werden, in der sie auch angefallen sind.

Diese Gedanken greift die **Kostenträgerzeitrechnung auf Teilkostenbasis** auf. Sie rechnet den Lagerbeständen nur deren **variable Kosten** zu. Die fixen Kosten werden in der Periode verrechnet, in der sie auch tatsächlich angefallen sind. Durchgeführt werden kann diese kurzfristige Erfolgsrechnung ebenfalls nach dem Gesamtkostenverfahren und dem Umsatzkostenverfahren und wieder in Konten- oder Staffelform. Die Verfahren führen wiederum zum gleichen Ergebnis.

Die **Kostenträgerzeitrechnung auf Teilkostenbasis** verrechnet die fixen Kosten in der Periode, in der sie tatsächlich anfallen.

Ergebnisunterschiede zwischen kurzfristiger Erfolgsrechnung auf Vollkosten- beziehungsweise Teilkostenbasis ergeben sich aufgrund der **abweichenden Bewertung von Lagerbestandsveränderungen**.

Das nachfolgende Beispiel greift wiederum auf die Daten des Beispiels aus Kapitel Gesamtkostenverfahren zurück und verdeutlicht die abweichende Verrechnung der fixen Kosten.

Beispiel zur kurzfristigen Erfolgsrechnung auf Teilkostenbasis nach dem Gesamtkostenverfahren in Kontenform, Periode 01

Kosten	Periode 01		Leistungen
fixe Herstellkosten	20.000 €	Umsatzerlöse (150 Stück · 220 €)	33.000 €
variable Herstellkosten (200 St. · 50 €)	10.000 €	Bestandsmehrungen (50 Stück · 50 € k_v)	2.500 €
fixe Vertriebskosten	5.000 €	andere aktivierte Eigenleistungen	0 €
variable Vertriebskosten (150 St. · 20 €)	3.000 €		
Bestandsminderungen	0 €		
Betriebsgewinn	0 €	Betriebsverlust	2.500 €
	38.000 €		38.000 €

Beispiel zur kurzfristigen Erfolgsrechnung auf Teilkostenbasis nach dem Gesamtkostenverfahren in Kontenform, Periode 02
Hinweis: Es wird wiederum die Verbrauchsreihenfolge Fifo unterstellt.

Kosten	Periode 02		Leistungen
fixe Herstellkosten	22.000 €	Umsatzerlöse (240 Stück · 220 €)	52.800 €
variable Herstellkosten (200 St. · 55 €)	11.000 €	Bestandsmehrungen (10 Stück · 55 € k_v)	550 €
fixe Vertriebskosten	5.000 €	andere aktivierte Eigenleistungen	0 €
variable Vertriebskosten (240 St. · 20 €)	4.800 €		
Bestandsminderungen (50 Stück · 50 €)	2.500 €		
Betriebsgewinn	8.050 €	Betriebsverlust	0 €
	53.350 €		53.350 €

Für das obige Beispiel ergibt sich bei einer Bewertung der Lagerbestände zu Teilkosten in der Periode 01 ein im Vergleich zur Vollkostenrechnung um 5.000 € schlechteres Ergebnis, da die fixen Kosten in dieser Periode nun in voller Höhe verrechnet werden. Entsprechend ist das Ergebnis der Periode 02, in der Lagerbestände abgebaut werden, auf Teilkostenbasis besser.

Ergebnisse des Beispiels im Vergleich

	Vollkostenbasis		Teilkostenbasis	
	GKV	UKV	GKV	UKV
Periode 01	2.500 €	2.500 €	–2.500 €	–2.500 €
Periode 02	4.150 €	4.150 €	8.050 €	8.050 €
Summe	6.650 €	6.650 €	5.550 €	5.550 €

Der Unterschiedsbetrag für beide Perioden von 1.100 € zwischen Vollkostenrechnung und Teilkostenrechnung erklärt sich durch den unterschiedlich bewerteten Lagerbestand. Die verbleibenden 10 Stück werden auf Vollkostenbasis einschließlich anteiliger Fixkosten zu (10 Stück · 165 € =) 1.650 € bewertet, auf Teilkostenbasis zu (10 Stück · 55 € =) 550 € bewertet.

Unterschiede zwischen den Ergebnissen einer Kostenträgerzeitrechnung auf Voll- und Teilkostenbasis treten nur aufgrund von **Lagerbestandsveränderungen** auf.

- Bei Lagerbestandserhöhungen ist das Ergebnis auf Teilkostenbasis grundsätzlich niedriger.
- Bei Lagerbestandsminderungen ist das Ergebnis auf Teilkostenbasis grundsätzlich höher.

Die Vorgehensweise der Kostenträgerzeitrechnung auf Teilkostenbasis entspricht eher dem tatsächlichen Anfall der Kosten.

5.4 Ein- und mehrstufige Deckungsbeitragsrechnung

5.4.1 Einstufige Deckungsbeitragsrechnung

Die einfachste Form der Teilkostenrechnung ist die einstufige Deckungsbeitragsrechnung. Dieses ursprünglich aus den USA stammende Verfahren wird auch als (einstufiges) **Direct Costing** bezeichnet. „Direct" bedeutet hierbei, dass einem Produkt nur die direkt zurechenbaren Kosten, das heißt die variablen Kosten, angelastet werden. Hierzu ist es erforderlich, dass die gesamten Kosten einer Periode in fixe und variable Kosten aufgeteilt werden.

Der **Deckungsbeitrag** eines Kostenträgers ergibt sich durch Subtraktion der variablen Kosten von den Erlösen.

	Verkaufserlös
–	variable Kosten
=	Deckungsbeitrag

Anhand dieses Deckungsbeitrags können die verschiedenen Kostenträger beurteilt werden. Zu fordern ist stets ein positiver Deckungsbeitrag. Produkte mit einem negativen Deckungsbeitrag sollten aus Kostengesichtspunkten grundsätzlich aus dem Sortiment genommen werden.

In einem zweiten Schritt werden alle (Einzel-)Deckungsbeiträge (db) des Unternehmens der Periode zu einem **(Gesamt-)Deckungsbeitrag** (DB) zusammengefasst (db · x = DB). Von diesem (Gesamt-)Deckungsbeitrag werden dann zur Ermittlung des (kalkulatorischen) Betriebsergebnisses die Fixkosten des Unternehmens in einer Summe beziehungsweise einem Block abgezogen. Deswegen wird dieses Verfahren auch Blockkostenrechnung genannt.

	Summe der einzelnen Deckungsbeiträge
–	(gesamte) Fixkosten des Unternehmens
=	(kalkulatorisches) Betriebsergebnis

Beispiel zur einstufigen Deckungsbeitragsrechnung mit einem Produkt

Ein Einproduktunternehmen produziert und verkauft 2.000 Kaffeekannen zu je 20 €. Die variablen Stückkosten betragen 11 €, als gesamte Fixkosten werden 6.000 € ermittelt. Es ergibt sich folgender kalkulatorischer Betriebserfolg:

	40.000 €	Verkaufserlöse (2.000 St. · 20 €)
–	22.000 €	variable Kosten (2.000 St. · 11 €)
=	18.000 €	Deckungsbeitrag
–	6.000 €	fixe Kosten
=	12.000 €	(kalkulatorischer) Betriebserfolg

In einem **Unternehmen mit mehreren Produkten** wird für jedes Produkt ein Deckungsbeitrag ermittelt. Diese Deckungsbeiträge werden dann zusammengefasst zum Gesamtdeckungsbeitrag (Deckungsbeitragsvolumen). Von diesem werden die gesamten fixen Kosten in einer Summe („en bloc") abgezogen. Das Ergebnis ist der (kalkulatorische) Betriebserfolg. Dieses soll an einem Beispiel verdeutlicht werden.

Beispiel zur einstufigen Deckungsbeitragsrechnung mit mehreren Produkten

Ein Lebensmittelproduzent hat die 8 Produkte seines Unternehmens in 2 Bereiche mit jeweils 2 Produktgruppen gegliedert. Erlöse und variable Kosten sind in der Tabelle angegeben. Die fixen Kosten des Unternehmens betragen 1.090 €.

Bereiche	**Alpha**				**Beta**				**Summe**
Gruppen	**A**		**B**		**C**		**D**		
Produkte	1	2	3	4	5	6	7	8	
Umsatz	500	720	430	290	80	190	360	560	3.130
– Variable Kosten	300	140	380	310	20	30	120	160	1.460
= DB	200	580	50	-20	60	160	240	400	1.670
– Fixkosten									1.090
= Betriebserfolg									580

Kritisch zu beurteilen ist Produkt 4, das einen negativen Deckungsbeitrag erwirtschaftet. Die Erlöse decken hier nicht einmal die variablen Kosten.

Entspricht die Produktionsmenge nicht der **Absatzmenge**, so müssen Bestandsveränderungen gesondert berücksichtigt werden.

Beispiel zur Berücksichtigung von Bestandsveränderungen
Von den produzierten 2.000 Kaffeekannen wurden nur 1.900 verkauft. Es ergibt sich ein um 900 € niedrigerer Betriebserfolg. Das entspricht dem nicht realisierten Stückdeckungsbeitrag von 9 € der 100 eingelagerten Kaffeekannen.

	38.000 €	Verkaufserlöse (1.900 St. · 20 €)
–	22.000 €	variable Kosten (2.000 St. · 11 €)
=	16.000 €	Umsatzbezogener Deckungsbeitrag
–	0 €	Lagerbestandsminderungen
+	1.100 €	Lagerbestandserhöhungen (bewertet zu variablen Kosten: 100 Stück · 11 €)
=	17.100 €	Leistungsbezogener Deckungsbeitrag
–	6.000 €	fixe Kosten
=	11.100 €	(kalkulatorischer) Betriebserfolg

Der kalkulatorische Betriebserfolg kann nur für das gesamte Unternehmen ermittelt werden, da die fixen Kosten nicht weiter unterteilt werden. Für die einzelnen Produkte können **Deckungsbeiträge je Stück** (Stückdeckungsbeitrag oder Deckungsbeitragsspanne) berechnet werden. Diese lassen sich dann zusammenfassen zu

- produktbezogenen Deckungsbeiträgen (Summe der Deckungsbeiträge eines Produktes = db · x),
- produktgruppenbezogenen Deckungsbeiträgen (alle Deckungsbeiträge einer Produktgruppe),
- bereichsbezogenen Deckungsbeiträgen sowie
- dem Deckungsbeitragsvolumen (alle Deckungsbeiträge des Unternehmens).

Weiterhin können die Deckungsbeiträge nach anderen Kriterien zusammengefasst werden. Üblich sind in der Praxis insbesondere Deckungsbeiträge für einzelne Kunden, Kundengruppen und Absatzbereiche.

Die **einstufige Deckungsbeitragsrechnung** (Direct Costing)
- erfordert eine Aufspaltung der gesamten Kosten einer Periode in fixe und variable Kosten und
- verrechnet nur die variablen Kosten auf die Kostenträger.
- Die fixen Kosten fließen als ein Block in die kurzfristige Erfolgsrechnung.

Deckungsbeiträge können nicht nur für einzelne Produkte, sondern auch für andere Bezugsobjekte wie Kunden, Vertriebswege oder Absatzregionen ermittelt werden.

Die einstufige Deckungsbeitragsrechnung zeichnet sich durch eine einfache Vorgehensweise und anschauliche Ergebnisse aus. Die schwierige Verteilung der (fixen) Gemeinkosten auf die Kostenträger entfällt.

Allerdings dürfen **Einschränkungen** für den Einsatz in der Praxis nicht übersehen werden. Die unterstellte Proportionalität der variablen Kosten ist in der Praxis selten anzutreffen (zum Beispiel aufgrund von Mengenrabatten, Erfahrungskurveneffekt). Zudem fällt eine Kostenaufspaltung in fixe und variable Kosten schwer. So sind die als variabel angesehenen Fertigungslöhne innerhalb der Kündigungsfrist fix. In der Praxis ist weiterhin feststellbar, maßgeblich bedingt durch die technologische Entwicklung, dass die absolute Höhe der variablen Kosten zu Lasten der fixen Kosten sinkt.

Beispiel zu sinkenden variablen Kosten
Die (Akkord-)Löhne für die Arbeiter an einem Fließband sind variable Kosten. Werden diese durch eine Maschine „ersetzt", so entfallen diese variablen Kosten. Dafür sind fixe Kosten für die Maschine zu berücksichtigen (insbesondere kalkulatorische Abschreibungen und Zinsen).

Bei den in ihrer volkswirtschaftlichen Bedeutung stark zunehmenden **Dienstleistungsunternehmen** ist der Anteil der variablen Kosten ohnehin gering. Niedrige variable Kosten führen zwar zu hohen Deckungsbeiträgen, die aber aufgrund des dann größeren und weiterhin nur in einer Summe verrechneten Fixkostenblocks weniger aussagekräftig sind.

5.4.2 Mehrstufige Deckungsbeitragsrechnung

Die mehrstufige Deckungsbeitragsrechnung, sie wird auch als **Fixkostendeckungsrechnung** oder mehrstufiges Direct Costing bezeichnet, erweitert die einstufige Deckungsbeitragsrechnung um eine differenzierte Verrechnung der fixen Kosten.

Hierzu werden die **fixen Kosten** zerlegt und einzelnen betrieblichen Teilbereichen (Produkten, Produktgruppen, Abteilungen usw.) **stufenweise** entsprechend des Verursachungsprinzips zugeordnet.

Beispiel zur Zuordnung fixer Kosten
Die fixen Kosten für eine Maschine, die nur für die Fertigung einer Produktart benötigt wird, können dieser Produktart als Produktfixkosten zugerechnet werden. Die Fixkosten für den Dienstwagen des Abteilungsleiters können zwar nicht den einzelnen Produkten zugerechnet werden, für die der Abteilungsleiter verantwortlich ist, aber seiner Abteilung insgesamt (Abteilungsfixkosten).

Die den betrieblichen Teilbereichen zugerechneten fixen Kosten sind dann von diesen zu tragen. Nur die restlichen fixen Kosten (zum Beispiel Gehalt der Geschäftsleitung) sind als **Unternehmensfixkosten** von allen Teilbereichen des Unternehmens gemeinsam zu tragen. Denkbar wäre bei der Aufteilung des Fixkostenblocks die in Abbildung 5.7 dargestellte Vorgehensweise.

Entsprechend der vorgenommenen **Aufgliederung der fixen Kosten** kann die mehrstufige Deckungsbeitragsrechnung in mehreren Schichten durchgeführt werden. Hierbei werden für die einzelnen Schichten Deckungsbeiträge ermittelt. Diese werden zur Verbesserung der Übersichtlichkeit durchnummeriert (DB 1, DB 2, DB 3 et cetera).

	Brutto-Erlöse
–	Erlösschmälerungen (zum Beispiel Rabatte, Nachlässe)
=	Netto-Erlöse
–	variable Kosten (zum Beispiel Fertigungsmaterial, Fertigungslöhne)
=	Deckungsbeitrag 1
–	Produktfixkosten (zum Beispiel Patentgebühren, Kosten für Spezialwerkzeug)
=	Deckungsbeitrag 2
–	Produktgruppenfixkosten (zum Beispiel Werbekosten für die Produktgruppe)
=	Deckungsbeitrag 3
–	Bereichsfixkosten (Gehalt des Bereichsleiters, Raumkosten des Bereichs)
=	Deckungsbeitrag 4
–	Unternehmensfixkosten (restliche Fixkosten wie zum Beispiel Gehalt von Pförtner und Vorstand, IHK-Beitrag)
=	kalkulatorisches Betriebsergebnis

Abbildung 5.7: Schema einer mehrstufigen Deckungsbeitragsrechnung

Beispiel zur mehrstufigen Deckungsbeitragsrechnung mit mehreren Produkten
Der aus der einstufigen Deckungsbeitragsrechnung bekannte Lebensmittelproduzent hat die 8 Produkte seines Unternehmens in 2 Bereiche mit jeweils 2 Produktgruppen gegliedert. Erlöse und variable Kosten sind in der Tabelle angegeben. Die fixen Kosten des Unternehmens betragen 1.090 €. Sie können den einzelnen Teilbereichen bis auf einen verbleibenden Restbetrag von 140 € zugeordnet werden. Die entsprechenden Werte finden sich in der Tabelle.

Die mehrstufige Deckungsbeitragsrechnung hat das Aussehen einer auf dem Kopf stehenden Pyramide. Es wird für jede Produkteinheit ein Deckungsbeitrag ermittelt. Die Deckungsbeiträge werden dann stufenweise bis zum Gesamtdeckungsbeitrag des Unternehmens zusammengefasst. Die Vorgehensweise der mehrstufigen Deckungsbeitragsrechnung sowie Unterschiede zur einstufigen Deckungsbeitragsrechnung zeigt das nachfolgende Beispiel.

Die mehrstufige Deckungsbeitragsrechnung führt zum gleichen Betriebserfolg wie die einstufige Deckungsbeitragsrechnung. Durch die Aufspaltung des Fixkostenblocks und dessen stufenweise Zurechnung ist sie zwar aufwändiger, doch lassen sich dadurch **weitergehende Erkenntnisse** gewinnen. Es wird ersichtlich, wie die einzelnen betrieblichen Teilbereiche die ihnen zurechenbaren Kosten decken. Dadurch werden Stärken (hohe Deckungsbeiträge), aber auch Schwächen (niedrige und negative Deckungsbeiträge) des Sortiments deutlich. Weiterhin fallen (fix-)kostenintensive Teilbereiche auf.

Bereiche	**Alpha**				**Beta**				**Summe**
Gruppen	**A**		**B**		**C**		**D**		
Produkt	1	2	3	4	5	6	7	8	
Umsatz	500	720	430	290	80	190	360	560	3.130
– Variable Kosten	300	140	380	310	20	30	120	160	1.460
= DB 1	200	580	50	–20	60	160	240	400	1.670
– Fixkosten der Produkte	50	50	20	30	30	40	130	210	560
= DB 2	150	530	30	–50	30	120	110	190	1.110
= DB 2	150	530	30	–50	30	120	110	190	1.110

Bereiche	Alpha		Beta		Summe
Gruppen	A	B	C	D	
– Fixkosten der Produktgruppen	50	50	150	80	330
= DB 3	630	–70	0	220	780
– Fixkosten der Bereiche	40		20		60
= DB 4	520		200		720
– Fixkosten des Unternehmens					140
= Betriebsergebnis					580

Einstufige und mehrstufige Deckungsbeitragsrechnung ermitteln immer das gleiche kalkulatorische Betriebsergebnis.

Hinweis: In der Praxis wird oftmals nicht auf Grundlage des Deckungsbeitrags 1 (Produktebene) gesteuert. Vielmehr werden erst die dem Produkt und in der Regel auch die der Produktgruppe zurechenbaren Fixkosten zum Abzug gebracht und der Deckungsbeitrag 3 zur Beurteilung herangezogen.

Beispiel zur Interpretation der Ergebnisse

Neben dem Produkt 4, dessen negativer Deckungsbeitrag 1 auch bei der einstufigen Deckungsbeitragsrechnung auffiel, ist weiterhin die Produktgruppe B kritisch zu beurteilen. Der (niedrige) Deckungsbeitrag 2 des Produkts 3 reicht nicht aus, die fixen Kosten der Produktgruppe B abzudecken. Ohnehin wird kein Beitrag zur Deckung der Fixkosten des Bereichs und des Unternehmens geleistet.

Weiterhin fallen die hohen Fixkosten der Produktgruppe C auf. Hier sollte nach Möglichkeiten zu Kostensenkungen gesucht werden.

Bei der **Analyse des Sortiments** sind die erkannten Stärken (hohe Deckungsbeiträge) sowie Schwachpunkte (z. B. negative Deckungsbeiträge von Produkten, Produktgruppen sowie große Kostenblöcke) Ausgangspunkt für weitere Untersuchungen und gegebenenfalls Sortimentsanpassungen. Es sollten allerdings **nicht nur kostenrechnerische Aspekte** beachtet werden. So könnte ein Produkt trotz negativem Deckungsbeitrag weiterhin im Sortiment verbleiben, wenn es

- **Imageträger** für das Unternehmen ist (Kunden begeistern sich für dieses Produkt, kaufen dadurch auch andere Produkte mit positivem Deckungsbeitrag aus dem Sortiment; Kunden erwarten ein derartiges Produkt im Sortiment),
- **komplementär** mit einem anderen Produkt verbunden ist (es wird stets ein weiteres Produkt mit positivem Deckungsbeitrag gekauft, zum Beispiel wird neben dem Kauf eines Handys gleichzeitig ein lukrativer Dienstleistungsvertrag verkauft),
- sich noch in der **Einführungsphase** befindet (später werden steigende Erlöse und/oder sinkende Kosten erwartet) oder
- eine **Verpflichtung** zur Produktion besteht (zum Beispiel Ersatzteile).

Die **mehrstufige Deckungsbeitragsrechnung** (Fixkostendeckungsrechnung)

- ist eine Weiterentwicklung der einstufigen Deckungsbeitragsrechnung und
- verrechnet die variablen Kosten auf die Kostenträger.
- Die fixen Kosten fließen stufenweise entsprechend ihrer Zurechenbarkeit in die Deckungsbeitragsrechnung ein.
- Hierdurch können Stärken und Schwachpunkte erkannt sowie Anhaltspunkte für die Sortimentssteuerung gewonnen werden.

Fragen zur Wiederholung

Kennen Sie sich aus?

- Lösen Sie die Prüfungsaufgaben 12 und 13 aus dem Kapitel 9.1 dieses Buches.
- Lösen Sie die Aufgaben 75 bis 81 und 95 bis 103 aus dem Buch Übungen zur Kostenrechnung von Freidank/Fischbach/Sassen.

Können Sie die nachfolgenden Fragen beantworten?

- Wann führt eine Kurzfristige Erfolgsrechnung nach dem Gesamtkostenverfahren in Kontenform zum gleichen Ergebnis wie eine Kurzfristige Erfolgsrechnung nach dem Umsatzkostenverfahren in Staffelform?
- Sollte eine Kurzfristige Erfolgsrechnung auf Voll- oder auf Teilkostenbasis durchgeführt werden? Wann ermitteln beide das gleiche Ergebnis?
- Erläutern Sie die Unterschiede zwischen ein- und mehrstufiger Deckungsbeitragsrechnung.
- Was bedeutet es betriebswirtschaftlich, wenn ein Produkt einen negativen Deckungsbeitrag 1 erwirtschaftet?
- Nennen Sie 3 Gründe, warum ein Produkt mit negativem Deckungsbeitrag 1 trotzdem produziert werden sollte.

6 Entscheidungsrechnungen

Lernziele

- Sie können Gewinnschwellen errechnen.
- Sie können ein gewinnoptimales Produktionsprogramm ermitteln.
- Sie können Preisuntergrenzen bestimmen und damit über die Preise von Zusatzaufträgen bestimmen.
- Sie können Preisobergrenzen bestimmen und damit über Eigenfertigung oder Fremdbezug entscheiden.
- Sie können die ermittelten Ergebnisse interpretieren.

Mithilfe der Teilkostenrechnung können Informationen für kurzfristige Entscheidungen gewonnen werden. Näher vorgestellt werden sollen

- Gewinnschwellenanalysen,
- die Bestimmung des gewinnoptimalen Produktionsprogramms,
- die Bestimmung von Preisuntergrenzen und
- die Bestimmung von Preisobergrenzen (Entscheidung über Eigenfertigung oder Fremdbezug).

6.1 Gewinnschwellenanalysen

Durch Gegenüberstellung der Kosten und Erlöse lässt sich ermitteln, bei welcher Beschäftigung das Unternehmen von der Verlust- in die Gewinnzone eintritt. Dieser Punkt wird häufig als Gewinnschwelle (x_0) oder **Break-even-Point** bezeichnet, seltener als (Kosten-) Deckungspunkt, kritischer Punkt, Mindestumsatz oder Nutzenschwelle. Bei der zu diesem Zweck zu berechnenden Beschäftigung entsprechen die Erlöse den (gesamten variablen und fixen) Kosten, es wird folglich kein Gewinn, aber auch kein Verlust erwirtschaftet.

Zur Ermittlung der Gewinnschwelle werden folgende Informationen benötigt:

- (Netto-)**Erlös je Stück**(e)
(vom Verkaufspreis sind eventuelle Erlösminderungen wie Rabatte, Frachten und Provisionen abzuziehen)
- **variable Kosten** je Stück (k_v)
(kurzfristig veränderbare Kosten, zum Beispiel Rohstoffkosten und Fertigungslöhne)
- **fixe Kosten** pro Periode (K_f)
(kurzfristig nicht veränderbare Kosten, zum Beispiel Gehälter, Abschreibungen, Miete)

Mithilfe des Deckungsbeitrages (db = e – k_v) kann die **Absatzmenge** ermittelt werden, bei der das Unternehmen aus der Verlustzone in die Gewinnzone eintritt (x_0). Hier gilt:

$$\text{Gewinn} = \text{Umsatzerlöse} - \text{fixe Kosten} - \text{variable Kosten} = 0$$
$$e \cdot x_0 - K_f - k_v \cdot x_0 = 0$$

Hieraus kann die Formel für die Gewinnschwelle abgeleitet werden:

$$x_0 = \frac{\text{fixe Kosten}}{\text{Umsatzerlöse} - \text{variable Kosten}} = \frac{K_f}{e - k_v} = \frac{K_f}{db}$$

Neben dieser **mengenmäßigen Gewinnschwelle**, die in Stück ausgedrückt wird, kann auch eine **wertmäßige Gewinnschwelle** berechnet werden, die ausdrückt, bei welchem Umsatz ein Gewinn von 0 erwirtschaftet wird.

$$E_0 = e \cdot x_0 = \frac{K_f}{e - k_v} \cdot e = \frac{K_f}{(e - k_v) \cdot \frac{1}{e}}$$
$$= \frac{K_f}{\frac{e}{e} - \frac{k_v}{e}} = \frac{K_f}{1 - \frac{k_v}{e}}$$

Bei der **Gewinnschwelle** (Break-even-Point) gilt:

Erlöse = Kosten

Gewinn = 0

Es wird mit folgenden **Annahmen** gearbeitet:

Erlöse und variable Kosten sind von der Beschäftigung abhängig. Es wird ein linearer Verlauf unterstellt.

Fixe Kosten werden als absolut fix betrachtet (mengenunabhängig, keine sprungfixen Kosten).

Lagerbestandsveränderungen und produktionstechnische Gegebenheiten werden nicht berücksichtigt.

Beispiel zur Ermittlung der Gewinnschwelle

Ein Eisverkäufer hat monatliche fixe Kosten in Höhe von 2.400 €. Er verkauft die Kugel für 0,60 €. Die (variablen) Kosten betragen 0,20 € je Kugel. Der Deckungsbeitrag beträgt also 0,40 € je Kugel. Die mengenmäßige Gewinnschwelle beträgt:

$$x_0 = \frac{2.400\,€}{0{,}60\,€ - 0{,}20\,€} = 6.000 \text{ Stück}$$

Bei einem Verkauf von 6.000 Eiskugeln im Monat wird die mengenmäßige Gewinnschwelle erreicht. Entsprechend beträgt die wertmäßige Gewinnschwelle:

$$E_0 = \frac{2.400\,€}{1 - \frac{0{,}20\,€}{0{,}60\,€}} = 3.600\,€$$

Das entspricht bei einem Preis von 0,60 € je Kugel einem Umsatz von 3.600 € (= 6.000 · 0,60 €).

Abbildung 6.1 zeigt für das obige Beispiel, wie die Gewinnschwelle **grafisch** ermittelt werden kann.

Die Erlöskurve beginnt im Ursprung und steigt entsprechend der Höhe der Stückerlöse (Steigung der Geraden) an. Die (Gesamt-) Kostenkurve beginnt auf der Ordinate in Höhe der fixen Kosten. Die Steigung wird durch die variablen Stückkosten bestimmt. Der Schnittpunkt dieser beiden Kurven kennzeichnet die Gewinnschwelle. Bei einer niedrigeren Absatzmenge wird ein Verlust erwirtschaftet, bei einer höheren Produktionsmenge wird ein Gewinn erzielt.

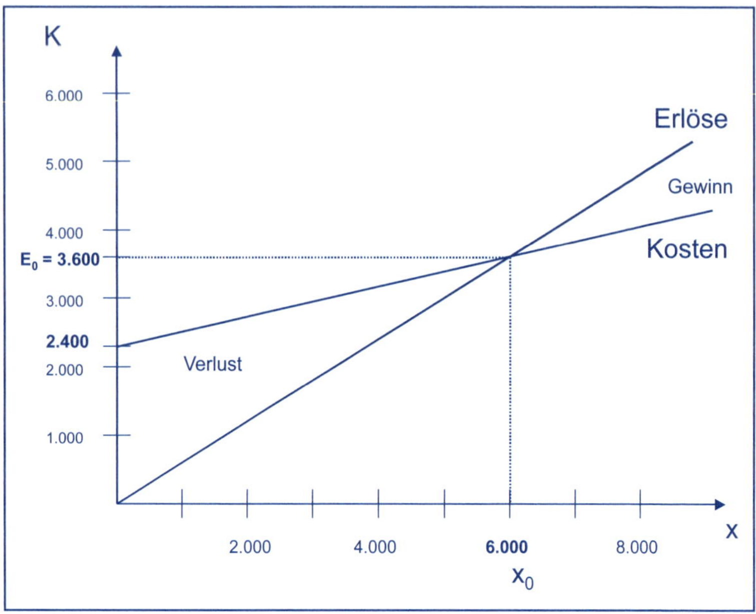

Abbildung 6.1: Grafische Ermittlung der Gewinnschwelle

Für Unternehmen ist es erstrebenswert, die Gewinnschwelle frühzeitig zu erreichen und dann einen ausreichenden **Sicherheitsabstand** zur Gewinnschwelle zu halten. Ein Sicherheitsabstand > 0 (Sicherheitsabstand < 0) drückt aus, um wie viel Prozent der Umsatz sinken darf (beziehungsweise steigen muss), bevor (bis) die Gewinnzone verlassen (erreicht) wird. Dieser Sicherheitsabstand wird auch als Sicherheitsgrad bezeichnet.

$$\text{Sicherheitsabstand} = 1 - \left(\frac{\text{fixe Kosten}}{\text{Deckungsbeitrag je Stück} \cdot \text{Menge}} \right)$$

Beispiel zum Sicherheitsabstand

Der Eisverkäufer konnte im Juli 8.000 Eiskugeln verkaufen. Der Umsatz betrug also (0,60 € · 8.000 Stück =) 4.800 €, der Gewinn entsprechend $G = E - K = (e \cdot x) - (K_f + k_v \cdot x) = 4.800\ € - 2.400\ € + 0{,}20\ € \cdot 8.000)$ = 800 €. Der Sicherheitsabstand beträgt

$$1 - \left(\frac{2.400\ €}{0{,}40\ € \cdot 8.000\ \text{Stück}} \right) = 0{,}25$$

Im August kann der Umsatz um 25 % sinken, ohne dass der Eisverkäufer einen Verlust erwirtschaftet.

Die Gewinnschwellenanalyse ist ein einfaches und in der Praxis häufig genutztes Verfahren zur Analyse der Kostensituation. Steht beispielsweise eine maximale Produktions- und Absatzmenge fest, kann mithilfe der Gewinnschwellenanalyse und des Deckungsbeitrags der **Gewinn bei Vollauslastung** ermittelt werden.

Beispiel zur Ermittlung des maximalen Gewinns
Der Eiskäufer kann maximal Eis für 15.000 Kugeln herstellen. Sein maximaler Gewinn beträgt also

$$\begin{aligned}\text{Gewinn} &= \text{(Gesamt-)Deckungsbeitrag} - \text{fixe Kosten}\\ &= 15.000\ \text{Stück} \cdot 0{,}40\ € - 2.400\ € = 3.600\ €\end{aligned}$$

Der maximale Sicherheitsabstand beträgt

$$1-\left(\frac{2.400\ €}{0{,}40\ € \cdot 15.000\ \text{Stück}}\right)=0{,}6$$

Wird ein **Mindestgewinn** gefordert, so kann die entsprechende Beschäftigung durch Erweiterung der Formeln ebenfalls ermittelt werden.

Beispiel zur Erwirtschaftung eines Mindestgewinns
Der Eiskäufer möchte monatlich mindestens einen Gewinn von 500 € erwirtschaften. Diese Gewinnanforderung stellt für ihn eine fixe Größe dar, wie auch die fixen Kosten. Deshalb ist die Formel im Zähler um den geforderten Gewinn zu erweitern:

$$x_0 = \frac{K_f + \text{Gewinn}}{db} = \frac{2.400\ € + 500\ €}{0{,}40\ €} = 7.250\ \text{Stück}$$

Bei einer Verkaufsmenge von 7.250 Stück wird der geforderte Mindestgewinn erwirtschaftet. Kontrolle:

$$\text{Erlöse} - \text{Kosten} = \text{Gewinn}$$
$$7.250\ \text{Stück} \cdot 0{,}60\ € - 2.400\ € - 7.250\ \text{Stück} \cdot 0{,}20\ € = 500\ €$$

6.2 Gewinnoptimales Produktionsprogramm

Eine wichtige Aufgabe der Kostenrechnung ist die Bereitstellung von Informationen als Grundlage von Entscheidungen des Managements, zum Beispiel bei der (kurzfristigen) Planung des Produktionsprogramms. Liegen hierfür keine Restriktionen vor (etwa Produkte in der Einführungsphase oder als Imageträger, bestehende Verpflichtungen zur Produktion von Ersatzteilen) wird eine (kurzfristige) Gewinnoptimierung angestrebt werden. Hierbei können drei Fälle unterschieden werden:

- Es liegt kein Engpass vor (Unterbeschäftigung).
- Es liegt ein Engpass vor.
- Es liegen mehrere Engpässe vor.

Im Fall einer **Unterbeschäftigung** (kein Engpass) hat das Unternehmen ausreichende Kapazitäten für eine umfangreichere Produktion. Das Unternehmen sollte alle Produkte herstellen, die einen positiven Deckungsbeitrag erwirtschaften.

Beispiel zum Produktionsprogramm bei Unterbeschäftigung
Eine Maschine steht in jeder Periode 500 Stunden (30.000 Minuten) zur Verfügung. Auf dieser Maschine werden die Produkte A, B und C hergestellt. Es sind folgende Angaben bekannt:

	A	B	C
Erlös je Stück	90 €	50 €	130 €
variable Kosten je Stück	74 €	35 €	100 €
maximale Absatzmenge	500 Stück	800 Stück	200 Stück
benötigte Fertigungszeit je Stück	20 Min.	10 Min.	30 Min.

Zur Ermittlung des gewinnoptimalen Produktionsprogramms sind zwei Schritte notwendig.

1. Schritt: Werden positive Deckungsbeiträge erwirtschaftet?

Zuerst ist zu prüfen, ob die nachgefragten Produkte einen positiven Deckungsbeitrag (Erlöse – variable Kosten) erwirtschaften.

	A	B	C
Deckungsbeitrag je Stück	16 €	15 €	30 €

2. Schritt: Liegt ein Engpass vor?

Es ist zu prüfen, ob ein Engpass vorliegt.

	A	B	C
maximale Absatzmenge	500 Stück	800 Stück	200 Stück
Fertigungszeit je Stück	20 Min.	10 Min.	30 Min.
benötigte Fertigungszeit	10.000 Min	8.000 Min.	6.000 Min.

Benötigt werden insgesamt 24.000 Minuten. Da eine Kapazität von 30.000 Minuten besteht, liegt kein Engpass vor.

Ergebnis: Es sind alle Erzeugnisse mit positivem Deckungsbeitrag (A, B und C) herzustellen. Es können zudem zur Ausnutzung der verfügbaren Kapazität noch Zusatzaufträge angenommen werden.

Liegt jedoch **ein Engpass** vor (zum Beispiel begrenzte Kapazität einer Maschine, beschränkte Verfügbarkeit eines Rohstoffes, von Personal oder Räumen), so können nicht alle Produkte hergestellt werden. Es muss deshalb das Produktionsprogramm ermittelt werden, das bei den begrenzten Kapazitäten den maximalen Gewinn erwirtschaftet. Hierzu wird der **relative Deckungsbeitrag** als Entscheidungskriterium verwendet. Das ist der Deckungsbeitrag, der pro Engpasszeiteinheit erwirtschaftet wird.

Der **relative Deckungsbeitrag** ist der Deckungsbeitrag, der pro Zeiteinheit am Engpass erwirtschaftet wird. So wird er berechnet:

$$\text{Relativer Deckungsbeitrag} = \frac{\text{Deckungsbeitrag je Stück}}{\text{Benötigte Engpasseinheiten}}$$

Beispiel zum relativen Deckungsbeitrag

Für das Produkt A errechnet sich ein relativer Deckungsbeitrag von

$$\frac{16\text{ € je Stück}}{20\text{ Minuten je Stück}} = 0{,}80\text{ € je Minute Fertigungszeit}$$

Folglich wird mit der Maschine ein Deckungsbeitrag von 0,80 € je Minute ermöglicht, wenn das Produkt A hergestellt wird.

Durch den relativen Deckungsbeitrag lässt sich eine **Rangfolge** für die Produkte ermitteln. Das Produkt mit dem höchsten relativen Deckungsbeitrag wird zuerst produziert, die anderen in entsprechender Reihenfolge. Dazu soll das obige Beispiel unter veränderten Rahmenbedingungen (ein Engpass) weiter betrachtet werden.

Beispiel zum optimalen Produktionsprogramm mit einem Engpass

Steht die Maschine nur mit einer Periodenkapazität von 21.000 Minuten zur Verfügung, so liegt ein Engpass vor, da insgesamt 24.000 Minuten benötigt werden. Entscheidungskriterium ist jetzt der relative Deckungsbeitrag. Es sind zwei weitere Schritte zur Ermittlung des gewinnoptimalen Produktionsprogramms notwendig.

3. Schritt: Ermittlung der relativen Deckungsbeiträge

Da die Maschine nur 21.000 Minuten zur Verfügung steht, aber 24.000 Minuten benötigt wird, sind die Fertigungsminuten der Engpass. Es ist folglich auszurechnen, welchen Deckungsbeitrag die drei Produkte pro Fertigungsminute erwirtschaften (= relativer Deckungsbeitrag).

	A	B	C
Deckungsbeitrag je Stück	16 €	15 €	30 €
benötigte Fertigungszeit je Stück	20 Min.	10 Min.	30 Min.
relativer Deckungs- beitrag (db je Minute)	0,80 €/Min.	1,50 €/Min	1,00 €/Min.
benötigte Fertigungszeit je Stück	20 Min.	10 Min.	30 Min.

4. Schritt: Festlegung der Reihenfolge

Nun können die Produkte nach der Höhe ihres relativen Deckungsbeitrages in eine Reihenfolge gebracht werden. In dieser Reihenfolge sind die begrenzten Kapazitäten auf die Produkte zu verteilen. Es wird also zuerst die maximale Menge des Produktes mit dem höchsten relativen Deckungsbeitrag produziert, zuletzt (wenn überhaupt noch Kapazitäten verfügbar sind) das Produkt mit dem niedrigsten relativen Deckungsbeitrag.

	A	B	C
relativer Deckungsbeitrag (db je Minute)	0,80 €/Min.	1,50 €/Min	1,00 €/Min.
Priorität	3	1	2
zugewiesene Fertigungsminuten (von 21.000 Min.)	7.000 Min. (Rest)	8.000 Min.	6.000 Min.
Produktionsmenge	350 Stück	800 Stück	200 Stück
Deckungsbeitrag	5.600 €	12.000 €	6.000 €
Gesamt-Deckungsbeitrag			23.600 €

Von Produkt A werden aufgrund der begrenzten Kapazität nur 350 der möglichen 500 Stück hergestellt. Insgesamt wird ein Deckungsbeitrag von 23.600 € erwirtschaftet. Ein höherer Deckungsbeitrag ist mit keinem anderen Produktionsprogramm möglich.

Liegen **mehrere Engpässe** vor, so kann das optimale Produktionsprogramm mithilfe von **Gewinnmaximierungsmodellen** ermittelt werden. Hierbei fließen sämtliche Kapazitätsbeschränkungen als Restriktionen ein. Grafische Lösungen sind möglich, wenn bis zu drei unterschiedliche Produktarten hergestellt werden.

Entscheidungsregeln bei Engpässen

- Kein Engpass: alle Produkte mit positivem Deckungsbeitrag herstellen
- Ein Engpass: Reihenfolge entsprechend der relativen Deckungsbeiträge (Deckungsbeitrag je Engpasseinheit)
- Mehrere Engpässe: Anwendung von Gewinnmaximierungsmodellen

6.3 Bestimmung von Preisgrenzen

6.3.1 Preisuntergrenzen

Preisgrenzen sind relative Werte, die (nur) für eine bestimmte Entscheidungssituation gelten. Bei der Kalkulation von Preisen für schwierige Märkte (zum Beispiel großer Konkurrenzdruck, Nachfragerückgang), aber auch zur eigenen Information ist die Kenntnis der **Preisuntergrenze** (PUG) von großer Bedeutung. So sollte ein Unternehmen stets seine kurzfristige und seine langfristige Preisuntergrenze kennen. Insbesondere ist das für Entscheidungen über die Annahme von Zusatzaufträgen wichtig.

Preisuntergrenzen gelten für Absatzgüter.
(Fragestellung: Was muss ich für mein Produkt mindestens erlösen?)

Ein **Zusatzauftrag** ist ein Auftrag, der zusätzlich zum aktuellen Produktionsprogramm angenommen werden kann. Durch die Annahme von Zusatzaufträgen können freie Kapazitäten eines Unternehmens genutzt werden. Ebenso ist es denkbar, die Produktionsmengen vorhandener Produkte zu drosseln, um einen attraktiveren Zusatzauftrag anzunehmen.

Allerdings wird in der Regel ein preisliches Entgegenkommen des Produzenten erwartet. Es können also nicht die offiziellen (Listen) Preise verlangt werden. Vielmehr wird der Preis ausgehandelt werden. Die Kostenrechnung ermittelt hierzu Preisuntergrenzen. Diese sind eine wichtige Entscheidungsgrundlage für die Geschäftsleitung beziehungsweise den Vertrieb, die mit den Kunden über den Preis verhandeln.

Ist die Kapazität des Unternehmens nicht voll ausgelastet (Unterbeschäftigung), so kann der Erfolg durch die Annahme von Zusatzaufträgen gesteigert werden. Da die fixen Kosten kurzfristig unabhängig von der Beschäftigung sind, müssen die Zusatzaufträge keine anteiligen fixen Kosten erwirtschaften. Die **kurzfristige Preisuntergrenze bei Unterbeschäftigung** (ohne Engpass) wird folglich von der Höhe der variablen Kosten bestimmt. Es gilt

$$\text{kurzfristige PUG} = \text{variable Kosten} = k_v$$

Haben die variablen Kosten keinen proportionalen Verlauf, so wird die Preisuntergrenze von den **Grenzkosten** bestimmt.

Beispiel zur kurzfristigen Preisuntergrenze
Ein Elektronikunternehmen kann monatlich 1.500 Scanner herstellen. Die Fixkosten belaufen sich auf 36.000 €, die variablen Kosten betragen 75 €. Derzeit beläuft sich die Produktion auf 1.000 Scanner im Monat. Diese werden zu einem Preis von 156 € verkauft.

Derzeit wird ein kalkulatorischer Betriebserfolg erwirtschaftet von:

(1.000 Stück · 156 €) – (36.000 € + 1.000 Stück · 75 €) = 45.000 €

Die kurzfristige PUG für einen Zusatzauftrag beträgt bei der vorliegenden Unterbeschäftigung 75 € (= variable Kosten). Diese Preisuntergrenze gilt für Zusatzaufträge von insgesamt bis zu 500 Stück. Zusammen mit der laufenden Produktion (1.000 Stück) wird dann die Kapazitätsgrenze erreicht.

Liegt der für den Zusatzauftrag ausgehandelte Preis über der kurzfristigen Preisuntergrenze, so wird ein **positiver Deckungsbeitrag** erwirtschaftet. Liegt der erzielbare Preis unter den variablen Kosten, so ist der Zusatzauftrag grundsätzlich abzulehnen. Ansonsten würde sich der Erfolg durch die Annahme des Zusatzauftrages verschlechtern.

Beispiel zu Preisverhandlungen und kurzfristiger Preisuntergrenze ohne Engpass
Ein Kunde ist an einer einmaligen Lieferung von 300 Scannern interessiert. Von der Kostenrechnung wurde eine Preisuntergrenze von 75 € ermittelt. Mit diesen Informationen geht der Vertrieb in die Preisverhandlungen.

- Liegt der erzielbare Preis unter 75 € je Stück, wird der Zusatzauftrag abgelehnt.
- Liegt der erzielbare Preis über 75 € je Stück, so wird ein positiver Deckungsbeitrag erzielt und der Betriebserfolg der Periode gesteigert.

Wird zum Beispiel ein Verkaufspreis von 120 € ausgehandelt, so erhöht sich der Erfolg der Periode um den Deckungsbeitrag des Zusatzauftrages in Höhe von (300 Stück · (120 € – 75 €) =) 13.500 € auf 58.500 €.

Gründe für die Annahme von Zusatzaufträgen

- Es wird ein positiver Deckungsbeitrag erwirtschaftet und damit das Betriebsergebnis verbessert.
- Es sollen Marktanteile gehalten werden.
- Freie Kapazitäten können genutzt werden (zum Beispiel Vermeidung von Kurzarbeit, Sicherung von Mengenrabatten im Einkauf).
- Fixkosten sollen nicht abgebaut werden, da zukünftig eine bessere Absatzlage erwartet wird.

Problematischer wird die zu treffende Entscheidung, wenn durch die Annahme eines Zusatzauftrages die Kapazitätsgrenze überschritten würde (zum Beispiel bei einem Zusatzauftrag über 600 Scanner). Dann liegt eine **Engpasssituation** vor, das heißt, die Annahme des Zusatzauftrages muss zu einer Verdrängung eines Teils der normalen Produktion führen. Ist das grundsätzlich möglich (weil keine Lieferverpflichtungen bestehen), so muss bei der Ermittlung der kurzfristigen Preisuntergrenze berücksichtigt werden, dass durch die Annahme des Zusatzauftrags auf die Deckungsbeiträge verzichtet wird, welche von der dann entfallenden normalen Absatzmenge erwirtschaftet würden. Diese entfallenden Deckungsbeiträge sind **Opportunitätskosten**.

Opportunitätskosten sind der entgangene Nutzen einer nicht gewählten Alternative.

Die Opportunitätskosten müssen vom Zusatzauftrag zusätzlich zu den variablen Kosten erwirtschaftet werden. Ansonsten würde die Annahme des Zusatzauftrages zu einer Ergebnisverschlechterung führen. Die **kurzfristige Preisuntergrenze bei einem Engpass** wird also von der Summe der variablen Kosten und den Opportunitätskosten bestimmt. Es gilt:

$$\text{kurzfristige PUG bei einem Engpass} = \text{variable Kosten} + \text{Opportunitätskosten} = k_v + k_o$$

Beispiel zu Preisverhandlungen und kurzfristiger Preisuntergrenze bei einem Engpass

Ein Kunde möchte einmalig 600 Scanner kaufen. Damit tritt eine Engpasssituation ein, da die nachgefragte Menge (Zusatzauftrag von 600 Stück + 1.000 Stück normale Produktion) größer als die Kapazität von 1.500 Stück ist.

Soll der Zusatzauftrag angenommen werden, können 100 von 1.000 Stück der normalen Produktion nicht hergestellt werden. Diese werden vom Zusatzauftrag verdrängt. Es entstehen Opportunitätskosten für 100 nicht abgesetzte Stück mit einem Deckungsbeitrag von je (156 € – 75 € =) 81 €. Der Zusatzauftrag muss neben den verursachten variablen Kosten (600 Stück · 75 € = 45.000 €) zusätzlich die entfallenen Deckungsbeiträge (100 Stück · 81 € =) 8.100 € erlösen, insgesamt also 53.100 €. Die Preisuntergrenze je Stück beträgt (53.100 € / 600 Stück =) 88,50 €.

Wird für den Zusatzauftrag (nur) ein Preis von 88,50 € vereinbart, so ändert sich die Erfolgssituation des Unternehmens nicht: (900 Stück · 156 € + 600 Stück · 88,50 €) – (36.000 € + 1.500 · 75 €) = 45.000 €. Kann hingegen ein höherer Preis für den Zusatzauftrag vereinbart werden, so verbessert sich die Erfolgssituation.

Langfristig müssen die gesamten Kosten gedeckt werden. Nur so kann das Unternehmen über längere Zeit erfolgreich und wirtschaftlich fortgeführt werden. Die **langfristige Preisuntergrenze** wird deshalb von den gesamten Kosten bestimmt. Es gilt:

$$\text{langfristige PUG} = \text{gesamte Kosten} = k = k_v + k_f$$

Soll ein Zusatzauftrag langfristig angenommen werden, so müssen eventuelle Überkapazitäten nicht abgebaut werden. Entsprechend fallen dafür auch zukünftig fixe Kosten an. Die gesamten fixen Kosten sind folglich von allen produzierten Produkten zu tragen.

Beispiel zur langfristigen Preisuntergrenze

Ein Elektronikunternehmen kann monatlich 1.500 Scanner herstellen. Die Fixkosten belaufen sich auf 36.000 €, die variablen Kosten betragen 75 €. Derzeit beläuft sich die Produktion auf 1.000 Scanner im Monat.

Die langfristige Preisuntergrenze beträgt:

$$= k_v + k_f = 75\,€ + \frac{36.000\,€}{1.000\text{ Stück}} = 75\,€ + 36\,€ = 111\,€$$

Bei Vollauslastung beträgt die langfristige Preisuntergrenze hingegen

$$= k_v + k_f = 75\,€ + \frac{36.000\,€}{1.500\text{ Stück}} = 75\,€ + 24\,€ = 99\,€$$

Möchte ein Kunde bis auf weiteres (= langfristig) monatlich 200 Scanner zusätzlich abnehmen, so ergibt sich für die gesamte Produktion eine langfristige Preisuntergrenze von

$$= k_v + k_f = 75\,€ + \frac{36.000\,€}{1.200\text{ Stück}} = 75\,€ + 30\,€ = 105\,€$$

Stellt ein Unternehmen **mehrere Produkte** her, so wird das Produkt mit dem niedrigsten relativen Deckungsbeitrag verdrängt. Bestehen mehrere Engpässe, ist die Preisuntergrenze simultan zu ermitteln.

6.3.2 Preisobergrenzen

Für die Leistungserstellung benötigen Unternehmen neben den originären Produktionsfaktoren auch Zulieferteile und Dienstleistungen von Dritten. Die Fragestellung **Eigenfertigung oder Fremdbezug** ist eine häufig diskutierte Fragestellung in der Kostenrechnung.

Beispiele zu Möglichkeiten von Eigenfertigung oder Fremdbezug
Ein Automobilhersteller wird Autoradios in der Regel von Zulieferern beziehen, könnte sie aber auch selbst herstellen.

Ein mittelständisches Unternehmen wird sich rechtlich in der Regel von einem externen Rechtsanwalt beraten lassen, könnte aber auch einen Juristen einstellen.

Ein Unternehmen betreibt derzeit eine eigene IT-Anlage, erwägt aber ein Outsourcing an ein externes Rechenzentrum.

Für das Unternehmen stellt sich die Frage, welcher Preis für die Zulieferteile beziehungsweise benötigten Dienstleistungen ausgegeben werden soll. Die Höhe der **Preisobergrenze** ist abhängig von den **Alternativen**, die das Unternehmen hat.

Preisobergrenzen gelten für Einsatzgüter
(Fragestellungen: Was sollte ich maximal für zu beschaffende Güter oder Dienstleistungen bezahlen? Lohnt sich der Fremdbezug oder ist die Eigenfertigung vorteilhafter?)

Das Unternehmen könnte **auf den Zukauf verzichten**. Folglich müsste die damit verbundene Produktion eingestellt werden. Hierdurch verzichtet man jedoch auf den Gewinn, der durch die entfallende Produktion erwirtschaftet werden könnte. Diese Opportunitätskosten sind die Preisobergrenze für die Zulieferteile beziehungsweise Dienstleistungen.

Das Unternehmen könnte nach **alternativen Anbietern beziehungsweise Substituten** (zum Beispiel Erdgas statt Kohle) für die benötigten Stoffe suchen. Die Preisobergrenze der zu ersetzenden Produkte ergibt sich in diesem Fall durch die Kosten der Alternativen. Hierbei sind allerdings unterschiedliche Qualitäten zu berücksichtigen.

Das Unternehmen könnte die benötigten Zulieferteile selbst erstellen beziehungsweise die benötigten Dienstleistungen intern erbringen **(Eigenfertigung)**. Die Preisobergrenze wird dann durch die Selbstkosten der Eigenfertigung bestimmt: Ist die Eigenfertigung billiger als der Fremdbezug zu realisieren, so wird selbst gefertigt.

Beispiel zu Eigenfertigung oder Fremdbezug

Für die Produktion von Mikrowellen werden pro Periode 4.000 Drehteller von einem Zulieferer bezogen. Dieser hat eine Preiserhöhung angekündigt.

Auf Veranlassung der Geschäftsleitung wurde deshalb kalkuliert, welche Kosten bei einer Eigenfertigung entstehen. Die Kostenrechnung hat bei einer Produktionsmenge von 4.000 Stück Selbstkosten in Höhe von 4,60 € je Stück ermittelt. Dieses ist die Preisobergrenze für das Zulieferteil. Sollte der Zulieferer mehr verlangen, werden die Drehteller selbst hergestellt.

Fragestellungen beim **Fremdbezug** von Zulieferteilen und Dienstleistungen:

- Verzicht auf den Zukauf und Einstellung der Produktion?
  Preisobergrenze = entgangener Gewinn beim Nichtverkauf des Artikels (Opportunitätskosten)
- Bestehen Alternativen (Anbieter und/oder Einsatzstoffe)?
  Preisobergrenze = Preis für die Alternative
- Eigenfertigung oder Fremdbezug?
  Preisobergrenze = Kosten der Eigenfertigung

Fragen zur Wiederholung

Kennen Sie sich aus?

- Lösen Sie die Prüfungsaufgaben 14 bis 17 aus dem Kapitel 9.1 dieses Buches.
- Lösen Sie die Aufgaben 104 bis 118 aus dem Buch Übungen zur Kostenrechnung von Freidank/Fischbach/Sassen.

Können Sie die nachfolgenden Fragen beantworten?

- Erläutern Sie, welche Vereinfachungen im Break-even-Modell zur Gewinnschwellenanalyse unterstellt werden. Welchen Nutzen hat das Modell in der Unternehmenspraxis?
- Ein Unternehmen hat noch freie Kapazitäten. Nimmt es jeden Zusatzauftrag an?
- Welche Aspekte sind bei der Ermittlung des gewinnoptimalen Produktionsprogramms zu berücksichtigen?
- Wozu und von wem werden Informationen über Preisunter- und Preisobergrenzen benötigt?
- Welche Aspekte sind bei kurzfristigen, welche bei langfristigen Preisentscheidungen relevant? Begründen Sie Ihre Auffassung.

7 Plankostenrechnung

Lernziele

- Sie kennen die Vorteile der Plankostenrechnung gegenüber der Ist- und der Normalkostenrechnung.
- Sie wissen, wie Kosten geplant werden.
- Sie kennen die starre Form der Plankostenrechnung.
- Sie kennen die flexible Plankostenrechnung auf Vollkostenbasis und auf Teilkostenbasis (Grenzplankostenrechnung).
- Sie können im Rahmen von Soll-Ist-Vergleichen die wichtigen Abweichungen bestimmen und interpretieren.

7.1 Einführung in die Plankostenrechnung

7.1.1 Von der Ist- zur Plankostenrechnung

Um das unternehmerische Gewinnziel in bestmöglicher Weise erreichen zu können, ist Planung notwendig. Hierbei werden die unternehmerischen Rahmenbedingungen analysiert sowie Handlungsalternativen und deren Konsequenzen durchdacht. Zu wählen ist dann die, im Hinblick auf das Unternehmensziel, beste Alternative. Einmal getroffene Entscheidungen sollten zudem kontrolliert werden. Denn hierdurch fallen Abweichungen vom Plan bzw. bei unterjährigen Kontrollen von den anteiligen Sollwerten auf. Relevante Abweichungen sind zu analysieren und mit den verantwortlichen Kostenstellenleitern zu besprechen. Je früher eine Abweichung erkannt wird, desto einfacher wird es sein, das geplante Ziel doch noch zu erreichen. Kontrollen sollten deshalb als Hilfe bei der Zielerreichung verstanden werden. Weiterhin können durch Kontrollen Erfahrungen für zukünftige Planungen gewonnen werden. Allerdings sind die vergangenheitsorientierte Istkostenrechnung und die gegenwartsorientierte Normalkostenrechnung für eine aussagekräftige Kontrolle nicht geeignet.

Die **Istkostenrechnung** soll die in einer Periode tatsächlich angefallenen Kosten möglichst genau auf die in der Periode erstellten Leistungen verrechnen. Zu kritisieren sind daran insbesondere die nachfolgenden Aspekte.

Durch die Verrechnung tatsächlich angefallener (Ist-)Kosten auf die Produktions- oder Absatzmenge ergeben sich in der Kalkulation laufend **Schwankungen**. Wurden beispielsweise teuer eingekaufte Rohstoffe verarbeitet, steigen die kalkulierten Kosten. Ist in einer Periode die Produktionsmenge höher oder der Verschnitt geringer, sinken die Kosten je Stück. Damit ist die Istkostenrechnung nicht für Planungszwecke geeignet.

Durch die **Orientierung an Vergangenheitswerten** sind nur Zeitvergleiche möglich. Damit lassen sich Veränderungen im Zeitablauf erkennen. Für eine Beurteilung der Wirtschaftlichkeit eignen sich die Vergangenheitswerte aber nicht, da diese nicht zwangsläufig durch ausschließlich wirtschaftliches Handeln entstanden sein dürften. Bei dem Vergleich von Istwerten im Zeitvergleich wird somit, frei nach Eugen Schmalenbach, „Schlendrian mit Schlendrian" verglichen. Eine wirksame Kontrolle erfordert hingegen den Vergleich der Istwerte mit (unabhängig von der Vergangenheit ermittelten) Planwerten.

Beispiel zu den Istkosten

Ein Unternehmen liefert seine Erzeugnisse mit einem Transporter aus. Dieser hat in der letzten Periode durchschnittlich 11 Liter Benzin je 100 km verbraucht. Bei einem Literpreis von 1,20 € ergeben sich Istkosten von 0,13 €/km für Benzin. In der nächsten Periode lag der Durchschnittsverbrauch bei 9 Litern je 100 km. Im Zeitvergleich ist das eine deutliche Verbesserung.

Eine sinnvolle Aussage über die Wirtschaftlichkeit des Fahrstils ist jedoch nur möglich, wenn der DIN-Verbrauch des Wagens bekannt ist.

Schließlich ist zu kritisieren, dass die Ermittlung der Istkosten aufwändig ist und **lange dauert**. Eine Ermittlung von Verrechnungs- und Kalkulationssätzen ist beispielsweise erst möglich, wenn alle Endkosten bekannt sind. Da die Ermittlung der Istkosten in der Praxis durchaus einige Wochen dauern kann, ist auf Basis von Istkosten in der Regel nur eine **Nachkalkulation** möglich.

Die **Istkostenrechnung** verrechnet die tatsächlich angefallenen Kosten ohne Korrekturen auf die in der Periode erstellten und verkauften Kostenträger. Hierdurch ergeben sich folgende Besonderheiten:

- die Kosten können stark schwanken,
- das Verfahren ist rechentechnisch schwerfällig und dauert lange,
- die Orientierung an Vergangenheitswerten ermöglicht nur Zeitvergleiche und
- dispositive Entscheidungen sind nicht möglich.

Für eine zukunftsorientierte Steuerung, eine verlässliche Kalkulation von Angeboten sowie eine wirkungsvolle Kontrolle ist die Istkostenrechnung nicht geeignet. In der Praxis ist eine reine Istkostenrechnung deshalb selten, da zumindest bei einigen Kostenarten mit Durchschnittswerten gerechnet wird (zum Beispiel durch die Verwendung fester Verrechnungspreise und den Ansatz kalkulatorischer Kosten).

Als Weiterentwicklung der Istkostenrechnung entstand die **Normalkostenrechnung**. Statt der schwierig zu ermittelnden Istgemeinkosten werden hier Normalgemeinkosten verrechnet. Diese werden auf Basis von Vergangenheitswerten (statistischen Mittelwerten) und/oder unter Berücksichtigung aktueller Entwicklungen (aktualisierten Mittelwerten) ermittelt. Den Kostenträgern werden aber weiterhin die (einfacher zu erfassenden) Ist-Einzelkosten zugerechnet.

Beispiel zu den Normalkosten

Das Unternehmen könnte für den Transporter einen Normalverbrauch von 10 Litern/100 km ermitteln (als durchschnittlichen Verbrauch). Damit ergeben sich bei einem Literpreis von 1,20 € Normalkosten von (10 l /100 km · 1,20 €/l =) 0,12 € je km.

Wird in der Periode eine 10%ige Benzinpreiserhöhung erwartet, rechnet das Unternehmen entsprechend mit 0,132 € je km.

Durch die derartige Verwendung von festen Verrechnungspreisen wird die **Abrechnung vereinfacht und beschleunigt**. Zufallsschwankungen haben keinen direkten Einfluss auf die Höhe der verteilten Gemeinkosten. Verschiedene Perioden sind dadurch besser vergleichbar. Zudem liegen die Normalkostensätze bereits früher vor, die Kalkulation kann also schneller durchgeführt werden.

Beispiel zur Normalkostenrechnung
Es sollen die (Normal-)Selbstkosten für eine Maschine ermittelt werden, für die Ist-Einzelkosten in Höhe von 100 € für Fertigungsmaterial und 80 € für Fertigungslöhne anfallen. Das Unternehmen rechnet mit folgenden Normal-Gemeinkostenzuschlagssätzen.

Normal-Material-GKZS	40%
Normal-Fertigung-GKZS	120%
Normal-Verwaltungs- und Vertriebs-GKZS	50%

Für das Produkt ergeben sich folgende Normal-Selbstkosten:

	Kostenart	Kosten in €	Erläuterungen
(1)	Ist-Materialeinzelkosten	100,00	
(2)	+ 40% Normal-MaterialGK	40,00	bezogen auf (1)
(3)	+ Ist-Fertigungseinzelkosten	80,00	
(4)	+ 120% Normal-FertigungsGK	96,00	bezogen auf (3)
(5)	= Normal-Herstellkosten	316,00	= (1) bis (4)
(6)	+ 50% Normal-Vw&Vt-GK	158,00	bezogen auf (5)
(7)	= Normal-Selbstkosten	474,00	= (5) + (6)

Zu bedenken ist allerdings, dass Abweichungen zwischen den Ist- und den Normalgemeinkosten zu **Über- beziehungsweise Unterdeckungen** führen. Die Kalkulation wird hierdurch ungenauer, da die Abweichungen den Kostenträgern nicht zugerechnet werden.

Beispiel zur Unterdeckung
Nach Ablauf der Periode wird ein Ist-Verwaltungs- und Vertriebsgemeinkostenzuschlagssatz von 60% ermittelt. Folglich wurden auf Basis des verwendeten Normal-Gemeinkostenzuschlagssatzes von 50% den Kostenträgern zu wenige Gemeinkosten zugerechnet. Für den obigen Kostenträger ergibt sich eine Unterdeckung von (316,00 € · (60% – 50%)) = 31,60 €.

Ein weiterer Mangel der Normalkostenrechnung ist, dass Normalkosten, wie auch Istkosten, **kein geeigneter Kontrollmaßstab** sind. Durch Vergleich der Istkosten mit den Normalkosten kann nur herausgefunden werden, ob im Vergleich höhere oder niedrigere

Werte als im Durchschnitt angefallen sind, nicht aber, ob wirklich wirtschaftlich gearbeitet wurde. Es wird also auch hier „Schlendrian mit Schlendrian" verglichen.

Die **Normalkostenrechnung** verrechnet normalisierte Gemeinkosten auf die Kostenträger. Zu beachten sind folgende Aspekte:

- Zufallsschwankungen werden vermieden;
- die Abrechnung wird gegenüber der Istkostenrechnung beschleunigt;
- Kalkulationen sind besser vergleichbar, allerdings sind Normalkosten kein aussagefähiger Vergleichsmaßstab;
- Über-/Unterdeckungen der Gemeinkosten sind möglich.

Als Weiterentwicklung von Ist- und Normalkostenrechnung entstand die zukunftsorientierte **Plankostenrechnung**. Dort werden die Kosten der nächsten Periode(n) geplant. Unterstellt wird dabei wirtschaftliches Handeln. Auf Basis dieser Werte kann dann gesteuert sowie die Wirtschaftlichkeit kontrolliert werden. Dieses ist insbesondere für in starkem Wettbewerb stehende Unternehmen überlebenswichtig.

Die **Aufgaben der Plankostenrechnung** sind

- die Prognose zukünftiger Kosten (Plankosten) zur Steuerung des Unternehmens (Disposition) und
- die Kontrolle der Wirtschaftlichkeit durch Soll-Ist-Vergleich.

Durch die Plankostenrechnung sollen dem Management entscheidungsrelevante Informationen zur Verfügung gestellt werden. So kann zum Beispiel durch Gegenüberstellung der **Planwerte** verschiedener Alternativen die mit dem höchsten Gewinn beziehungsweise den niedrigsten Kosten ausgewählt werden. Hierbei ist allerdings zu berücksichtigen, dass es sich um Planwerte handelt, die unter gewissen Annahmen (zum Beispiel Produktionsmenge, Preisniveau) ermittelt wurden.

Während und nach Ablauf der Periode sollten die Entscheidungen durch **Kontrollen** überprüft werden. So können Fehlentwicklungen erkannt und Ursachen sowie Verantwortlichkeiten ermittelt werden. Erfolgen die Kontrollen bereits während der Umsetzung, kann bei Abweichungen zeitnah gegengesteuert werden.

Planung ohne Kontrolle ist sinnlos; **Kontrolle** ohne Planung ist unmöglich.

Es können verschiedene Varianten der Plankostenrechnung unterschieden werden. Die älteste Form ist die **starre Plankostenrechnung**. Sie ermittelt die Plankosten nur für einen bestimmten Beschäftigungsgrad. Hieraus wurde später die **flexible Plankostenrechnung** entwickelt. Diese ermittelt die Plankosten für verschiedene Beschäftigungsgrade. In Abhängigkeit vom Umfang der berücksichtigten Kosten können hierbei die flexible Plankostenrechnung auf Vollkostenbasis sowie die als Grenzplankostenrechnung bezeichnete flexible Plankostenrechnung auf Teilkostenbasis unterschieden werden. Bevor diese Varianten vorgestellt werden, soll zuvor die Planung, Kontrolle und Steuerung von Kosten grundlegend erläutert werden.

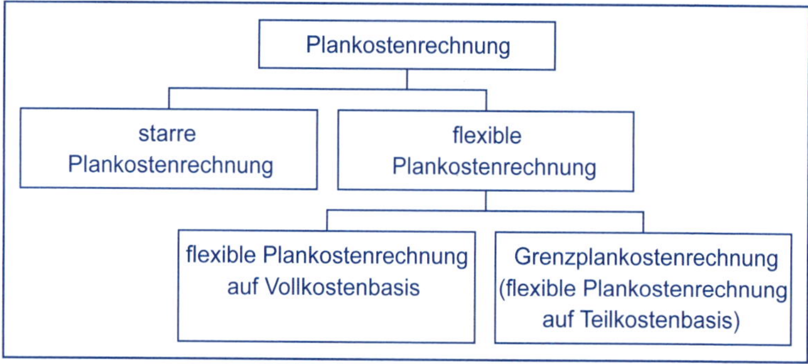

Abbildung 7.1: Ausprägungen der Plankostenrechnung

Weiterhin finden sich die (veralteten) Begriffe Standardkostenrechnung und Budgetkostenrechnung. Bei der Standardkostenrechnung steht die Planung und Kontrolle des Mitteleinsatzes (Kosten) im Vordergrund, bei der Budgetkostenrechnung hingegen Planung und Kontrolle der Wirtschaftlichkeit.

7.1.2 Allgemeines zur Planung, Kontrolle und Steuerung

Die Planung findet vor der Leistungserstellung statt. Es wird also eine zukünftige Periode geplant. Zu planen sind die Erlöse und die Kosten. Durch Gegenüberstellung der erwarteten Leistungen und der geplanten Kosten kann der Planerfolg (= geplanter Betriebserfolg) ermittelt werden.

Planerfolg = Planleistungen – Plankosten

Die **Planleistungen** eines Unternehmens setzen sich insbesondere aus Umsatzerlösen und Bestandserhöhungen sowie aktivierten Eigenleistungen zusammen. Diese sind auf Basis der erwarteten Produktions- und Absatzmengen sowie der erzielbaren Preise zu planen.

Plankosten können in Anlehnung an die Definition der Kosten als der geplante bewertete, betriebszielbezogene Verzehr von Gütern und Dienstleistungen innerhalb einer Rechnungsperiode charakterisiert werden. Plankosten ergeben sich als Produkt aus der erwarteten (geplanten) Beschäftigung und den erwarteten (geplanten) Kosten.

Plankosten = geplante Beschäftigung · geplante Kosten je Stück

Die **Planbeschäftigung** wird aufgrund der erwarteten Absatzmenge und den gewünschten Bestandsveränderungen festgelegt. Hierbei ist die wirtschaftlichste Beschäftigung zu beachten. Die maximale Beschäftigung wird durch die Kapazität und eventuelle Engpässe im Unternehmen begrenzt.

Beispiel zur Planung der Leistung
Der Transporter des Unternehmens könnte theoretisch täglich 24 Stunden gefahren werden. Die zulässige Höchstgeschwindigkeit beträgt 80 km/h. Es errechnet sich eine maximale Kapazität von (24 Stunden · 80 km/h =) 1.920 km pro Tag.

Aufgrund notwendiger Ladezeiten und gesetzlicher Regelungen kann der Wagen jedoch täglich nur 14 Stunden gefahren werden. Zudem ist wegen der Verkehrsverhältnisse nur eine Durchschnittsgeschwindigkeit von 50 km/h realistisch. Die Planbeschäftigung könnte folglich (14 Stunden · 50 km/h =) 700 km betragen.

Die **Plankosten je Stück** sollen unabhängig von den Werten der Vergangenheit ermittelt werden (auch wenn das in der Praxis nicht immer so gehandhabt wird und Vergangenheitswerte fortgeschrieben werden). Hierzu kann auf technische Daten (zum Beispiel Faktorqualitäten, Betriebsanleitungen, Probeläufe) zurückgegriffen werden. Die Planpreise der verbrauchten Einsatzfaktoren sind zu schätzen. Die gesamten Plankosten sind die Kosten, die bei einem planmäßigen Betriebsverlauf zu erwarten sind.

Beispiel zur Planung von Kosten
Für den Transporter des Unternehmens wurde gemäß Betriebsanleitung ein DIN-Verbrauch von 8 Litern/100 km ermittelt. Folglich sollte bei einem erwarteten Preis von 1,20 € je Liter mit Plankosten von (8 l/100 km · 1,20 €/l =) 0,096 € je km kalkuliert werden.

Zusätzlich sind noch wöchentliche Fixkosten von 350 € für kalkulatorische Abschreibungen, Wartung, Gehalt des Fahrers zu berücksichtigen. Es ergeben sich bei einer geplanten Fahrleistung von 700 km pro Woche Plankosten von (350 € + 700 km · 0,096 €/km =) 417,20 € beziehungsweise 0,596 € je km.

Bei einer Kostenstellenplanung sind die variablen und fixen Kosten für die geplante Beschäftigung zu planen. Wird der verantwortliche Kostenstellenleiter daran beteiligt, sorgt das nicht nur für realistischere Planung, sondern motiviert auch den Kostenstellenleiter. Idealerweise stellen die Planwerte eine Herausforderung dar, d.h., sie sollen mit Anstrengung erreichbar sein.

Beispiel zur Kostenplanung
Es sollen für eine Fertigungskostenstelle die Kosten für eine geplante Beschäftigung von 100 Stunden ermittelt werden. Für die dort betriebene Maschine und die daran eingesetzten Mitarbeiter werden bei dieser Beschäftigung folgende Kosten erwartet:

Kosten	Variable Kosten	Fixe Kosten	Summe
Fertigungslöhne	3.200 €		3.200 €
Gehälter		1.000 €	1.000 €
Energiekosten	800 €		800 €
Platzkosten (Flächenkosten)		300 €	300 €
Abschreibung		500 €	
	4.000 €	1.800 €	5.800 €

Die Plankosten belaufen sich für die geplante Beschäftigung von 100 Stunden somit auf 5.800 €. Entsprechend können die Maschinenstunden mit einem Plankostenverrechnungssatz von 58 €/Stunde kalkuliert werden, davon 40 € variablen Kosten.

Die ermittelten Plankosten können als **Beurteilungsmaßstab** herangezogen werden. Regelmäßige **Kontrollen** sollten bereits während der Umsetzung der Planung, das heißt während der laufenden Periode, durchgeführt werden. Diese zeigen, ob richtig geplant wurde und das Unternehmen „auf Kurs“ ist. Für derartige Soll-Ist-Vergleiche muss jedoch ermittelt werden, wie hoch die anteiligen Plankosten, die sogenannten Sollkosten, für die jeweils betrachtete Beschäftigung sind.

Beispiel zur Ermittlung von Sollkosten
Wird die obige Fertigungskostenstelle lediglich 60 Stunden beschäftigt, also nur zu 60 % beansprucht, ergeben sich folgende Sollkosten:

	Plankosten (100 %)			Sollkosten (60 %)		
	Variabel	Fix	Summe	Variabel	Fix	Summe
Fertigungslöhne	3.200 €		3.200 €	1.920 €		1.920 €
Gehälter		1.000 €	1.000 €		1.000 €	1.000 €
Energiekosten	800 €		800 €	480 €		480 €
Platzkosten		300 €	300 €		300 €	300 €
Abschreibung		500 €			500 €	
	4.000 €	1.800 €	5.800 €	2.400 €	1.800 €	4.200 €

Da die fixen Kosten unabhängig von der Beschäftigung anfallen, verändern sich nur die variablen Kosten. Bei einer Beschäftigung von (nur) 60 % sollten Kosten in Höhe von 4.200 € (= Sollkosten) anfallen.

Die Sollkosten werden dann den erfassten Istkosten gegenübergestellt. Zeigt der Soll-Ist-Vergleich (relevante) Abweichungen zwischen Soll- und Istkosten, müssen deren Ursachen ermittelt und geeignete **Gegensteuerungsmaßnahmen** ergriffen werden, um das geplante Ergebnis (noch) zu erreichen. Erst Kontrollen ermöglichen also den Kostenstellen und deren Verantwortlichen, Fehlentwicklungen bereits während einer Periode zu erkennen und zu vermeiden. Eine Kontrolle nach Abschluss einer Periode kann hingegen nur noch eine (Un-)Wirtschaftlichkeit feststellen. Für Steuerungsmaßnahmen ist es dann zu spät.

Auf die möglichen Gründe für **Abweichungen** zwischen Plan-, Soll- und Istwerten wird bei der nachfolgenden Vorstellung der Verfahren der Plankostenrechnung näher eingegangen werden.

Verrechnung der Kosten in den verschiedenen Kostenrechnungssystemen

Die vergangenheitsorientierte Istkostenrechnung verrechnet tatsächlich angefallene Kosten.

Die gegenwartsorientierte Normalkostenrechnung verrechnet die normalerweise anfallenden Kosten; hierzu glättet sie die in der Istkostenrechnung auftretenden Schwankungen.

Die zukunftsorientierte Plankostenrechnung verrechnet zukünftig anfallende Kosten; diese plant sie auf Basis technischer Daten – eine Fortschreibung von Vergangenheitswerten soll nicht erfolgen.

7.2 Starre Plankostenrechnung

Die starre Plankostenrechnung plant die zukünftigen (Plan-)Kosten einer Kostenstelle nur **für eine bestimmte Beschäftigung**. Für diese Plan-Beschäftigung (zum Beispiel gemessen in Maschinenstunden, produzierten Stücken oder Anzahl der Mitarbeiter) sind die (Plan-) Einzel- und (Plan-)Gemeinkosten zu ermitteln. Zur Kalkulation der Kostenträger werden diese Plankosten mithilfe eines **Plan-(Gemein-) Kostenverrechnungssatzes** verrechnet. Der Verrechnungssatz ergibt sich durch Division der Plankosten durch die Planbeschäftigung.

$$\text{Plankostenverrechnungssatz} = \frac{\text{Plankosten bei Planbeschäftigung}}{\text{Planbeschäftigung}}$$

Beispiel zum Plan-Gemeinkostenverrechnungssatz

Für eine Maschine wird bei einer geplanten Beschäftigung von 100 Stunden mit Plankosten von 5.800 € kalkuliert. Es errechnet sich ein Plangemeinkostenverrechnungssatz von

$$\text{Plankostenverrechnungssatz} = \frac{5.800\ €}{100\ \text{h}} = 58\ €/\text{h}$$

Einem Kostenträger, der auf dieser Maschine 4 Stunden bearbeitet wird, werden folglich Plankosten von (58 € · 4 Stunden =) 232 € zugerechnet.

Mit diesem Plankostenverrechnungssatz werden die innerbetrieblichen Leistungen verrechnet, Kostenträger kalkuliert und die kurzfristige Erfolgsrechnung durchgeführt. Spätere Beschäftigungsänderungen und dadurch verursachte Kostenveränderungen werden nicht berücksichtigt. Es wird weiterhin mit dem für die Plan-Beschäftigung ermittelten Plan-Gemeinkostenverrechnungssatz verrechnet. Sollkosten für andere Beschäftigungsgrade werden nicht ermittelt. Deshalb heißt die Variante **starre** Plankostenrechnung. Da alle Kosten für die Planbeschäftigung geplant werden und nicht zwischen fixen und variablen Kosten unterschieden wird, handelt es sich um eine **Vollkostenrechnung**.

Die Plankosten werden später den Istkosten gegenübergestellt. Durch eine derartige Kontrolle können eventuelle **Abweichungen** zwischen Plan und Ist festgestellt werden.

Beispiel zur starren Plankostenrechnung
Es wurden Plankosten von 5.800 € für eine Planbeschäftigung von 100 Stunden ermittelt. Tatsächlich lief die Maschine in der Periode nur 60 Stunden. Es fielen Istkosten von 6.200 € an. Davon sind gemäß Informationen der Einkaufsabteilung 1.400 € auf Preiserhöhungen für Einsatzfaktoren zurückzuführen.

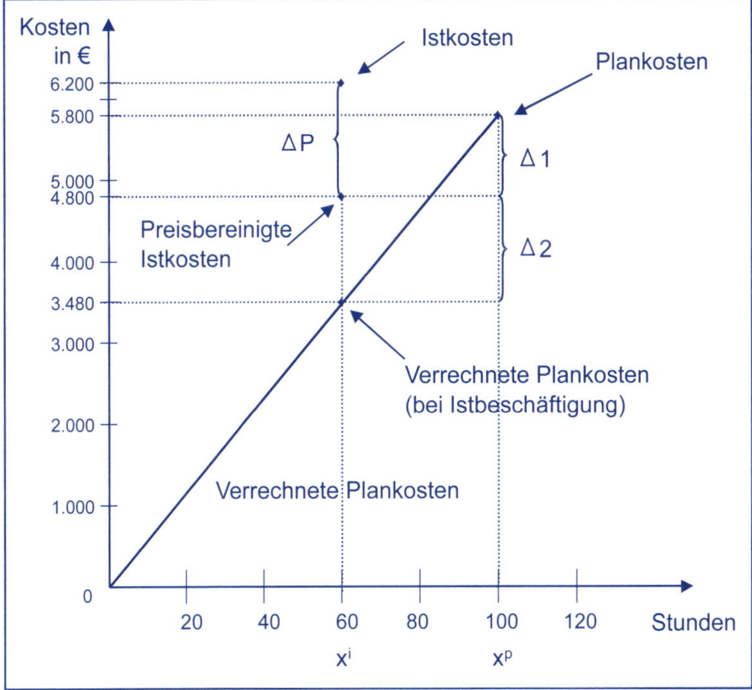

Abbildung 7.2: Starre Plankostenrechnung

Preisabweichungen (ΔP) können durch Abgleich der geplanten Preise mit den tatsächlichen Preisen ermittelt werden. Es gilt:

Istkosten bei Istbeschäftigung
– Preisveränderungen (Preisabweichungen)

= preisbereinigte Istkosten

Entscheidend für die Beurteilung der Wirtschaftlichkeit einer Kostenstelle sind die maßgeblich von dieser **beeinflussbaren Kosten**. Deshalb muss die Differenz zwischen Plankosten bei Planbeschäftigung und preisbereinigten Istkosten bei Istbeschäftigung erklärt werden können.

Beispiel zur starren Plankostenrechnung
Bei Istkosten von 6.200 € und einer Preisabweichung von 1.400 € errechnen sich preisbereinigte Istkosten von 4.800 €. Die auf Basis der Werte der Planung verrechneten Plankosten betragen für diese Beschäftigung 3.480 € (= 60 Stunden · 58 € Gemeinkostenverrechnungssatz).

Es verbleibt eine Differenz von (4.800 € – 3.480 € =) 1.320 €, die zu erklären beziehungsweise von der Produktionsabteilung zu verantworten ist.

Im System der starren Plankostenrechnung kann die verbleibende Abweichung zwar in zwei **Teilabweichungen** (Δ1 und Δ2) aufgeteilt werden, doch sind deren Ursachen nicht eindeutig ermittelbar. Sie können durch Planungsfehler, einen für die Ist-Beschäftigung falschen Plankostenverrechnungssatz (Beschäftigungsabweichung) und/oder einen ungeplanten Verzehr von Einsatzfaktoren (Verbrauchsabweichung) hervorgerufen worden sein. Ursache hierfür ist der **Plankostenverrechnungssatz**, der proportionalisierte Fixkosten enthält. Er ist folglich nur dann richtig, wenn die Planbeschäftigung auch exakt erreicht wird.

Vorteilhaft an der starren Plankostenrechnung ist, dass eine schnelle, zukunftsorientierte und kostenstellenbezogene Abrechnung und Kalkulation ermöglicht wird. Allerdings sind die Kalkulationsergebnisse aufgrund der **Proportionalisierung fixer Kosten** durch den Gemeinkostenverrechnungssatz nur für die geplante Beschäftigung brauchbar. Für die Bestimmung kurzfristiger Preisgrenzen ist sie nicht geeignet. Eine aussagekräftige Kostenkontrolle ist nur möglich, wenn die Istbeschäftigung der Planbeschäftigung entspricht. Dann können neben Preisabweichungen auch Verbrauchsabweichungen identifiziert werden. Weicht die Istbeschäftigung jedoch von der Planbeschäftigung ab, können auftretende Abweichungen zwischen Plankosten (bei Planbeschäftigung) und verrechneten Plankosten bei

Istbeschäftigung den verschiedenen Einflussfaktoren nicht eindeutig zugerechnet werden. Deswegen sollte die starre Plankostenrechnung, wenn überhaupt, nur in Kostenstellen ohne Beschäftigungsschwankungen (zum Beispiel Verwaltung) eingesetzt werden. In der Praxis wird dieses Verfahren kaum noch angewendet. Vielmehr kommen dort flexible Plankostenrechnungen zum Einsatz, eine Weiterentwicklung der starren Plankostenrechnung. Diese können die Gesamtabweichung verursachungsgerecht aufgliedern.

7.3 Flexible Plankostenrechnung auf Vollkostenbasis

Bei der flexiblen Plankostenrechnung wird ähnlich wie bei der starren Plankostenrechnung vorgegangen, das heißt, auch hier wird zunächst ein Plankostenverrechnungssatz ermittelt, der die fixen Kosten proportionalisiert. Allerdings werden nun zusätzlich die gesamten Kosten in fixe und variable Kostenbestandteile zerlegt. Die flexible Plankostenrechnung wird als **flexibel** bezeichnet, da sie so genannte **Sollkosten** als Plankosten für verschiedene Beschäftigungsgrade ermittelt. Hierzu ist eine Kostenspaltung notwendig. Die Sollkosten errechnen sich aus den (gesamten) fixen Kosten und den für die Beschäftigung geplanten variablen Kosten. In die grafische Darstellung ist entsprechend die Kurve der Sollkosten einzufügen. Diese beginnt in Höhe der fixen Kosten und steigt entsprechend der variablen (Plan-)Stückkosten an (siehe Abbildung 7.4).

Aufgrund der Trennung in fixe und variable Kosten ermöglicht die flexible Plankostenrechnung zudem eine aussagekräftige Kostenkontrolle. Im Rahmen einer **Abweichungsanalyse** werden die für die Ist-Beschäftigung ermittelten verrechneten Plankosten mit den angefallenen Istkosten abgeglichen **(Soll-Ist-Vergleich)**. Entscheidender Beurteilungsmaßstab sind die Sollkosten.

> Entspricht die **Planbeschäftigung** der Istbeschäftigung ($x^p = x^i$), dann entsprechen die Sollkosten den verrechneten Plankosten.

Im Rahmen der **einfachen flexiblen Plankostenrechnung** werden die Sollkosten nur aufgrund einer einzigen Einflussgröße bestimmt. Dieses ist in der Regel die Beschäftigung. Die **mehrfach flexible Plankostenrechnung** berücksichtigt bei der Bestimmung der Sollkosten verschiedene Einflussfaktoren wie zum Beispiel die Seriengröße, die Intensität der Fertigung und den Ausbeutegrad der verwendeten Produktionsfaktoren.

Beispiel zu Kosteneinflussgrößen
Die Benzinkosten eines Autos hängen nicht nur von der zurückgelegten Entfernung (Beschäftigung), sondern auch vom Fahrstil, der zu fahrenden Strecke (Stadtverkehr oder Landstraße; Seriengröße) und der gefahrenen Geschwindigkeit (50, 90 oder 120 km/h; Intensität) ab.

Die **Gesamtabweichung** zwischen Istkosten und verrechneten Plankosten (Plankosten bei Istbeschäftigung) kann, entsprechend der Definition von Kosten als Produkt von Menge und Wert, auf mengen- und auf wertmäßige Einflüsse zurückgeführt werden.

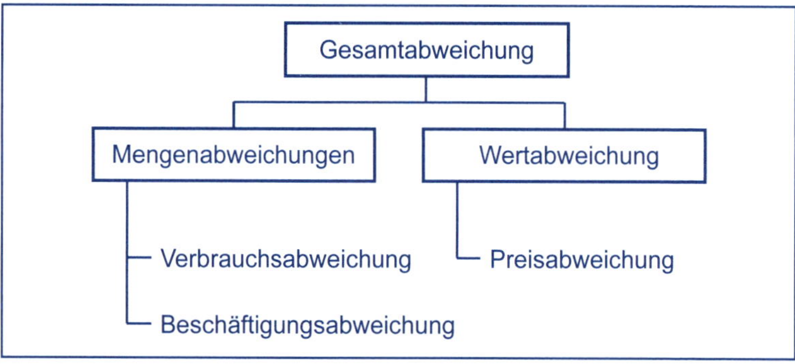

Abbildung 7.3: Abweichungsarten

Eine Abweichungsanalyse kann rechnerisch und grafisch durchgeführt werden. Abbildung 7.4 zeigt die grafische Abweichungsermittlung für das nachfolgende Beispiel. Anschließend werden die einzelnen Abweichungen und ihre rechnerische Ermittlung näher erläutert.

Beispiel zur flexiblen Plankostenrechnung
Eine Maschine verursacht fixe Gemeinkosten (z. B. für Abschreibungen, Gehälter, Platzkosten) von 1.800 € pro Periode. Die variablen Kosten werden mit 40 € je Stunde geplant. Vorgesehen war eine Beschäftigung von 100 Stunden mit Plankosten von insgesamt 5.800 €. Der Plankostenverrechnungssatz beträgt folglich 58 €/Stunde.

Bei einer tatsächlichen (Ist-)Beschäftigung von 60 Stunden fielen Istkosten von 6.200 € an. Die fixen Kosten erhöhten sich auf 2.300 €. Die variablen Kosten stiegen auf 65 € je Stunde, wobei 15 € auf Preiserhöhungen zurückzuführen sind.

Der Kostenstellenleiter soll nun erklären, wie es zu der Differenz von 2.720 € zwischen Istkosten (6.200 €) und verrechneten Plankosten (3.480 € = 60 Stück · 58 €) kommen konnte.

Preisabweichungen (ΔP) zeigen die Einflüsse von Preisveränderungen auf die Istkosten. Sie ergeben sich aus der Differenz zwischen den Istkosten auf der Basis von Istpreisen (tatsächliche Einstandspreise) und den Istkosten auf der Basis von festen Verrechnungspreisen (Planpreise).

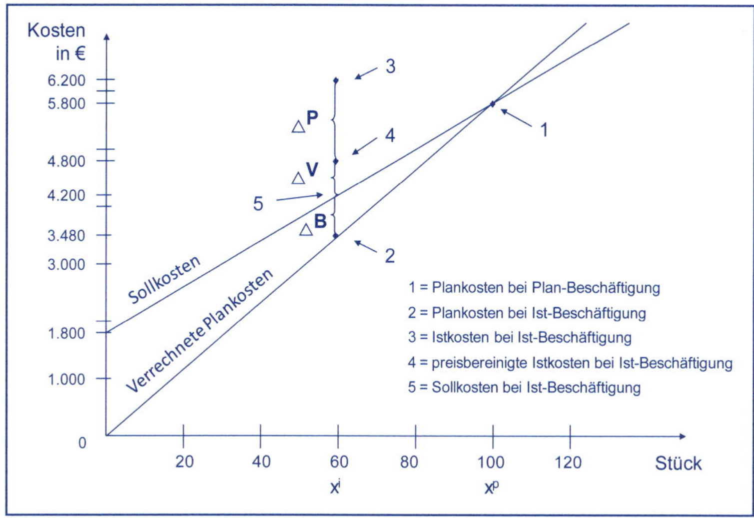

Abbildung 7.4: Flexible Plankostenrechnung auf Vollkostenbasis

	Istkosten	= fixe Istkosten zu Istpreisen + Istpreise · Istmenge
–	preisbereinigte Istkosten	= fixe Istkosten zu Planpreisen + Planpreise · Istmenge
=	Preisabweichung	

oder mithilfe von Symbolen ausgedrückt:

	$K^i(x^i)$	$= K_f^i + k_v^i \cdot x^i$
–	$K^{i*}(x^i)$	$= K_f^{i*} + k_v^{i*} \cdot x^i$
=	$\pm \Delta P$	$= \Delta K_f + \Delta k_v \cdot x^i$

Grundbegriffe der Plankostenrechnung

Planbeschäftigung x^p ist die vor Beginn der Periode erwartete (durchschnittliche) Beschäftigung.

Istbeschäftigung x^i ist die tatsächliche Beschäftigung in einer Periode.

Istkosten K^i (x^i) sind die tatsächlich eingetretenen Kosten bei Istbeschäftigung.

Preisbereinigte Istkosten K^{i*} (x^i) sind die tatsächlich eingetretenen Kosten bei Istbeschäftigung auf Basis fester Verrechnungspreise, also nach Herausrechnung eventueller Preisveränderungen.

Sollkosten K^p (x^i) sind die Kosten der Istbeschäftigung bei dem geplanten wirtschaftlichen Verhalten (also geplanter Verbrauch bewertet zu Planpreisen).

Plankosten K^p (x^p) sind die erwarteten Kosten bei Planbeschäftigung.

Verrechnete Plankosten $K^p(x^p) \cdot (x^i/x^p)$ sind die mithilfe des Plankostenverrechnungssatzes für die Ist-Beschäftigung geplanten Kosten (ohne Unterscheidung in fixe und variable Kosten).

Liegt eine **positive Preisabweichung** vor, wurde für die verbrauchte Istmenge mehr bezahlt als geplant. Gründe hierfür können Preiserhöhungen am Beschaffungsmarkt und/oder schlechtere Konditionen beim Einkauf sein. Das ist negativ für den Betrieb. Verantwortlich hierfür ist die mit dem Einkauf betraute Stelle im Betrieb. Der Leiter einer Fertigungskostenstelle ist hierfür folglich nur dann verantwortlich, wenn er auch die Einkäufe tätigt und dabei die Preise aushandelt. In größeren Unternehmen erledigt das in der Regel ein zentraler Einkauf, der auch die (erwarteten) Preise für die Planung vorgibt. Umgekehrt ist dem Einkäufer auch eine **negative Preisabweichung** zuzurechnen. Dann musste für die verbrauchte Istmenge weniger bezahlt werden als geplant, zum Beispiel aufgrund geschickter Preisverhandlungen und/oder sinkender Preise.

Beispiel zur Preisabweichung

Bei Istkosten von insgesamt 6.200 € und fixen Istgemeinkosten von 2.300 € verbleiben variable Istkosten von 3.900 €. Das entspricht bei einer Beschäftigung von 60 Stück variablen Istkosten von 65 € pro Stück. Ohne Berücksichtigung von Preiserhöhungen in Höhe von 15 € je Stunde sind variable (preisbereinigte) Istkosten von 50 € zu berücksichtigen.

	Istkosten	2.300 € + 65 € × 60 Stunden =	6.200 €
–	preisbereinigte Istkosten	1.800 € + 50 € × 60 Stunden =	4.800 €
=	Preisabweichung	500 € + 15 € × 60 Stunden =	1.400 €

Hinweis: Häufig wird in der Praxis (aber auch in Klausuren) mit festen Verrechnungspreisen gearbeitet. Preisabweichungen müssen dann nicht berücksichtigt werden.

Bedeutung der Vorzeichen von Abweichungen
positives Vorzeichen = **Unterdeckung** = Ergebnisverschlechterung
negatives Vorzeichen = **Überdeckung** = Ergebnisverbesserung

Verbrauchsabweichungen (ΔV) zeigen, wie wirtschaftlich gearbeitet wurde. Ermittelt werden Mehr- oder Minderkosten beim Verbrauch der Einsatzfaktoren (zum Beispiel Material, Arbeitszeit). Errechnet wird die Verbrauchsabweichung durch Subtraktion der Sollkosten von den preisbereinigten Istkosten.

	Preisbereinigte Istkosten	= fixe Istkosten zu Planpreisen + Planpreise · Istmenge
–	Sollkosten	= fixe Plankosten + Planpreise · Sollmenge
=	Verbrauchsabweichung	

oder mithilfe von Symbolen ausgedrückt:

	$K^{i*}(x^i)$	$= K_f^{i*} + k_v^{i*} \cdot x^i$
–	$K^p(x^i)$	$= K_f^p + k_v^p \cdot x^i$
=	$\pm \Delta V$	$= \Delta K_f + \Delta k_v \cdot x^i$

Verantwortlich für die Verbrauchsabweichung ist der Leiter der betreffenden Kostenstelle. Liegt eine positive Verbrauchsabweichung vor, wurde unwirtschaftlich gearbeitet.

Beispiel zur Verbrauchsabweichung

Hinweis: Die preisbereinigten Istkosten wurden bereits bei der Ermittlung der Preisabweichung errechnet.

	preisbereinigte Istkosten	1.800 € + 50 € · 60 Stunden =	4.800 €
–	Sollkosten	1.800 € + 40 € · 60 Stunden =	4.200 €
=	Verbrauchsabweichung	0 € + 10 € · 60 Stunden =	600 €

Ursachen für Verbrauchsabweichungen sind insbesondere bei der Wirtschaftlichkeit des Verbrauchs zu suchen (zum Beispiel wurden pro Stück 2,3 kg statt 2,1 kg einer Materialart verbraucht). Hierbei ist zu berücksichtigen, dass veränderte Fertigungsverfahren (zum Beispiel neue Maschine, neue Rezeptur) und veränderte Qualitäten zu veränderten Verbräuchen führen können. Ebenso sind Fehlplanungen denkbar (zum Beispiel war ein Verbrauch von 2,1 kg pro Stück unrealistisch).

Beschäftigungsabweichungen (ΔB) zeigen, welcher Teil der fixen Kosten nicht erwirtschaftet wurde (positive Beschäftigungsabweichung) oder zu viel erwirtschaftet wurde (negative Beschäftigungsabweichung). Die Beschäftigungsabweichung wird durch Subtraktion der verrechneten Plankosten von den Sollkosten ermittelt.

	Sollkosten	= fixe Plankosten + Planpreise · Sollmenge
–	verrechnete Plankosten bei Istbeschäftigung	= Plankostenverrechnungssatz · Istmenge
=	Beschäftigungsabweichung	

oder mithilfe von Symbolen ausgedrückt:

$$
\begin{array}{lll}
 & K^p(x^i) & = K_f^{\,p} + k_v^{\,p} \cdot x^i \\
- & K^p(x^p) \cdot \dfrac{x^i}{x^p} & = (K_f^{\,p} + k_v^{\,p} \cdot x^p) \cdot \dfrac{x^i}{x^p} \\
= & \pm \Delta B & = (K_f^{\,p} \cdot \left[1 - \dfrac{x^i}{x^p}\right]
\end{array}
$$

Beschäftigungsabweichungen entstehen, wenn die Istbeschäftigung von der Planbeschäftigung abweicht. Dann erfolgt, bedingt durch die Vorgehensweise der flexiblen Plankostenrechnung auf Vollkostenbasis, eine falsche Verrechnung der fixen Kosten. Diese werden, zusammen mit den variablen Kosten, mithilfe eines **Plankostenver-**

rechnungssatzes auf die Produktionsmenge verrechnet. Nur wenn auch die Planbeschäftigung der Istbeschäftigung entspricht, werden die proportionalisierten Fixkosten korrekt verrechnet. Dann entsteht keine Beschäftigungsabweichung. Ansonsten gilt:

Unterdeckung der fixen Kosten bei $x^i < x^p$
(es wurden zu geringe Fixkosten je Stück verrechnet)

Überdeckung der fixen Kosten bei $x^i > x^p$
(es wurden zu hohe Fixkosten je Stück verrechnet)

Folglich entsteht bei einer Istbeschäftigung von 0 eine Beschäftigungsabweichung in Höhe der fixen Kosten.

Beispiel zur Beschäftigungsabweichung

Hinweise: Die Sollkosten wurden bereits bei der Ermittlung der Verbrauchsabweichung errechnet. Der Plankostenverrechnungssatz beträgt gemäß Aufgabenstellung 58 €.

	Sollkosten	1.800 € + 40 € × 60 Stunden = 4.200 €
–	verrechnete Plankosten	60 Stunden × 58 € = 3.480 €
=	Beschäftigungsabweichung	720 €

Die Höhe der Beschäftigungsabweichung ist in der grafischen Darstellung gut sichtbar (siehe Abbildung 7.4). Je höher die Beschäftigung ist, desto geringer wird der Abstand zwischen der Kurve der Sollkosten und der Kurve der verrechneten Plankosten und damit die Höhe der ungedeckten Fixkosten (Leerkosten). Bei Überschreiten der Planbeschäftigung werden zu viele Fixkosten erwirtschaftet (Überdeckung = negative Beschäftigungsabweichung).

Verantwortlich für die Beschäftigungsabweichung sind diejenigen, die die Planbeschäftigung ermittelt haben (zum Beispiel Vertrieb oder Kostenplaner). Da der Leiter einer Fertigungskostenstelle die Beschäftigung in der Regel nicht beeinflussen kann, ist er für die Beschäftigungsabweichung (also die zu viel oder zu wenig verrechneten Fixkosten) nicht verantwortlich.

Die **Gesamtabweichung** (ΔG) ergibt sich durch Subtraktion der verrechneten Plankosten von den Istkosten.

	Istkosten	= fixe Istkosten + Istpreise · Istmenge
–	verrechnete Plankosten	= Plankostenverrechnungssatz · Istmenge
=	Gesamtabweichung	

Beispiel zur Gesamtabweichung

Hinweise: Die verrechneten Plankosten wurden bereits bei der Ermittlung der Beschäftigungsabweichung errechnet. Der Plankostenverrechnungssatz beträgt gemäß Aufgabenstellung 58 €.

	Istkosten	2.300 € + 65 € · 60 Stunden = 6.200 €
–	verrechnete Plankosten	58 € · 60 Stunden = 3.480 €
=	Gesamtabweichung	2.720 €

Ebenso kann die Gesamtabweichung durch Addition von Preis-, Verbrauchs- und Beschäftigungsabweichung ermittelt werden. Es gilt

	ΔP	Preisabweichung
+	ΔV	Verbrauchsabweichung
+	ΔB	Beschäftigungsabweichung
=	ΔG	Gesamtabweichung

Beispiel zur Gesamtabweichung

ΔG = ΔP + ΔV + ΔB = 1.400 € + 600 € + 720 € = 2.720 €

Zu berücksichtigen ist, dass sich einzelne Abweichungen (teilweise) aufheben können. Deshalb ist der Aussagewert der Gesamtabweichung gering. Es sollten stets die einzelnen Abweichungen ermittelt und interpretiert werden.

Beispiel zum Aussagewert der Gesamtabweichung
In einer Kostenstelle war die Istbeschäftigung deutlich höher als die Planbeschäftigung. Folgende Abweichungen wurden ermittelt:

Preisabweichung:	+ 6.000 €
Verbrauchsabweichung:	+ 85.000 €
Beschäftigungsabweichung:	– 90.000 €

Dadurch ergibt sich eine Gesamtabweichung von (+ 6.000 € + 85.000 € – 90.000 € =) + 1.000 €. Wird nur diese vermeintlich geringe und damit akzeptable Gesamtabweichung betrachtet, fallen die erheblichen Verbrauchs- und Beschäftigungsabweichungen nicht auf.

Im System der mehrfach flexiblen Plankostenrechnung können entsprechend der bei der Planung der Kosten berücksichtigten Einflussfaktoren weitere **Spezialabweichungen** ermittelt werden, unter anderem

- eine **Seriengrößenabweichung** durch außerplanmäßige Auftragszusammensetzungen (Kosten pro Stück sind zum Beispiel höher, da in kleineren Stückzahlen gefertigt wird und dadurch längere Rüstzeiten anfallen),
- eine **Intensitätsabweichung** durch ungünstige Maschinenintensitäten (eine Maschine arbeitet zum Beispiel nicht mit der wirtschaftlichsten Geschwindigkeit),
- eine **Ausbeutungsgradabweichung** durch unterschiedliche Qualitäten der eingesetzten Produktionsfaktoren (zum Beispiel von verarbeiteten Materialien oder unterschiedlich qualifizierten Mitarbeitern),
- eine **Verrechnungsabweichung** durch veränderte Kostenstrukturen, die (noch) nicht in der Kostenträgerstückrechnung berücksichtigt wurden.

Theoretisch kann für jeden Einflussfaktor eine Spezialabweichung ermittelt werden. Aus Praktikabilitätsgründen werden die unbedeutenderen Abweichungen jedoch zu einer so genannten Restabweichung zusammengefasst.

Nach der Ermittlung der einzelnen Abweichungen sind die jeweiligen Ursachen zu ergründen. Erst durch die Kenntnis der **Ursachen von Abweichungen** können zukünftige Unwirtschaftlichkeiten vermieden werden. Allerdings erfolgt in der Praxis aus Wirtschaftlichkeitsgründen oftmals eine Beschränkung auf die als wesentlich erachteten Abweichungen (zum Beispiel bei mehr als 10 % und/oder bei Überschreiten bestimmter Beträge).

Zusammenfassend kann festgehalten werden, dass die flexible Plankostenrechnung auf Vollkostenrechnung eine **zukunftsbezogene**

Rechnung ist. Eine Abrechnung von Kostenstellen und insbesondere eine Kalkulation von Kostenträgern ist schnell durchführbar. Ebenso können die einzelnen Kostenstellen sehr gut kontrolliert und vielfältige Ursachen für entstandene **Unwirtschaftlichkeiten aufgezeigt** werden.

Nachteile ergeben sich bei der flexiblen Plankostenrechnung auf Vollkostenbasis insbesondere durch die Einbeziehung der fixen Kosten. Der **Plankostenverrechnungssatz** ist kurzfristig nicht entscheidungsrelevant. Hierfür sind nur die variablen Plankosten bedeutsam. Weiterhin muss bedacht werden, dass bei den variablen Kosten ein proportionaler und bei den fixen Kosten ein absolut fixer Verlauf unterstellt wird. Die variablen Kosten verhalten sich jedoch nicht zwangsläufig proportional zur gewählten Bezugsgröße (zum Beispiel den Stunden). In der Praxis sind über- und unterproportionale sowie sprungfixe Kosten häufig anzutreffen. Die Problematik der fixen Kosten entfällt bei der nachfolgend vorzustellenden Grenzplankostenrechnung, einer flexiblen Plankostenrechnung auf Teilkostenbasis.

Flexible Plankostenrechnung auf Vollkostenbasis

- ist eine zukunftsbezogene Rechnung;
- ermöglicht eine schnelle Kalkulation;
- ermöglicht eine aussagekräftige Kontrolle;
- unterstellt proportionale variable Kosten;
- führt durch die Einbeziehung fixer Kosten zu einem unrealistischen Plankostenverrechnungssatz;
- ist dadurch nicht für kurzfristige Entscheidungen geeignet.

7.4 Grenzplankostenrechnung

Die Grenzplankostenrechnung ist eine **flexible Plankostenrechnung auf Teilkostenbasis**. Der Aufbau entspricht dem der flexiblen Plankostenrechnung auf Vollkostenbasis. Jedoch erfolgt eine getrennte Planung von fixen und variablen Kosten. Im Mittelpunkt stehen hierbei die variablen Kosten. Bei unterstelltem proportionalem (linearem) Kostenverlauf sind die variablen Kosten zugleich die Grenzkosten. Die fixen Kosten werden nicht auf die Kostenträger verrechnet, sondern direkt in die Betriebsergebnisrechnung übernommen.

Eine Verrechnung der fixen Kosten auf die einzelnen Kostenstellen und Kostenträger erfolgt nicht. Hierdurch entfällt deren problematische Proportionalisierung. Abgerechnet werden die fixen Kosten nur periodenweise in der kurzfristigen Erfolgsrechnung. Die **(Grenz-)**

Plankostenverrechnungssätze werden folglich nur durch die Höhe der variablen Kosten bestimmt. Sie sind bei proportionalem Kostenverlauf für jede Beschäftigung richtig. Die Festlegung einer Planbeschäftigung ist mithin nicht erforderlich.

Von den Kostenträgern soll ein (Plan-)Deckungsbeitrag erwirtschaftet werden, nicht ein willkürlich zugewiesener Fixkostenbetrag. Der **Plandeckungsbeitrag** wird durch Gegenüberstellung von Grenzkosten und Grenzerlösen errechnet.

	Planerlös je Stück
–	variable Plankosten je Stück
=	Plandeckungsbeitrag je Stück

Die Grenzplankostenrechnung ist mithin eine **kurzfristige Entscheidungsrechnung**. Anforderung an die Deckungsbeiträge ist, dass sie in der Summe mindestens die Höhe der fixen Kosten erreichen.

Auch in der Grenzplankostenrechnung wird eine **Abweichungsanalyse** zur Kontrolle der Wirtschaftlichkeit und zur Bestimmung der einzelnen Ursachen für die Abweichungen durchgeführt. Unterschiede zur Plankostenrechnung auf Vollkostenbasis ergeben sich nur durch die fehlende Verrechnung der fixen Kosten.

Beispiel zur Grenzplankostenrechnung
Für eine Maschine werden variable Kosten von 40 € je Stunde geplant. Bei einer tatsächlichen (Ist-)Beschäftigung von 60 Stunden fielen Istkosten von 3.900 € an. Das entspricht variablen Istkosten von 65 € je Stunde. (Hinweis: Die Zahlen des Beispiels entsprechen dem aus Kapitel 6.3 ohne Berücksichtigung fixer Kosten.)

Die **Gesamtabweichung** kann durch Gegenüberstellung der variablen Soll- und der variablen Istkosten errechnet werden.

Beispiel zur Gesamtabweichung

	$K_v^i\,(x^i) = k_v^i \cdot x^i$	65 € · 60 Stunden =	3.900 €
–	$K_v^p\,(x^i) = k_v^p \cdot x^i$	40 € · 60 Stunden =	2.400 €
=	$\pm\,\Delta G = \Delta k_v \cdot x^i$	25 € · 60 Stunden =	1.500 €

Es errechnet sich eine Gesamtabweichung von (65 € – 40 €) · 60 Stunden = 1.500 €.

Die Gesamtabweichung kann in eine Preisabweichung sowie eine Verbrauchsabweichung zerlegt werden. Beschäftigungsabweichungen sind nicht möglich, da diese ausschließlich durch eine fehlerhafte Verrechnung fixer Kosten entstehen.

Preisabweichungen (ΔP) ergeben sich wiederum aus der Differenz zwischen den Istkosten auf der Basis von Istpreisen (tatsächliche Einstandspreise) und den Istkosten auf der Basis von festen Verrechnungspreisen (Planpreisen). Veränderungen der fixen Kosten werden hierbei nicht berücksichtigt.

	variable Istkosten	$K_v^i\ (x^i)$	$= k_v^i \cdot x^i$
–	variable preisbereinigte Istkosten	$K_v^{i*}\ (x^i)$	$= k_v^{i*} \cdot x^i$
=	Preisabweichung	$\pm \Delta P$	$= \Delta k_v \cdot x^i$

Beispiel zur Preisabweichung

Es entstehen variable Gemeinkosten von 3.900 €. Das entspricht bei einer Beschäftigung von 60 Stunden variablen Istkosten von 65 € pro Stunde. Als preisbereinigte Istkosten werden 50 € je Stunde ermittelt.

	$K_v^i\ (x^i) = k_v^i \cdot x^i$	65 € · 60 Stunden =	3.900 €
–	$K_v^{i*}\ (x^i) = k_v^{i*} \cdot x^i$	50 € · 60 Stunden =	3.000 €
=	$\pm \Delta P = \Delta k_v \cdot x^i$	15 € · 60 Stunden =	900 €

Hinweis: Auf Vollkostenbasis wurde eine Preisabweichung von 1.400 € ermittelt. 500 € entfielen davon auf Preisveränderungen bei den fixen Kosten.

Verbrauchsabweichungen (ΔV) zeigen auch auf Teilkostenbasis, wie wirtschaftlich gearbeitet wurde. Da keine fixen Kosten berücksichtigt werden, entsprechen die Sollkosten den verrechneten Plankosten.

	variable preisbereinigte Istkosten	$K^{i*}\ (x^i)$	$= k_v^{i*} \cdot x^i$
–	variable Sollkosten	$K^p\ (x^i)$	$= k_v^p < x^i$
=	Verbrauchsabweichung	$\pm \Delta V$	$= \Delta k_v \cdot x^i$

Beispiel zur Verbrauchsabweichung

	$K_v^i\,(x^i) = k_v^i \cdot x^i$	50 € · 60 Stunden =	3.000 €
–	$K_v^{p*}\,(x^i) = k_v^{p*} \cdot x^i$	40 € · 60 Stunden =	2.400 €
=	$\pm\,\Delta P = \Delta k_v \cdot x^i$	10 € · 60 Stunden =	600 €

Zusammenfassend kann festgestellt werden, dass die Grenzplankostenrechnung eine wertvolle Entscheidungsrechnung ist. Die fixen Kosten werden nur periodenweise für die Kostenträgerzeitrechnung abgerechnet. Die fixen Kosten können gegebenenfalls im Rahmen von **Nutz- und Leerkostenanalysen** gesondert untersucht werden (siehe hierzu Kapitel 1.3.3). Langfristig können die Kosten jedoch abgebaut werden und gewinnen damit an Entscheidungsrelevanz. Deshalb werden in der Praxis Plankostenrechnungen auf Voll- und Teilkostenbasis parallel durchgeführt.

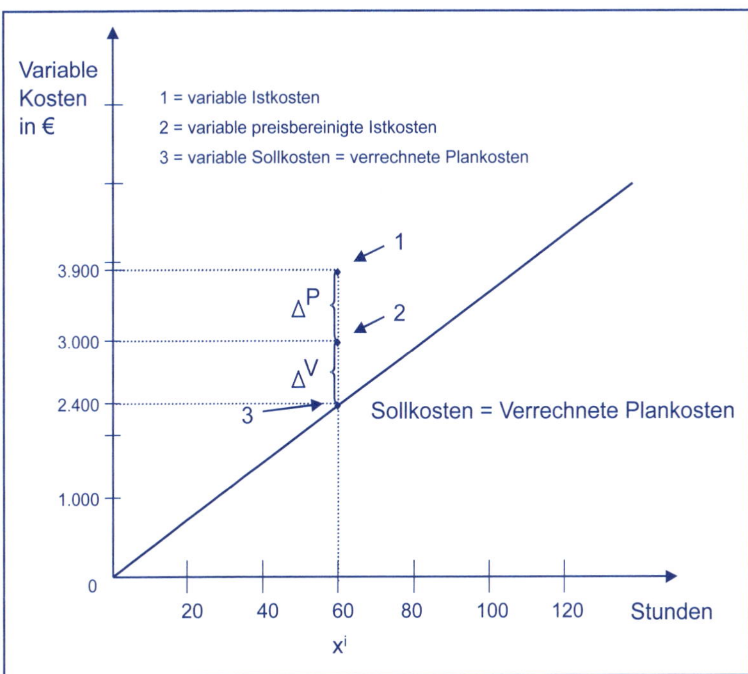

Abbildung 7.5: Grenzplankostenrechnung

Grenzplankostenrechnungen

- verbinden die Vorteile von Plankosten- und Teilkostenrechnungen;
- verrechnen nur variable Kosten;
- erfordern keine Festlegung einer Planbeschäftigung;
- rechnen fixe Kosten nur periodenweise ab;
- können durch Nutz- und Leerkostenanalysen ergänzt werden, welche die fixen Kosten gesondert analysieren.

Fragen zur Wiederholung

Kennen Sie sich aus?

- Lösen Sie die Prüfungsaufgaben 18 und 19 sowie die themenübergreifende Aufgabe 20 aus dem Kapitel 9.1 dieses Buches.
- Lösen Sie die Aufgaben 82 bis 94 aus dem Buch Übungen zur Kostenrechnung von Freidank/Fischbach/Sassen.

Kennen Sie sich aus? Können Sie die nachfolgenden Fragen beantworten?

- Warum werden Kosten in einem Unternehmen budgetiert?
- Warum sollten variable und fixe Kosten getrennt geplant werden?
- Welche Ursachen können Abweichungen haben?
- Wer ist für eine Verbrauchsabweichung verantwortlich? Wie kann auf eine festgestellte Verbrauchsabweichung reagiert werden?
- Welchen Vorteil hat eine Grenzplankostenrechnung ggü. einer flexiblen Plankostenrechnung auf Vollkostenbasis?

8 Kostenmanagement

Lernziele

- Sie kennen die Aufgaben und Ansatzpunkte des Kostenmanagements.
- Sie verstehen den Zusammenhang zwischen Kostenrechnung und Kostenmanagement.
- Sie wissen, wie die Prozesskostenrechnung die Genauigkeit der Kalkulation erhöhen soll, und kennen Ansatzpunkte des Prozesskostenmanagements.
- Sie kennen den Ansatz des Zielkostenmanagements/Target Costing.

8.1 Aufgaben und Instrumente des Kostenmanagements

Die Rahmenbedingungen der Wirtschaft haben sich im letzten Jahrhundert deutlich verändert. Das gilt auch für die Rahmenbedingungen der Kosten- und Leistungsrechnung. Früher stand die Erfassung und Verrechnung von Kosten auf Kostenträger im Vordergrund. Größere Schwierigkeiten traten dabei nicht auf, da die Gemeinkosten nur von untergeordneter Bedeutung waren. Zudem konnte auf Verkäufermärkten die Preisfestsetzung vielfach auf Basis der ermittelten Kosten erfolgen. Die Absatzpreise ergaben sich aus den Kosten zuzüglich eines Gewinnaufschlags.

Kosten-Plus-Kalkulation:
Absatzpreis = Selbstkosten + Gewinn

Insbesondere **veränderte Kostenstrukturen** sowie ein verstärkter Wettbewerb erfordern eine Weiterentwicklung der Kosten- und Leistungsrechnung. Durch eine zunehmende Automatisierung gewinnen die Gemeinkosten an Bedeutung. Diesen Trend verstärken zunehmende vorbereitende, planende, steuernde, überwachende und koordinierende Tätigkeiten im Unternehmen. Es entstehen immer mehr abteilungs- und kostenstellenübergreifende Prozesse.

Es reicht mittlerweile nicht mehr aus, die Kosten nur noch zu erfassen und zu verrechnen. Schließlich lässt sich bei stagnierenden oder gar sinkenden Erlösen der Erfolg eines Unternehmens nur durch geringere Kosten halten oder verbessern. Insofern rückte in jüngerer Zeit zunehmend die Gestaltung der Kosten in den Vordergrund. Dieser Teilaspekt der Kosten- und Leistungsrechnung wird auch als **Kostenmanagement** bezeichnet.

Ziel des Kostenmanagements ist insbesondere die Gestaltung von Kosten.

Gegenstand des Kostenmanagements sind Produkte, Prozesse und Ressourcen. Allerdings stehen beim Kostenmanagement nicht nur die Kosten und die zu identifizierenden Kostentreiber im Mittelpunkt. Vielmehr müssen auch die Leistungen berücksichtigt werden, denn es geht dabei um eine Optimierung des Kosten-Nutzen-Verhältnisses. Weiterhin will das Kostenmanagement bei allen Mitarbeitern das **Kostenbewusstsein** erhöhen.

Die grundsätzlichen **Ansatzpunkte** des Kostenmanagements sind

- das **Kostenniveau**
  Eine Senkung der Gesamtkosten und/oder der Stückkosten kann durch eine Optimierung von Mengen- und Wertkomponenten erfolgen.
- der **Kostenverlauf**
  Zur Optimierung des Kostenverlaufs sind Kostenprogressionen zu vermeiden und Kostendegressionen zu erreichen, Kostenprogressionen treten regelmäßig bei Knappheiten auf. Beispielsweise sollten überproportional steigende Personalkosten durch Zuschläge für Überstunden und/oder Wochenendarbeit vermeiden werden. Kostendegressionen können beispielsweise durch eine bessere Auslastung von Kapazitäten (Fixkostendegression) sowie durch günstigere Preise aufgrund höherer Beschaffungsmengen, etwa mittels Bündelung im Einkauf oder Einkaufsgemeinschaften erreicht werden.
- die **Kostenstruktur**
  Die Flexibilität eines Unternehmens soll durch die Senkung des Anteils der fixen Gemeinkosten an den Gesamtkosten reduziert werden. Allerdings ist in der Praxis eine eher gegenläufige Entwicklung zu beobachten. Deshalb gilt es Transparenz über die

Entstehung und Beeinflussbarkeit der Kosten zu schaffen sowie eine höhere Flexibilität zu ermöglichen.

Um die Potenziale zur Senkung beziehungsweise Optimierung der Kosten erkennen zu können, werden verschiedene Instrumente des Kostenmanagements genutzt. Abbildung 8.1 gibt einen Überblick über Instrumente des Kostenmanagements und deren primäres Einsatzfeld. Besonders wichtige Instrumente werden nachfolgend kurz vorgestellt, um die Ansatzpunkte und Maßnahmen des Kostenmanagements zu verdeutlichen.

Schaffung von Kostentransparenz • Betriebsabrechnung • Deckungsbeitragsrechnung	**Management der fixen Gemeinkosten** • Nutzkostenanalyse • Gemeinkostenwertanalyse • Null-Basis-Budgetierung
Identifikation von Kostensenkungspotenzialen • Vertragsdatenbanken • Kostenorientierte ABC-Analyse • Checklisten • Wertanalyse • (Cost-)Benchmarking	**Produktorientierte Ansätze** • Zielkostenmanagement • Erfahrungskurveneffekt • Produktlebenszykluskostenrechnung

Abbildung 8.1: Wichtige Instrumente des Kostenmanagements

Grundlegend für ein erfolgreiches Kostenmanagement ist die Schaffung von **Kostentransparenz**. Die Kosten von Kostenstellen, Prozessen und schließlich Produkten müssen richtig erfasst und verrechnet bzw. zugerechnet werden. Hierzu wird eine aussagefähige Kosten- und Leistungsrechnung benötigt. Die Erfassung und Verrechnung der Kosten erfolgt in der **Betriebsabrechnung**. Eine verursachungsgerechte Planung und Kontrolle der angefallenen Kosten, aber auch Hilfestellung bei kurzfristigen Entscheidungen ermöglichen **Deckungsbeitragsrechnungen**.

> **Kostenmanagement** erfordert eine genaue Kenntnis der Kosten und Leistungen, also eine aussagefähige Kosten- und Leistungsrechnung.

Zur Verbesserung der Wirtschaftlichkeit müssen **Kostensenkungspotenziale** identifiziert und offengelegt werden. Beispielsweise muss nicht nur erkannt werden, dass eine Lagerhalle nicht genutzt wird, sondern auch darüber informiert werden, zu welchem Termin der Mietvertrag gekündigt werden kann. Transparenz über die Abbaubarkeit fixer Kosten können beispielsweise mit Hilfe von **Vertragsdatenbanken** geschaffen werden. Kostensenkungspotenziale können weiterhin durch Analysen und Vergleiche ermittelt werden. Hierbei werden teilweise auch Instrumente eingesetzt, die aus anderen betriebswirtschaftlichen Bereichen bekannt sind.

- So können mithilfe der aus der Materialwirtschaft und dem Vertrieb bekannten **ABC-Analyse**, einer Methode zum Erkennen von Prioritäten, auch Kostensenkungspotenziale erkannt werden. Die sind erfahrungsgemäß dort am größten, wo die Kosten am höchsten sind.
- **Checklisten** sind strukturierte Zusammenstellungen von Fragen. Mit entsprechenden Checklisten zum Kostenmanagement lassen sich zum Beispiel Schwachstellen, Einsparpotenziale und ungenutzte Potenziale erkennen.
- Das **Benchmarking** ist ein systematischer, vergleichender Prozess, bei dem herausragende Praktiken und Prozesse in anderen Abteilungen (internes Benchmarking), Unternehmen (wettbewerbsorientiertes Benchmarking) oder Branchen (funktionales Benchmarking) identifiziert, verstanden und übernommen werden sollen. Ziel ist es, die eigene Leistung zu verbessern und so einen Wettbewerbsvorteil zu erlangen. Beim kostenorientierten Benchmarking (Cost-Benchmarking) stehen dabei die Kosten von Produkten und Prozessen im Vordergrund.

Im Rahmen des Gemeinkostenmanagements kommen neben der Prozesskostenrechnung (siehe Kapitel 8.2) häufig die Gemeinkostenwertanalyse und die Null-Basis-Budgetierung zum Einsatz.

- Die **Gemeinkostenwertanalyse** ist eine organisierte, schöpferische Methode mit der Aufgabe der Identifikation unnötiger Kosten und/oder der Steigerung des Werts einer Leistung. Ursprünglich fokussierte sich die **Wertanalyse auf den Materialbereich,** mittlerweile werden Produkte und Verwaltungsabläufe systematisch analysiert. Durch einen Abgleich von Soll und Ist sollen unnötige Leistungen (zum Beispiel Doppelarbeiten) erkannt werden. Weiterhin wird untersucht, ob Leistungen kostengünstiger erstellt werden können oder mehr Leistungen ohne zusätzliche Kosten erbracht werden können.
- Bei der **Null-Basis-Budgetierung** (Zero-Base-Budgeting) werden alle für ein Unternehmen benötigten Ressourcen neu geplant. Vorhandene Budgets werden also nicht einfach fortgeschrieben. Durch den Abgleich dieser Planung (Soll) mit den vorhandenen Ressourcen (Ist) lassen sich Einsparpotenziale erkennen.

Als produktorientierter Ansätze sollen schließlich, neben dem nachfolgend noch vorzustellenden Zielkostenmanagement (siehe Kapitel 8.3), der Erfahrungskurveneffekt und die die Produktlebenszykluskostenrechnung skizziert werden.

- Der **Erfahrungskurveneffekt** besagt, dass die Stückkosten mit zunehmender Beschäftigung sinken. Das kann auf statische (z. B. Fixkostendegression und Verbundeffekte) sowie dynamische Ursachen (insbesondere Lerneffekte durch Wiederholungen, Rationalisierung und technischen Fortschritt) zurückgeführt werden.
- Während bei der klassischen Kalkulation die Kosten für eine Durchschnittsperiode ermittelt werden, betrachtet die **Produktlebenszykluskostenrechnung** die während des gesamten Lebenszyklusses eines Produktes anfallenden Kosten und Leistungen beziehungsweise Auszahlungen und Einzahlungen. Neben der Marktphase werden also auch Entstehungs- und Nachsorgephase erfasst. Angesichts steigender Vorlaufkosten (zum Beispiel für Produktentwicklung und Marktforschung) und Folgekosten (zum Beispiel für Gewährleistung und Entsorgung) sowie kürzer werdender Produktlebenszyklen kann das zu einer anderen Beurteilung der Wirtschaftlichkeit führen. Ziel dieser Betrachtung ist die frühzeitige Gestaltung der Kosten sowie die Minimierung der Produktlebenszykluskosten.

Je früher ein Unternehmen sich mit der Entstehung und dem Management von Kosten auseinandersetzt, umso größer sind die Gestaltungsmöglichkeiten. Kurzfristig lässt sich das Kostenmanagement nur im Rahmen gegebener Kapazitäten und Strukturen betreiben, langfristig können diese **Kapazitäten und Strukturen** verändert werden (zum Beispiel Verkauf von Produktionsanlagen, Outsourcing). Das gilt auch für einzelne Produkte. Ein Großteil der Kosten eines Produktes wird bereits in der Entwicklungsphase festgelegt. Die Kosten fallen dann während der nachfolgenden Phasen des Produktlebenszyklusses an, können jedoch nur noch in geringem Maße beeinflusst werden.

Von besonderer Bedeutung für das Kostenmanagement sind die Prozesskostenrechnung und das Zielkostenmanagement. Diese Instrumente, die vielfältige Informationen liefern können, werden in den nachfolgenden Abschnitten vorgestellt.

8.2 Prozesskostenrechnung

Die traditionelle Zuschlagskalkulation orientiert sich bei der Verteilung der Gemeinkosten am Fertigungsbereich. Dazu werden ein oder mehrere Zuschlagssätze verwendet. Auf Grundlage der in der Fertigung erfassten Einzelkosten beziehungsweise den gesamten Herstellkosten werden die Gemeinkosten des Fertigungsbereichs sowie die Verwaltungs- und Vertriebsgemeinkosten verrechnet.

Diese Vorgehensweise kann aufgrund mittlerweile **veränderter Kostenstrukturen** problematisch sein. Durch die Zunahme planender und kontrollierender Aktivitäten steigen insbesondere die Kosten in den indirekten Leistungsbereichen (zum Beispiel Verwaltung), während die absolute Höhe der als Zuschlagsgrundlagen verwendeten Einzelkosten stagniert oder sogar sinkt (zum Beispiel Fertigungslohneinzelkosten). Hierdurch steigen die Zuschlagssätze. Insbesondere im Fertigungs- und Verwaltungsbereich sind mittlerweile sehr **hohe Zuschlagssätze** möglich. Dieses führt bei bereits geringen Erfassungsfehlern zu erheblichen Fehlern bei der Zurechnung von Gemeinkosten und damit falschen Kalkulationen.

Beispiel zum Problem hoher Zuschlagssätze

Bei einem Fertigungsgemeinkostenzuschlagssatz von 1.000% führt ein Fehler bei der Erfassung der Fertigungseinzelkosten von 1 € zu einer falschen Verrechnung von 10 € Fertigungsgemeinkosten.

Weiterhin entspricht die bei der Zuschlagskalkulation **unterstellte Proportionalität zwischen Einzel- und Gemeinkosten** nicht der Realität. Zumindest tendenziell dürften die Stückkosten mit zunehmender Produktionsmenge sinken.

Beispiel zur Mengendegression

Werden die Kosten der Einkaufsabteilung mithilfe eines Gemeinkostenzuschlagssatzes auf die Kostenträger verrechnet, so werden einem Kostenträger umso mehr Gemeinkosten (prozentual) zugerechnet, je höher dessen Einzelkosten sind.

Allerdings dürften die Gemeinkosten der Einkaufsabteilung nicht proportional zur Produktionsmenge ansteigen. Vielmehr werden für großvolumige Produkte, anders als bei kleinvolumigen Produkten, typischerweise mehr Einheiten auf einmal bestellt werden. Die Bestellkosten pro Stück müssten dann mit zunehmender Bestellmenge sinken. Die Zuschlagskalkulation bildet das aber nicht ab.

Diese Mängel sollen durch die Prozesskostenrechnung verringert werden. Die Prozesskostenrechnung verrechnet die fixen Gemeinkosten nicht mithilfe eines oder weniger Zuschlagssätze, sondern auf Basis sogenannter **Kostentreiber**. Hierzu wird zunächst der Block der Gemeinkosten näher analysiert. Dort lassen sich volumenabhängige (leistungsmengeninduzierte) sowie volumenunabhängige (leistungsmengenneutrale) Tätigkeiten identifizieren. Mithilfe einer Tätigkeitsanalyse werden für die leistungsmengeninduzierten Prozesse Kostentreiber identifiziert.

Beispiel zur Tätigkeitsanalyse
Im Rahmen einer Tätigkeitsanalyse der Einkaufsabteilung können folgende Teilprozesse und Kostentreiber identifiziert werden:

Teilprozess	Kostentreiber	von der Leistungsmenge
Angebote einholen	Anzahl der eingeholten Angebote	abhängig
Bestellungen aufgeben	Anzahl der Bestellungen	abhängig
Reklamationen bearbeiten	Anzahl der Reklamationen	abhängig
Abteilung leiten	(keine)	unabhängig

Die Kostentreiber können als Bezugsgröße zur Verrechnung der Gemeinkosten verwendet werden. Somit wird eine Verrechnung der leistungsmengenabhängigen Gemeinkosten nach Maßgabe der beanspruchten Aktivitäten auf die Kostenträger ermöglicht. Nur der Restbetrag der leistungsmengenneutralen Gemeinkosten (hier nur die Leitung der Abteilung) muss weiterhin mithilfe prozentualer Zuschlagssätze verrechnet werden.

Die Prozesskostenkalkulation ermöglicht mithin eine weitergehende, wenn auch keine vollständige Durchdringung des Blocks der fixen Gemeinkosten in den indirekten Leistungsbereichen. Für die Kalkulation ergeben sich hieraus folgende positive Effekte:

- **Allokationseffekt**: Die Gemeinkosten der indirekten Leistungsbereiche können nach Maßgabe der Inanspruchnahme betrieblicher Ressourcen genauer auf die Kostenträger verrechnet werden.
- **Komplexitätseffekt**: Die Vielschichtigkeit des Produktionsprozesses und des Variantenreichtums einzelner Kostenträger kann im Rahmen der Kalkulation berücksichtigt werden. Da komplexe Produkte mehr Prozesse auslösen, erhalten diese eine entsprechend höhere Kostenzurechnung, einfache Produkte hingegen eine entsprechend geringere.
- **Degressionseffekt**: Durch die leistungsmengeninduzierte Verrechnung von Gemeinkosten sinken die fixen Gemeinkosten pro Einheit mit steigender Stückzahl. Dies führt i. d. R. dazu, dass großvolumigen Produkten geringere Kosten pro Stück zuzurechnen sind.

Allerdings sind die möglichen Erkenntnisfortschritte mit einem erheblichen Informationsaufwand verbunden. Empfehlenswert ist die Prozesskostenrechnung vornehmlich für Unternehmen(sbereiche) mit hohen Gemeinkosten und sich häufig wiederholenden Prozessen.

8.3 Zielkostenrechnung und Zielkostenmanagement

Die in Kapitel 4 vorgestellten Verfahren der Kalkulation haben die Selbstkosten durch Addition der einzelnen Kosten ermittelt. Bei der so genannten „Kosten-Plus-Kalkulation" werden die Verkaufspreise dann unter Berücksichtigung eines erwünschten Gewinnaufschlags auf Basis der Kosten festgelegt. Bei zunehmender Wettbewerbsintensität (beispielsweise einer Entwicklung vom Verkäufer- zum Käufermarkt) sind jedoch bei der Festlegung von Preisen zunehmend die **Marktgegebenheiten zu berücksichtigen**. Gefragt werden muss, was die Kunden bereit sind, für ein bestimmtes Produkt zu zahlen.

Die **Zielkostenrechnung** (Target Costing) ist eine retrograde Kalkulation, in deren Mittelpunkt eine marktorientierte Kostenrechnung steht. Ausgehend vom am Markt erzielbaren Preis werden die Zielkosten nach dem folgenden Schema ermittelt:

	Zielpreis	= Target Price	= am Markt erzielbarer (Ziel-)Preis
–	Zielgewinnspanne	= Target Margin	= geplanter Gewinn
=	Zielkosten	= Target Cost	= vom Markt erlaubte Kosten

Abbildung 8.2: Bestimmung der Zielkosten

Da im Laufe der Erstellung eines Produktes Veränderungen sowohl bei den Stückerlösen also auch den Stückkosten, z.B. durch Erfahrungskurveneffekte, zu erwarten sind, ist der gesamte Produktlebenszyklus zu betrachten.

Anzumerken ist, dass es sich bei der Zielkostenrechnung nicht um ein vollkommen neues Kostenrechnungs- oder Kostenmanagementsystem handelt. Eine Berücksichtigung marktrelevanter Aspekte bei Preisfestsetzung und Kalkulation war bei Unternehmen mit wettbewerbsintensiven Produkten auch früher schon üblich. Ein verändertes Nachfrageverhalten und eine stärkere Kundenorientierung machen jedoch eine markt- und kundenorientierte Kalkulation immer dringlicher.

Zu einem Instrument des Kostenmanagements wird das Target Costing, wenn Informationen über die Zielkosten bereits bei der Entwicklung von Produkten berücksichtigt werden und sich das Unternehmen hierbei konsequent auf die Marktbedürfnisse ausrichtet. Diese frühzeitige Kostenorientierung ist wichtig, da bereits in der Entwicklungsphase eines Produktes bereits ein Großteil der späteren Produktkosten festgelegt wird. Hingegen sind die Einsparmöglichkeiten bei einem bereits fertig entwickelten Produkt vergleichsweise gering.

Beim **Zielkostenmanagement** wird folgendermaßen vorgegangen: Ein Vergleich der Zielkosten mit den Standardkosten (Drifting Cost), also den Kosten die sich bei Beibehaltung der aktuellen Produktionsstandards für das Produkt ergeben würden, zeigt, ob das Produkt mit der gewünschten Rendite erstellt und verkauft werden kann. Sind die Zielkosten niedriger als die Standardkosten, besteht eine **Zielkostenlücke**. Das wird auf wettbewerbsintensiven Märkten erfahrungsgemäß häufig der Fall sein. Erforderlich sind dann Maßnahmen zur Schließung der Zielkostenlücke. Ggf. besteht die Möglichkeit, das Produkt preislich höherwertiger zu positionieren, insbesondere dürften jedoch Maßnahmen zur **Senkung der Produktkosten** ergriffen werden. Hierzu werden die Zielkosten als die vom Markt erlaubten Kosten auf die einzelnen Funktionen und Komponenten des Produkts aufgespalten. Die Höhe der für einzelne Funktionen erlaubten Kosten orientiert sich dabei am Nutzen, den der Kunde diesen Funktionen beimisst.

Beispiel zum beigemessenen Nutzen
Ist für den Kunden eine Funktion sehr wichtig (zum Beispiel das Design einer Uhr), dann werden dieser Funktion höhere Kosten zugestanden als Funktionen, denen kein großer Nutzen beigemessen wird.

Der Käufer eines Produktes wird nur bereit sein, für jene Funktionen zu zahlen, die ihm den gewünschten Nutzen bietet. Die Kosten der im Produkt enthaltenen, aber nicht gewünschten Funktionen werden hingegen vom Kunden preislich nicht honoriert. Eine kostenorientierte Produktentwicklung muss sich folglich konsequent am Kundenutzen ausrichten. Dieser wird durch Marktforschung erhoben. Im Rahmen einer sogenannten Zielkostenspaltung werden dann, orientiert am Kundennutzen, die Produktkosten auf die einzelnen Komponenten und Funktionen des Produktes aufgeteilt und damit entsprechende Zielvorgaben für Kostensenkungen gemacht. Erfolgreich abgeschlossen ist der Prozess des Zielkostenmanagements, wenn die Produktkosten auf die Zielkosten gesenkt werden konnten. Lassen sich die Zielkosten hingegen nicht erreichen, wird die (Weiter-)Entwicklung des Produktes gestoppt. Hierdurch lassen sich Fehlinvestitionen rechtzeitig vermeiden.

Insgesamt ist das Target Costing ein aufwendiges Instrument, das aber bedeutsame Produktivitätssteigerungen ermöglicht. Es eignet sich insbesondere für Unternehmen mit technologisch anspruchsvolleren Produkten, und damit einem i.d.R. hohen Investitionsvolumen, die in wettbewerbsintensiven Märkten tätig sind. Durch die umfassenden Markt- und Kundenorientierung wird bereits in einer sehr frühen Phase der Produktentwicklung Transparenz über mögliche Erlöse und zulässige Kosten geschaffen. Die Orientierung am Kundennutzen vermeidet pauschale Kostenkürzungen. Vielmehr können mithilfe verschiedener Instrumente des Kostenmanagements Maßnahmen zur Verbesserung der Produktrentabilität ergriffen werden.

Fragen zur Wiederholung

Kennen Sie sich aus? Können Sie die nachfolgenden Fragen beantworten?

- Warum sinken die Stückkosten erfahrungsgemäß bei zunehmender Produktion?
- Warum können die Kosten mit der Prozesskostenrechnung genauer kalkuliert werden als mit der differenzierenden Zuschlagskalkulation? Würde Sie die Prozesskostenrechnung jedem Unternehmen empfehlen?
- Was sollte ein Unternehmen tun, wenn ein neues Produkt voraussichtlich nicht zu Zielkosten hergestellt werden kann?

9 Prüfungsaufgaben und Lösungen

Zur Vertiefung und Kontrolle des erlernten Wissens dienen die nachfolgenden Prüfungsaufgaben. Diese wurden in Klausuren zur Kosten- und Leistungsrechnung an verschiedenen Universitäten, Hochschulen und Akademien gestellt.

Empfohlen wird, die Aufgaben unter „Klausurbedingungen" zu lösen. Zur Orientierung ist für die einzelnen Aufgaben die jeweils erreichbare Punktzahl angegeben. Hierbei entspricht ein erreichbarer Punkt einer Soll-Bearbeitungszeit von einer Minute. Als Hilfsmittel ist ein (nicht programmierter) Taschenrechner zugelassen.

Die Lösungen zu den Aufgaben finden sich im anschließenden Abschnitt. Hierbei sind die erreichbaren Punkte jeweils neben den Musterlösungen angegeben. So wird eine Selbstkontrolle ermöglicht.

Zur weiteren Übung und Vertiefung des Stoffes wird das Buch *Übungen zur Kostenrechnung* von Carl-Christian Freidank, Sven Fischbach und Remmer Sassen empfohlen. Die 8. Auflage des 2020 erschienenen Übungsbuchs enthält 140 Aufgaben und 11 Übungsklausuren sowie ausführliche Lösungen zu allen Aufgaben.

9.1 Prüfungsaufgaben

Aufgabe 1: Grundbegriffe des Rechnungswesens

Ordnen Sie die folgenden Geschäftsvorfälle unter Angabe des Betrages den in der nachfolgenden Tabelle aufgeführten Möglichkeiten zu. (12 Punkte)

1. Überweisung von 20.000 € Fertigungslöhnen an Mitarbeiter.
2. Abschreibung von 4.000 € auf eine spekulative Finanzanlage.
3. Verbrauch von Fertigungsmaterial im Wert von 5.000 €.
4. Als kalkulatorischer Unternehmerlohn werden 2.000 € verrechnet.

5. Überweisung von 4.000 € an die Sparkasse zur Tilgung eines Darlehens.
6. Ein Computer wird 2.600 € unter Buchwert verkauft.
7. Überweisung einer Gewerbesteuernachzahlung über 2.730 €.
8. Durch ein Hochwasser entsteht in der Fertigungshalle ein Schaden von 6.700 €.
9. Die Kfz-Werkstatt stellt 230 € für die Inspektion eines Firmenwagens sowie 770 € für das Ausbeulen und Lackieren einer Delle in dessen Karosserie in Rechnung.
10. Ein Mitarbeiter überweist für ein ihm gewährtes Mitarbeiterdarlehen 500 € (350 € Tilgung und 150 € Zinsen).
11. Das Unternehmen spendet 1.000 € an den Förderverein der Hochschule Mainz.
12. Es werden Rohstoffe im Wert von 7.200 € beschafft.

Fall	Grundkosten	Zusatzkosten	Neutraler Aufwand	Neutraler Ertrag	keiner dieser Fälle
1					
2					
3					
4					
5					
6					
7					
8					
9					
10					
11					
12					

Aufgabe 2: Kostentheorie

Was sind Grenzkosten? Wann entsprechen diese den variablen Kosten? (4 Punkte)

Aufgabe 3: Abschreibungen

Die Anschaffungskosten einer zu Anfang des Jahres 01 erworbenen Maschine betragen 36.000 €. Laut AfA-Tabelle ist die Maschine bilanziell über sechs Jahre abzuschreiben. Das Unternehmen rechnet aber mit einer fünfjährigen Nutzungsdauer. Ein Schrottwert wird nicht zu realisieren sein. Wiederbeschaffungskosten werden in Höhe der Anschaffungskosten erwartet.

(a) Ermitteln Sie die bilanziellen und die kalkulatorischen Abschreibungen des Unternehmens und stellen Sie diese in einer Tabelle gegenüber. Gewählt wird jeweils die lineare Abschreibung. (10 Punkte)
(b) Erörtern Sie die betriebswirtschaftliche Notwendigkeit von Abschreibungen und zeigen Sie mögliche Unterschiede zwischen bilanziellen und kalkulatorischen Abschreibungen auf. (8 Punkte)
(c) Erläutern Sie mögliche Auswirkungen für die bilanzielle und die kalkulatorische Abschreibung, wenn (8 Punkte)
    (1) der Wiederbeschaffungswert der Maschine jährlich um 15 % steigt.
    (2) sich durch die Einführung einer Energiesteuer die Betriebskosten der Maschine verdoppeln.
    (3) nach dem dritten Nutzungsjahr festgestellt wird, dass insgesamt eine achtjährige Nutzungsdauer zu erwarten ist.
    (4) nach dem zweiten Nutzungsjahr festgestellt wird, dass insgesamt eine vierjährige Nutzungsdauer zu erwarten ist.

Aufgabe 4: Stundensatzkalkulation

Ein Unternehmen benötigt für seinen Produktionsprozess bestimmte Teile, die wiederum in die verschiedenen Endprodukte eingebaut werden. Diese Teile könnten von einem externen Anbieter fremdbezogen werden. Hierfür liegt ein Angebot über 8 € je Stück vor. Die Liefermenge ist flexibel, weitere Kosten entstehen nicht. Alternativ könnte das Unternehmen die Teile auf einer hierfür zu beschaffenden Maschine selbst herstellen. Es liegen hierzu folgende Informationen vor:

Anschaffungskosten der Maschine: 60.000 €
Nutzungsdauer: 6 Jahre laut Afa-Tabelle / 8 Jahre laut Prognose des Fertigungsleiters
Abschreibungsart: linear
Zu erwartender Restwert am Ende der Nutzungsdauer: 4.000 €
Wiederbeschaffungswert am Ende der Nutzungsdauer: 80.000 €
Kalkulatorischer Zinssatz: 7,5 % p. a.
Platzkosten bei Eigenfertigung: 200 € je Monat
Servicepauschale: 3.700 € pro Jahr
Variable Kosten je Stück: 5,00 €.

Der Geschäftsführer des Unternehmens ist unschlüssig, welche Alternative zu wählen ist. Er bittet Sie um Unterstützung bei seiner Entscheidung.

(a) Erwartet wird ein durchschnittlicher jährlicher Bedarf von 5.000 Teilen. Würden Sie die Teile fremdbeziehen oder in eine eigene Maschine zur Fertigung investieren? Begründen Sie Ihre Antwort. (9 Punkte)

(b) Würde sich Ihre Empfehlung ändern, wenn der jährliche Bedarf bei dauerhaft 6.000 Teilen läge? Begründen Sie Ihre Antwort. (3 Punkte)

Aufgabe 5: Innerbetriebliche Leistungsverrechnung

Es sind in einem Unternehmen folgende Kosten und innerbetriebliche Leistungsbeziehungen bekannt:

	VorKSt A	**VorKSt B**	**EndKSt 1**	**EndKSt 2**
Primäre Kosten	40.800 €	55.200 €	112.600 €	211.400 €

Empfangende KSt / Abgebende KSt	**VorKSt A**	**VorKSt B**	**EndKSt 1**	**EndKSt 2**
VorKSt A	100	400	1.100	500
VorKSt B	200	200	1.400	2.400

(a) Ermitteln Sie die innerbetrieblichen Verrechnungspreise mithilfe des Gleichungsverfahrens. (10 Punkte)

(b) Würden bei Verwendung anderer Verfahren der innerbetrieblichen Leistungsverrechnung die gleichen Verrechnungssätze ermittelt werden? Begründen Sie Ihre Antwort. (6 Punkte. Eine Berechnung ist nicht erforderlich.)

Aufgabe 6: Zweistufige Divisionskalkulation

Von der Press-Ton GmbH wurden in der vergangenen Periode 12.000 Datenspeicher hergestellt, die zu 80 % abgesetzt werden konnten. Es fielen Materialkosten in Höhe von 4.200 € an. Die Rohlinge werden zuerst auf Maschine A geprägt, dann auf der Maschine B bedruckt. Die Kostenstellenrechnung weist für Maschine A 6.000 € und für Maschine B 15.000 € an Gemeinkosten aus. Weiterhin wurden noch 11.520 € Verwaltungs- und Vertriebsgemeinkosten erfasst. Alle Zwischen- und Fertigwarenlager sind zu Beginn der Periode leer.

Ermitteln Sie die Herstellkosten und die Selbstkosten pro Datenspeicher. (6 Punkte)

Aufgabe 7: Mehrstufige Divisionskalkulation

In der nächsten Periode wurden bei der Press-Ton GmbH (siehe vorherige Aufgabe) wiederum 12.000 Datenspeicher produziert. Während die Materialkosten und die Gemeinkosten der Maschine A unverändert blieben, belaufen sich die Gemeinkosten der Maschine B nun auf 16.000 €. Die Verwaltungs- und Vertriebsgemeinkosten stiegen auf 15.080 €.

Eine Inventur am Ende der Periode ergibt folgende Lagerbestände:

Materiallager	0 kg
Lager nach Maschine A	2.000 Stück
Lager nach Maschine B	800 Stück

Demnach wich die Absatzmenge von der Vorperiode (siehe Aufgabe 6) ab. Ermitteln Sie die Herstellkosten und die Selbstkosten pro Datenspeicher. Bewerten Sie weiterhin die Lagerbestände. Berücksichtigen Sie dabei die aus der vorherigen Aufgabe stammenden Lageranfangsbestände. Verbrauchsreihenfolge soll Fifo (First in first out) sein. (9 Punkte)

Aufgabe 8: Äquivalenzziffernkalkulation

Eine Molkerei stellt in einem Werk drei verschiedene Sorten Köse her, die jeweils geschnitten in haushaltsgerechte Portionspackungen an den Lebensmitteleinzelhandel abgegeben werden. Hierfür entstehen in einer Periode Gesamtkosten in Höhe von 102.000 €. Der Produktionsleiter hat nachfolgende Aufstellung erstellt, aus der Sie die Äquivalenzziffern und die erzeugten Stückzahlen entnehmen können:

Sorte	Mengeneinheiten	Äquivalenzziffer
1	190.000 Stück	1,0
2	150.000 Stück	1,2
3	100.000 Stück	1,4

(a) Wie hoch sind die Selbstkosten je Mengeneinheit (Stück) der verschiedenen Sorten? (8 Punkte)

(b) Sie werden gefragt, ob die Kalkulation nicht auch mittels Zuschlagskalkulation durchgeführt werden könnte. Was meinen Sie? (4 Punkte)

Aufgabe 9: Zuschlagskalkulation

Ein Unternehmen plant für die nächste Periode mit folgenden Zuschlagssätzen:

15 % Materialgemeinkostenzuschlagssatz

90 % Fertigungsgemeinkostenzuschlagssatz

40 % Verwaltungs- und Vertriebsgemeinkostenzuschlagssatz.

(a) Erläutern Sie, warum und wie das Unternehmen die oben genannten Gemeinkostenzuschlagssätze ermittelt haben dürfte. Sollte jedes Unternehmen Zuschlagssätze ermitteln? (9 Punkte)
(b) Welche Konsequenzen würde es haben, wenn der Fertigungsgemeinkostenzuschlagssatz am Ende der Periode im Ist höher wäre als geplant? (3 Punkte)
(c) Ermitteln Sie nach dem Schema der differenzierenden Zuschlagskalkulation die Herstell- und die Selbstkosten für einen Kostenträger, der in der nächsten Periode verkauft werden soll. Dem Kostenträger können 20 € Materialeinzelkosten sowie 80 € Fertigungseinzelkosten direkt zugerechnet werden. (7 Punkte)
(d) Würde man mit einer summarischen Zuschlagskalkulation auf die gleichen Ergebnisse kommen? Begründen Sie Ihre Antwort. Eine Berechnung ist nicht erforderlich. (3 Punkte)

Aufgabe 10: Zuschlagskalkulation

Ermitteln Sie nach dem Schema der differenzierenden Zuschlagskalkulation die Selbstkosten und den Netto-Angebotspreis (ohne Umsatzsteuer) für einen Kostenträger mit 100 € Materialeinzelkosten und 175 € Fertigungseinzelkosten. Benutzen Sie dazu die folgenden Zuschlagssätze

- 25 % Materialgemeinkosten,
- 80 % Fertigungsgemeinkosten,
- 20 % Verwaltungs- und Vertriebsgemeinkosten.

Weiterhin soll mit einem Gewinnzuschlag von 50 % gerechnet werden. Zu berücksichtigen ist auch, dass auf den Netto-Angebotspreis durchschnittlich 10 % Rabatt gewährt werden. (10 Punkte)

Aufgabe 11: Zuschlagssätze und Zuschlagskalkulation

Aus der Kostenarten- und Kostenstellenrechnung eines Maschinenbauunternehmens stehen nachfolgende Angaben zur Verfügung.

	Material	Fertigung		Verwaltung und Vertrieb
		A	B	
Einzelkosten	287.400 €	42.620 €	134.910 €	0 €
Gemeinkosten	86.220 €	34.096 €	188.874 €	154.824 €

(a) Ermitteln Sie die Zuschlagssätze für das Unternehmen. (10 Punkte)

(b) Für die Produktion einer Spezialmaschine fallen neben 1.900 € Materialeinzelkosten Lohneinzelkosten in den Fertigungshauptkostenstellen A (540 €) und B (570 €) an. Ermitteln Sie nach der differenzierenden Zuschlagskalkulation die Selbstkosten dieses Auftrags. (7 Punkte)

Aufgabe 12: Kurzfristige Erfolgsrechnung

Die Firma Gartenfreund stellt unter anderem Rasenmäher, Heckenscheren und Gartenmöbel her. Für den Unternehmensbereich 4712 (Rasenmäher) sind für das vergangene Quartal folgende Angaben bekannt:

Produktion im Quartal	300 Stück
Anfangsbestand des Lagers	0 Stück
Endbestand des Lagers	20 Stück
Verkaufspreis	150 €/Stück
variable Herstellkosten	50 €/Stück
fixe Herstellkosten der Periode	21.000 €

(a) Ermitteln Sie unter Anwendung des Umsatzkostenverfahrens auf Teilkostenbasis den Periodenerfolg dieses Unternehmensbereichs. (6 Punkte)

(b) Erläutern Sie (nur verbal) mögliche Unterschiede, die sich ergeben, wenn die Erfolgsermittlung vorgenommen wird
  (1) mit dem Gesamtkostenverfahren auf Teilkostenbasis, (3 Punkte)
  (2) mit dem Gesamtkostenverfahren auf Vollkostenbasis, (3 Punkte)
  (3) mit dem Umsatzkostenverfahren auf Vollkostenbasis. (3 Punkte)

(c) Angeregt wird, die Bewertung des Lagerbestands der Firma Gartenfreund auf Vollkostenbasis vorzunehmen. Erörtern Sie diesen Vorschlag. (5 Punkte)

Aufgabe 13: Deckungsbeitragsrechnung

Sie sind verantwortlich für eine Kostenstelle, die Kaffeemaschinen herstellt. Ihr Vorgesetzter möchte mit Ihnen über die aktuelle Deckungsbeitragsrechnung sprechen. Leider hat es beim Ausdruck der Ergebnisrechnung Probleme gegeben und nicht alle Angaben und Zahlen sind lesbar.

	Wake-Up	Coffee-flash	Summe
Umsatzerlös (je Stück)	30,00 €	100,00 €	
– variable Kosten (je Stück)	20,00 €	40,00 €	
= Deckungsbeitrag je Stück (Rohertrag)			
Absatzmenge	10.000 Stück		
Umsatz (netto)		200.000 €	500.000 €
– variable Kosten			
= Deckungsbeitrag I	100.000 €	120.000 €	
fixe Kosten des Artikels	20.000 €	30.000 €	
fixe Kosten der Kostenstelle			120.000 €
Umlage zentrale Dienste			45.000 €
= Ergebnis der Kostenstelle			

(a) Zur Vorbereitung für das Gespräch mit Ihrem Vorgesetzen müssen Sie diesen Fehler wieder ausmerzen. Vervollständigen Sie auch die anderen fehlenden Angaben in der obigen Tabelle. (10 Punkte)

(b) Wie ist die Lage der Kostenstelle zu interpretieren? Mit welchen Maßnahmen könnte das Ergebnis verbessert werden? Nennen Sie hierzu auch konkrete Beispiele. (12 Punkte)

Aufgabe 14: Gewinnschwelle

Ein Unternehmen plant für die nächste Periode mit folgenden Angaben:

Erlöse	75 € je Stück
fixe Herstellkosten	180.000 €
variable Herstellkosten	20 € je Stück
fixe Verwaltungs- und Vertriebskosten	60.000 €
variable Vertriebskosten	5 € je Stück

(a) Wann wird die Gewinnschwelle erreicht? (4 Punkte)

(b) Bei welcher Absatzmenge wird ein Gewinn von 20.000 € erzielt? (3 Punkte)

Aufgabe 15: Gewinnschwelle und Preisuntergrenze

Eine Firma aus dem sächsischen Vogtland stellt Maschendrahtzaun her. Dieser wird für 2,80 € je Meter verkauft. Für die nächste Periode wird mit folgenden Kosten gerechnet:

variable Herstellkosten	0,30 € je Meter
fixe Herstellkosten	12.000 €
variable Vertriebskosten	0,10 € je Meter
fixe Verwaltungskosten	4.000 €
fixe Vertriebskosten	9.000 €

(a) Wie lautet die Kostenfunktion für diesen Betrieb? (4 Punkte)

(b) Welche Absatzmenge ist notwendig, wenn ein Mindestgewinn von 5.000 € pro Periode angestrebt wird? (5 Punkte)

(c) Es liegt eine Anfrage des Gemüsegärtnerverbandes Auerbach vor, der – zur Verbesserung der Knallerbsenzucht – einmalig 800 Meter Maschendrahtzaun abnehmen möchte. Die Produktion weist ausreichende Kapazitäten auf. Ermitteln Sie für diesen Zusatzauftrag die Preisuntergrenze pro Meter. Begründen Sie Ihre Antwort. (4 Punkte)

(d) Welche kurzfristige Preisuntergrenze legen Sie für den Zusatzauftrag fest, wenn die Kapazität lediglich zur Produktion von weiteren 400 Metern ausreicht, der Kunde aber unbedingt 800 Meter abnehmen möchte? (7 Punkte)

Aufgabe 16: Erfolgsermittlung und Gewinnschwelle

Eine Bildungseinrichtung für Führungsnachwuchskräfte misst ihre Beschäftigung in Seminartagen (ST). Bei Vollauslastung (50 Wochen im Jahr, täglich von Montag bis Freitag 60 anwesende Seminarteilnehmer) sind jährlich 15.000 Seminartage möglich. Pro Teilnehmer werden durchschnittlich 270 Euro pro Tag erlöst. Die fixen Kosten der Einrichtung belaufen sich auf 1.157.500 Euro pro Jahr. Pro Teilnehmer fallen weiterhin durchschnittliche variable Kosten von 145 Euro pro Tag an. Ausgehend von dieser Ausgangslage sind die nachfolgenden Fragestellungen zu untersuchen:

(a) Im vergangenen Jahr lag die Kapazitätsauslastung bei 62 %. Ermitteln und würdigen Sie das Betriebsergebnis für das vergangene Jahr. (6 Punkte)
(b) Bei wie viel Seminartagen Auslastung erreicht das Unternehmen die Gewinnschwelle? Und wann erwirtschaftet das Unternehmen eine Umsatzrendite von 12 %, also 12 € Gewinn je 100 € Umsatz? (6 Punkte)
(c) Diskutieren Sie Ansatzpunkte zur Verbesserung der Gewinnschwelle. Nennen Sie jeweils (konkrete) Beispiele für mögliche Maßnahmen der Bildungseinrichtung. (7 Punkte)

Aufgabe 17: Gewinnoptimales Produktionsprogramm

Für die Fertigung von drei verschiedenen Produkten steht in einem Unternehmen eine Maschine mit einer voraussichtlichen Kapazität von 1.000 Stunden zur Verfügung. Die Fixkosten können in diesem Zeitabschnitt nicht verändert werden.

	Produkte		
	Alpha	**Beta**	**Gamma**
maximale Plan-Absatzmenge in Stück	900	1.600	2.000
Plan-Nettoverkaufspreis je Stück	22 €	39 €	29 €
variable Plankosten je Stück	24 €	21 €	17 €
planmäßige Maschinenbeanspruchung (h/Stück)	0,1 h	0,5 h	0,2 h

(a) Ermitteln Sie unter Berücksichtigung der gegebenen Informationen das gewinnoptimale Produktionsprogramm. (12 Punkte)
(b) Durch eine Optimierungsmaßnahme erhöht sich die Periodenkapazität um 30 %. Welche Auswirkungen hat das auf das Produktionsprogramm? (5 Punkte)
(c) Ein Kunde möchte einmalig 1.500 Stück des Produkts Gamma abnehmen. Ermitteln Sie die Preisuntergrenze für diesen Zusatzauftrag. Die Kapazität beträgt 1.300 Stunden. (6 Punkte)

Aufgabe 18: Plankostenrechnung

Benennen Sie die in der folgenden Abbildung durch Ziffern gekennzeichneten Größen mit den in der flexiblen Plankostenrechnung üblichen Bezeichnungen. (7 Punkte)

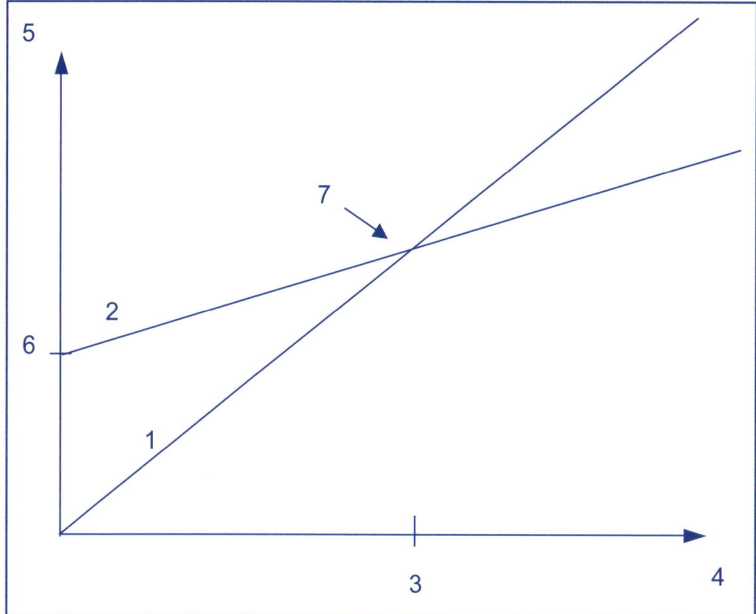

Aufgabe 19: Plankostenrechnung

Für die Fertigungshauptstelle eines Industriebetriebes, der mit einer flexiblen Plankostenrechnung auf Vollkostenbasis arbeitet, wurden für eine Planbeschäftigung von 500 Stück Plankosten von 100.000 € ermittelt, die zu 60 % fixen Charakter tragen. Bei einer Beschäftigung von 600 Stück und unveränderten Fixkosten ergaben sich (preisbereinigte) Istkosten in Höhe von 117.600 €.

(a) Errechnen Sie (8 Punkte)
  (1) die Verbrauchsabweichung,
  (2) die Beschäftigungsabweichung,
  (3) die Gesamtabweichung.

(b) Interpretieren Sie die von Ihnen ermittelten Abweichungen. (9 Punkte)

Aufgabe 20: Fragen zur Kostenrechnung

Welche der folgenden Aussagen sind richtig, welche sind falsch? Kreuzen Sie die jeweils richtige Lösung an. (8 Punkte. Falsche Kreuze führen zum Punktabzug innerhalb der Aufgabe.)

	richtig	falsch
Grundkosten und Zweckaufwand sind stets identisch.		
Betriebsstoffe gehen als Nebenbestandteil in ein Produkt ein.		
Skontrationsmethode und Inventurmethode ermitteln immer den gleichen Materialverbrauch.		
Versicherte Wagnisse werden in der Kosten- und Leistungsrechnung als so genannte Dienstleistungskosten verrechnet.		
Bei sinkendem Lagerbestand ist das kalkulatorische Ergebnis einer kurzfristigen Erfolgsrechnung auf Vollkostenbasis höher als das Ergebnis auf Teilkostenbasis.		
Bei Durchführung einer einstufigen Divisionskalkulation ist eine Kostenstellenrechnung nicht unbedingt notwendig.		
Die Verbrauchsabweichung ist grundsätzlich vom Leiter der Kostenstelle zu verantworten.		
Bei Sortenfertigung ist die Prozesskostenrechnung das am besten geeignete Kalkulationsverfahren.		

9.2 Lösungen zu den Prüfungsaufgaben

Lösung 1: Grundbegriffe des Rechnungswesens

Fall	Grundkosten	Zusatzkosten	Neutraler Aufwand	Neutraler Ertrag	keiner dieser Fälle
1	20.000 €				
2			4.000 €		
3	5.000 €				
4		2.000 €			

Fall	Grundkosten	Zusatz-kosten	Neutraler Aufwand	Neutraler Ertrag	keiner dieser Fälle
5					4.000 €
6			2.600 €		
7			2.730 €		
8			6.700 €		
9	230 €		770 €		
10				150 €	350 €
11			1.000 €		
12					7.200 €

(Bewertung: je richtige Zeile 1 Punkt, insgesamt also 12 Punkte)

Lösung 2: Kostentheorie

Die Grenzkosten geben an, um welchen Betrag die Kosten steigen (beziehungsweise fallen), wenn die Leistungsmenge sich um eine Einheit verändert. Bei proportionalem Kostenverlauf entsprechen die Grenzkosten stets den variablen Kosten.

(Bewertung: je richtige Aussage 2 Punkte, insgesamt also 4 Punkte)

Lösung 3: Abschreibungen

(a) (10 Punkte)

Bilanziell sind die Anschaffungskosten über die in der AfA-Tabelle vorgegebene Nutzungsdauer abzuschreiben.

$$\text{bilanzielle Abschreibungsrate} = \frac{36.000\ €}{6\ \text{Jahre}} = 6.000\ €\ \text{pro Jahr}$$

In der Kostenrechnung sind die Wiederbeschaffungskosten (entsprechen hier den Anschaffungskosten) über die wirtschaftliche Nutzungsdauer abzuschreiben.

$$\text{kalkulatorische Abschreibungsrate} = \frac{36.000\ €}{5\ \text{Jahre}} = 7.200\ €\ \text{pro Jahr}$$

Es ergeben sich folgende Abschreibungspläne:

Jahr	bilanzielle Abschreibung	bilanzieller Restbuchwert	kalkulatorische Abschreibung	kalkulatorischer Restbuchwert
01	6.000 €	30.000 €	7.200 €	28.800 €
02	6.000 €	24.000 €	7.200 €	21.600 €
03	6.000 €	18.000 €	7.200 €	14.400 €
04	6.000 €	12.000 €	7.200 €	7.200 €
05	6.000 €	6.000 €	7.200 €	0 €
06	6.000 €	0 €		

(Bewertungshinweis: richtige Abschreibungsbeträge je 3 Punkte, Abschreibungsplan 4 Punkte, insgesamt also 10 Punkte)

(b) (8 Punkte)

Durch Abschreibungen soll der Werteverzehr abnutzbarer Vermögensgegenstände berücksichtigt werden. Zu den Unterschieden zwischen bilanzieller und kalkulatorischer Abschreibung siehe Abbildung 2.7.

(c) (8 Punkte)

Fall	bilanzielle Abschreibung	kalkulatorische Abschreibung
(1)	keine Auswirkungen, da auf die Anschaffungskosten abgeschrieben wird	der abzuschreibende Betrag erhöht sich entsprechend, da auf den Wiederbeschaffungswert abgeschrieben wird
(2)	keine Auswirkungen (betrifft laufenden Betriebsaufwand)	keine Auswirkungen (betrifft laufende Betriebskosten)
(3)	keine Auswirkung, da AfA-Tabelle ausschlaggebend ist (außergewöhnliche Abschreibung in Höhe des Restbuchwertes am Ende der Nutzungsdauer)	ab dem vierten Nutzungsjahr wird die (geringere) Abschreibungsrate gebucht, die bei Kenntnis der tatsächlichen Nutzungsdauer von Anfang an gebucht worden wäre (4.500 €)
(4)	keine Auswirkung, da AfA-Tabelle ausschlaggebend ist	ab dem dritten Nutzungsjahr wird die (höhere) Abschreibungsrate gebucht, die bei Kenntnis der tatsächlichen Nutzungsdauer von Anfang an gebucht worden wäre (9.000 €)

(Bewertungshinweis: je richtiger Aussage 1 Punkt, insgesamt also 8 Punkte)

Lösung 4: Stundensatzkalkulation

(a) Bei einem durchschnittlicher jährlicher Bedarf von 5.000 Teilen ergeben sich folgende Kosten der eigenen Maschine:

kalkulatorische Abschreibung	(80.000 € – 4.000 €) / 8 Jahre =	9.500 €
Kalkulatorische Zinsen	(60.000 € + 4.000 €) / 2 · 7,5 %=	2.400 €
Platzkosten	200 € · 12 Monate =	2.400 €
Wartung		3.700 €
Fixe Kosten		18.000 €
Variable Kosten	5 € · 5.000 Stück =	25.000 €
Gesamtkosten		43.000 €

Somit kostet die Eigenfertigung eines Teils (43.000 € / 5.000 Teile =) 8,60 €.
Damit ist die Eigenfertigung teurer als der Fremdbezug zu 8,00 €.
(Bewertungshinweise: kalkulatorische Abschreibung und kalkulatorische Zinsen je 2 Punkte, variable, fixe und Gesamtkosten je 1 Punkt, Kosten je Stück 2 Punkte, insgesamt also 9 Punkte)

(b) Bei einem jährlicher Bedarf von 6.000 Teilen ergeben sich höhere variable Kosten und dadurch höhere Gesamtkosten:

Fixe Kosten		18.000 €
Variable Kosten	5 € · 6.000 Stück =	30.000 €
Gesamtkosten		48.000 €

Nun kostet die Eigenfertigung eines Teils (48.000 € / 6.000 Teile =) 8,00 €. Da auch ein Fremdbezug für 8,00 € je Teil möglich ist, ist es für das Unternehmen rechnerisch egal, ob eine Eigenfertigung oder ein Fremdbezug erfolgt. (3 Punkte)

Lösung 5: Innerbetriebliche Leistungsverrechnung

(a) (10 Punkte)

VorKSt A:

$$40.800\ € + 100 \cdot p_A + 200 \cdot p_B = 2.100 \cdot p_A$$
$$\text{oder auch: } 40.800\ € + 200 \cdot p_B = 2.000 \cdot p_A$$

VorKSt B:

$$55.200\ € + 400 \cdot p_A + 200 \cdot p_B = 4.200 \cdot p_B$$
$$\text{oder auch: } 55.200\ € + 400 \cdot p_A = 4.000 \cdot p_B$$

Wird die Gleichung für die VorKSt A durch 5 geteilt, ergibt sich:

VorKSt A:

$$8.160\ € + 40 \cdot p_B = 400 \cdot p_A$$

Jetzt können die beiden Gleichungen zusammengeführt werden und nach p_B aufgelöst werden:

$$8.160\ € + 40 \cdot p_B = 4.000 \cdot p_B - 55.200\ €$$
$$63.360\ € = 3.960 \cdot p_B$$
$$16\ € = 1 \cdot p_B$$

Durch Einsetzen in die Gleichung für die VorKSt A lässt sich p_A ermitteln:

VorKSt A:

$$40.800\ € + 200 \cdot 16\ € = 2.000 \cdot p_A$$
$$22\ € = 1 \cdot p_A$$

(b) Abweichungen zu den anderen Verfahren (6 Punkte)

Nein, die anderen Verfahren würden zu anderen Ergebnissen führen. Das Blockverfahren berücksichtigt keine Leistungsbeziehungen zwischen den Vorkostenstellen, ignoriert also sowohl die Abgabe von A an B als auch von B an A. Das Treppenverfahren berücksichtigt nur einseitige Leistungsbeziehungen, ignoriert also die Abgabe von B an A.

Lösung 6: Zweistufige Divisionskalkulation

Die Absatzmenge beträgt 12.000 Stück · 80 % = 9.600 Stück.

$$k = \frac{4.200\ € + 6.000\ € + 15.000\ €}{12.000\ \text{Stück}} + \frac{11.520\ €}{9.600\ \text{Stück}}$$
$$= 2{,}10\ € + 1{,}20\ € = 3{,}30\ €$$

Die Selbstkosten betragen 3,30 € pro Stück. Die 2.400 produzierten, aber nicht abgesetzten Datenträger werden zu Herstellkosten von 2,10 € je Stück bewertet.

(Bewertungshinweis: 4 Punkte für die richtige Formel, je 1 Punkt für die richtigen Kosten, insgesamt also 6 Punkte)

Lösung 7: Mehrstufige Divisionskalkulation

Zu berücksichtigen ist der in der Vorperiode aufgebaute Lagerbestand von 2.400 Stück sowie die in dieser Periode aufgetretenen Lagerbestandsveränderungen.

Die auf der Maschine A produzierten Stücke haben Herstellkosten von

$$hk_A = \frac{4.200\ € + 6.000\ €}{12.000\ \text{St.}} = 0{,}85\ €$$

Die auf der Maschine B produzierten Stücke beinhalten die auf der Maschine A entstandenen Herstellkosten von 0,85 € je Stück. Dazu kommen die auf der Maschine B anfallenden Herstellkosten. Damit ergeben sich Herstellkosten je Stück von

$$hk_B = 0{,}85\ € + \frac{16.000\ €}{10.000\ \text{St.}} = 2{,}45\ €$$

Abgesetzt wurden in der Periode 11.600 Erzeugnisse (2.400 Stück aus dem Lager + 9.200 Stück aus der aktuellen Produktion). In deren Selbstkosten fließen aufgrund der übernommenen Lagerbestände die Herstellkosten aus beiden Perioden ein. Dadurch ergeben sich für die abgesetzten Erzeugnisse durchschnittliche Herstellkosten von 2,38 € je Stück (kaufmännisch aufgerundet). Dazu kommen die anteiligen Verwaltungs- und Vertriebsgemeinkosten von 1,30 € je Stück. Damit ergeben sich Selbstkosten von

$$k = \frac{2.400\ \text{St.} \cdot 2{,}10\ € + 9.200\ \text{St.} \cdot 2{,}45\ € + 15.080\ €}{11.600\ \text{St.}} = 3{,}68\ €$$

Die 2.000 Stück im Lager nach Maschine A werden zu Herstellkosten von 0,85 € je Stück bewertet, also 1.700 €. Die 800 Stück im Lager nach Maschine B werden zu Herstellkosten von (0,85 € + 1,60 € =) 2,45 € je Stück bewertet, also 1.960 €. Somit wird das Lager insgesamt mit 3.660 € bewertet.

(Bewertungshinweis: richtige Formeln zur Ermittlung der Herstell- beziehungsweise Selbstkosten je 2 Punkte, richtige Rechnung je 1 Punkt, insgesamt also 9 Punkte)

Lösung 8: Äquivalenzziffernkalkulation

(a) Kalkulation der Kosten (8 Punkte):

Sorte	Mengeneinheiten	Äquivalenzziffer	Rechnungseinheiten	Kosten je Stück
1	190.000 Stück	1,0	190.000	0,20 €
2	150.000 Stück	1,2	180.000	0,24 €
3	100.000 Stück	1,4	140.000	0,28 €
Summe			510.000	

Ermittlung der Kosten einer Rechnungseinheit:

$$\frac{102.000\ €}{510.000\ \text{Rechnungseinheiten}} = 0{,}20\ €\ \text{je Rechnungseinheit}$$

(Bewertungshinweis: 2 Punkte für die Summe der Rechnungseinheiten, 3 Punkte für die richtigen Kosten je Rechnungseinheit und je 1 Punkt für die richtigen Kosten je Stück, insgesamt also 8 Punkte)

(b) Wechsel zur Zuschlagskalkulation (6 Punkte)

Bei Sortenfertigung, also auch in der Käserei, ist typischerweise die Äquivalenzziffernkalkulation das anzuwendende Kalkulationsverfahren. Das passt, wenn sich die Unterscheide zwischen den Sorten durch Äquivalenzziffern ausdrücken lassen.

Es ist aber auch möglich, und in der Praxis auch immer wieder mal anzutreffen, dass bei Sortenfertigung die summarische Zuschlagskalkulation angewendet wird. Das ist dann sinnvoll, wenn den Produkten die Einzelkosten direkt zugerechnet werden können, z. B. auf Basis von Rezepturen. Dann können die verbleibenden Gemeinkosten mithilfe eines Zuschlagssatzes den Sorten zugeschlagen werden.

Lösung 9: Zuschlagskalkulation

a) Warum? (Nutzen)
   Mithilfe der Gemeinkostenkostenzuschlagssätze können die Gemeinkosten von den Kostenstellen auf die Kostenträger verrechnet werden. Dadurch wird eine verursachungsgerechte Verrechnung der Gemeinkosten auf die Kostenträger ermöglicht. (3 Punkte)
   Wie?
   Für die Verrechnung der Gemeinkosten der Endkostenstellen wird für jede Endkostenstelle eine geeignete Zuschlagsgrundlage

gesucht. Erfahrungsgemäß weisen oftmals die entsprechenden Einzelkosten bzw. die Herstellkosten eine angemessene Korrelation zu den zu verteilenden Gemeinkosten auf. Mithilfe des zu ermittelnden Zuschlagssatzes sollen die Gemeinkosten der Endkostenstelle auf die Kostenträger verteilt werden. (3 Punkte)
Eignung für jedes Unternehmen?
Letztlich ist das abhängig vom verwendeten Kalkulationsverfahren. Notwendig sind die Zuschlagssätze für die differenzierende Zuschlagskalkulation. Bei einer einstufigen Divisionskalkulation, der Äquivalenzziffernkalkulation und der Kuppelkalkulation werden beispielsweise keine Zuschlagssätze benötigt. (3 Punkte)

b) Ist der Fertigungsgemeinkostenzuschlagssatz im Ist höher als geplant, dann wurden zu wenige Fertigungsgemeinkosten auf die Kostenträger verrechnet. Der tatsächliche Erfolg wäre somit geringer als geplant. (3 Punkte)

c) (7 Punkte)

	Materialeinzelkosten	20,00 €
+	15 % Materialgemeinkostenzuschlag	3,00 €
+	Fertigungslohneinzelkosten	80,00 €
+	90 % Fertigungsgemeinkosten	72,00 €
=	Herstellkosten	175,00 €
+	40 % Verwaltungs- und Vertriebsgemeinkostenzuschlag	70,00 €
=	Selbstkosten	245,00 €

d) Da die Gemeinkosten bei der summarischen Zuschlagskalkulation nur mit einem Zuschlagssatz verrechnet werden, würde man für die einzelnen Produkte i. d. R. andere Selbstkosten errechnen. Ignoriert wird mit dieser pauschalen Verrechnung der Gemeinkosten die heterogene Kostenstruktur der Produkte. Das führt i. d. R. zu ungenaueren Ergebnissen. Zudem lassen sich keine Herstellkosten errechnen. (3 Punkte)

Lösung 10: Zuschlagskalkulation

	Materialeinzelkosten	100,00 €
+	25 % Materialgemeinkostenzuschlag	25,00 €
+	Fertigungslohneinzelkosten	175,00 €
+	80 % Fertigungsgemeinkosten	140,00 €
=	Herstellkosten	440,00 €
+	20 % Verwaltungs- und Vertriebsgemeinkosten-zuschlag	88,00 €
=	Selbstkosten	528,00 €
+	50 % Gewinnzuschlag	264,00 €
=	kalkulierter Nettoerlös	792,00 €
+	10 % durchschnittlicher Rabatt (bezogen auf den Netto-Verkaufspreis)	88,00 €
=	Netto-Verkaufspreis	880,00 €

(Bewertungshinweis: richtige Herstellkosten 4 Punkte, richtige Selbstkosten 3 Punkte, richtiger Netto-Verkaufspreis 3 Punkte, insgesamt also 10 Punkte)

Lösung 11: Zuschlagssätze und Zuschlagskalkulation

(a) (10 Punkte)

Die Zuschlagssätze für Materialgemeinkosten sowie die Gemeinkosten der Fertigungsstellen A und B werden nach dem folgenden Schema ermittelt

$$\text{Gemeinkostenzuschlagssatz} = \frac{\text{Gemeinkosten}}{\text{Einzelkosten}} \times 100$$

Es ergeben sich folgende Zuschlagssätze:

	Material	**A**	**B**
Gemeinkosten	86.220 €	34.096 €	188.874 €
Einzelkosten	287.400 €	42.620 €	134.910 €
Zuschlagssatz	= 30%	= 80%	= 140%

Die Verwaltungs- und Vertriebsgemeinkosten werden auf Basis der Herstellkosten verrechnet. Die Herstellkosten setzen sich aus den Material- und den Fertigungskosten zusammen und betragen:

(287.400 € + 86.220 € + 42.620 € + 34.096 € + 134.910 € + 188.874 € =) 744.120 €.

$$\text{Vw\&Vt-GKZS} = \frac{154.824\text{ €}}{744.120\text{ €}} \cdot 100 = 20\ \%$$

(b) (7 Punkte)

	Materialeinzelkosten	1.900 €
+	30 % Zuschlag für Materialgemeinkosten	570 €
+	Fertigungseinzelkosten A	540 €
+	80 % Zuschlag für Fertigungsgemeinkosten A	432 €
+	Fertigungseinzelkosten B	570 €
+	140 % Zuschlag für Fertigungsgemeinkosten B	798 €
=	Herstellkosten	4.810 €
+	20 % Zuschlag für Verwaltungs- und Vertriebsgemeinkosten	962 €
=	Selbstkosten	5.772 €

Lösung 12: Kurzfristige Erfolgsrechnung

(a) Umsatzkostenverfahren auf Teilkostenbasis (6 Punkte)

	Umsatzerlöse	280 Stück · 150 € =	42.000 €
–	variable Herstellkosten	280 Stück · 50 € =	14.000 €
–	fixe Kosten der Periode		21.000 €
=	Periodenerfolg		7.000 €

(b) Erläuterung möglicher Ergebnisunterschiede

(1) Gesamtkostenverfahren auf Teilkostenbasis (3 Punkte)

Umsatzkostenverfahren und Gesamtkostenverfahren führen im gleichen Kostenrechnungssystem (Vollkostenrechnung oder Teilkostenrechnung) stets zum gleichen Ergebnis.

(2) Gesamtkostenverfahren auf Vollkostenbasis (3 Punkte)

Das Ergebnis weicht von dem in (a) ermittelten Ergebnis ab, da nach der Vollkostenrechnung eine abweichende Lagerbewertung erfolgt.

Durch eine anteilige Verrechnung der fixen Kosten auf den Lagerbestand fällt in dieser Periode das Ergebnis höher aus.

(3) Umsatzkostenverfahren auf Vollkostenbasis (3 Punkte)

Es ergibt sich das gleiche Ergebnis wie unter (b.b).

(c) Diskussion der Lagerbewertung (5 Punkte)

Bei einer Bewertung zu Vollkosten werden den auf Lager befindlichen Erzeugnissen die anteiligen Fixkosten der Produktionsperiode zugerechnet. Dadurch errechnet sich ein höherer Lagerwert als bei einer Bewertung nach Maßgabe der Teilkostenrechnung. Durch die Zurechnung anteiliger fixer Kosten werden Teile der zeitabhängigen fixen Kosten in spätere Perioden verlagert. Bei anhaltendem Lageraufbau würden hohe/höhere Ergebnisse eine positive Entwicklung vortäuschen, obwohl durch die Ansammlung nicht abgesetzter Erzeugnisse jedoch zunehmend die Gefahr der Illiquidität für das Unternehmen bestünde. Aussagekräftiger ist deshalb die Teilkostenrechnung, die die fixen Kosten in der Periode verrechnet, in der sie auch anfallen.

Lösung 13: Deckungsbeitragsrechnung

(a) Vervollständigung der Deckungsbeitragsrechnung/Ergebnisrechnung. (10 Punkte)

	Wake-up	**Coffee-flash**	**Summe**
Umsatzerlös (je Stück)	30,00 €	100,00 €	
– variable Kosten (je Stück)	20,00 €	40,00 €	
= Deckungsbeitrag je Stück (Rohertrag)	**10,00 €**	**60,00 €**	
Absatzmenge	10.000 Stück	**2.000 Stück**	**12.000 Stück**
Umsatz (netto)	**300.000 €**	200.000 €	500.000 €
– variable Kosten	**200.000 €**	**80.000 €**	**280.000 €**
= Deckungsbeitrag I	100.000 €	120.000 €	**220.000 €**
– fixe Kosten des Artikels	20.000 €	30.000 €	**50.000 €**
= **Deckungsbeitrag II**	**80.000 €**	**90.000 €**	**170.000 €**
– fixe Kosten der Kostenstelle			120.000 €
= **Deckungsbeitrag III**			**50.000 €**

	Wake-up	Coffee-flash	Summe
– Umlage zentrale Dienste			45.000 €
= Ergebnis der Kostenstelle			**5.000 €**

(b) Interpretation der Lage und Ansatzpunkte zur Verbesserung des Ergebnisses. (12 Punkte)

Die Kostenstelle erwirtschaftet zwar ein positives Ergebnis von 5.000 €. Angesichts eines Umsatzes von 500.000 € ist das jedoch für einen Hersteller von Kaffeemaschinen vergleichsweise wenig. Die Umsatzrendite beträgt nur 1 %. Auffällig ist auch, dass das in kleinvolumigere Produkt „Coffee-flash" einen höheren Deckungsbeitrag II erwirtschaftet als das großvolumige Produkt „Wake-up".

Mit welchen Maßnahmen könnte das Ergebnis verbessert werden?

- Erlöse steigern, z. B. durch Preiserhöhungen
- Ergebnis steigern durch Verlagerung der Verkäufe vom Produkt „Wake-up" auf das attraktivere Produkt „Coffee-flash"
- Reduktion der variablen Kosten, z. B. durch Einbau von Gleichteile, die aufgrund der größeren Mengen günstiger eingekauft werden können
- Reduktion der fixen Kosten, z. B. durch den Abbau von ungenutzten Kapazitäten sowie die Neuverhandlung von Verträgen
- Senkung der Umlage für die zentralen Dienste.

Lösung 14: Gewinnschwelle

(a) (4 Punkte)

$$x_0 = \frac{180.000\,€ + 6.000\,€}{75\,€ - (20\,€ + 5\,€)} = 4.800 \text{ Stück}$$

(b) (3 Punkte)

$$x_0 = \frac{240.000\,€ + 20.000\,€}{75\,€ - 25\,€} = 5.200 \text{ Stück}$$

Lösung 15: Gewinnschwelle und Preisuntergrenze

(a) (4 Punkte)

$K = K_f + k_v \cdot x$

$K = (12.000\,€ + 4.000\,€ + 9.000\,€) + (0{,}30\,€ + 0{,}10\,€) \cdot x$

$K = 25.000\,€ + 0{,}40\,€ \cdot x$

(b) (5 Punkte)

$$\frac{25.000\,€ + 5.000\,€}{2{,}80\,€ - 0{,}40\,€} = 12.500 \text{ Meter}$$

(c) (4 Punkte)

Da kein Engpass vorliegt, wird die kurzfristige Preisuntergrenze durch die Höhe der variablen Kosten bestimmt. Es sollten also mindestens 0,40 € verlangt werden.

(d) (7 Punkte)

Die Preisuntergrenze setzt sich bei Vorliegen eines Engpasses aus den variablen Kosten sowie den entstehenden Opportunitätskosten zusammen. Es gilt

$$\begin{aligned} PUG_{eng} &= k_v + k_o \\ &= 0{,}40\,€ + \frac{2{,}80\,€ + 0{,}40\,€}{2} = 1{,}60\,€ \end{aligned}$$

Es entstehen Opportunitätskosten für 400 Meter Maschendrahtzaun aus der laufenden Produktion, die aufgrund der begrenzten Kapazität bei Annahme des Zusatzauftrages nicht hergestellt werden könnten. Hierdurch entfallen Deckungsbeiträge von (400 Meter · (2,80 € – 0,40 €) = 960 €), die von den 800 Metern des Zusatzauftrages zusätzlich zu den variablen Kosten zu erwirtschaften sind. Die Opportunitätskosten je Meter des Zusatzauftrages betragen (960 € / 800 Meter =) 1,20 € je Meter.

Lösung 16: Erfolgsermittlung und Gewinnschwelle

(a) (6 Punkte)

Bei einer Kapazitätsauslastung von 62 % beträgt die Istbeschäftigung (15.000 · 62 % =) 9.300 Seminarteilnehmertage.

	Erlöse	(9.300 Tage × 270 € je Tag =)	2.511.000 €
–	variable Kosten	(9.300 Tage × 145 € je Tag =)	1.348.500 €
=	Deckungsbeitrag		1.162.500 €
–	fixe Kosten		1.157.500 €
=	Isterfolg (Gewinn)		+ 5.000 €

Angesichts eines Umsatzes von 2, 511 Mio. € kann ein Gewinn von 5.000 € nicht befriedigen. Das kann auch ein Blick auf die Umsatzrendite verdeutlichen, die weniger als (5.000 € Gewinn / 2.511.000 € Umsatz =) 0,2 % beträgt. Ein Controller würde das Ergebnis wohl lediglich als „schwarze Null" charakterisieren. Sinnvoll sind Maßnahmen zur Verbesserung der Erfolgssituation, ansonsten besteht bereits bei einem geringen Umsatzrückgang die Gefahr eines negativen Ergebnisses.

(b) (6 Punkte)

Die Gewinnschwelle wird erreicht bei einer Beschäftigung von

$$\frac{1.157.500\,€}{270-145}=\frac{1.157.500\,€}{125{,}00}=9.260 \text{ Tagen}$$

Eine Umsatzrendite von 12 % wird erreicht bei einer Beschäftigung von

$$\frac{1.157.500\,€}{270\,€-145\,€-(270\,€\cdot 0{,}12)}=\frac{1.157.500\,€}{92{,}60\,€ \text{ je Tag}}=12.500 \text{ Tagen}$$

Hinweis: Da eine gewünschte Umsatzrendite von 12 % ein variabler Gewinnanspruch ist, muss diese – wie alle variablen Größen – im Nenner der Formel berücksichtigt werden.

(c) (7 Punkte)

Ansatzpunkte ergeben sich bei allen Größen der Gewinnschwellenformel:

- Denkbar ist eine Erhöhung der Erlöse je Stück. Allerdings besteht dabei die Gefahr, dass die Nachfrage nach Seminaren zurückgeht.
- Eine Senkung der variablen Kosten ist möglich zum Beispiel durch billigeres Essen, Entfall der Gratisgetränke, weniger Tagungsunterlagen.
- Eine Senkung fixer Kosten ist möglich unter anderem durch ein günstigeres Veranstaltungsgebäude, die Untervermietung von Flächen, die Kürzung von Gehältern der Mitarbeiter.

Denkbar ist es aber auch, die vorhandene Kapazität besser auszunutzen (zum Beispiel Wochenendseminare anzubieten, mehr Teilnehmer pro Kurs zuzulassen) sowie die Kapazität zu erweitern, um eine Senkung der fixen Kosten je Stück zu erreichen.

Lösung 17: Gewinnoptimales Produktionsprogramm

(a) (12 Punkte)

	Produkte		
	Alpha	**Beta**	**Gamma**
maximale Plan-Absatzmenge in Stück	900	1.600	2.000
Plan-Nettoverkaufspreis je Stück	22 €	39 €	29 €
variable Plankosten je Stück	24 €	21 €	17 €
Deckungsbeitrag	– 2 €	18 €	12 €
planmäßige Maschinenbeanspruchung (h/Stück)		0,5 h	0,2 h
relativer DB (je Stunde)		36 €	60 €
Rangfolge		2.	1.
zugewiesene Kapazität		600 h	400 h
Produktionsmenge in Stück		1.200	2.000

Das Produkt Alpha wird nicht produziert, da dessen Deckungsbeitrag negativ ist. Trotzdem liegt noch ein Engpass vor.

Mit dem ausgewählten Produktionsprogramm wird ein Gesamtdeckungsbeitrag von (2.000 Stück von Gamma · 12 € + 1.200 Stück von Beta · 18 € =) 45.600 €.

(b) (5 Punkte)

Nach der Optimierung stehen (1.000 Stunden + 30 % =) 1.300 Stunden Fertigungszeit zur Verfügung. Dann sollte auch das Produkt Beta in Höhe der maximalen Absatzmenge produziert werden. Nicht gefertigt werden sollte das Produkt Alpha, da dieses nur einen negativen Deckungsbeitrag erwirtschaftet. Folglich bleiben (1.300 Stunden – (1.600 Stück · 0,5 h/Stück + 2.000 Stück · 0,2 h/Stück) =) 100 Stunden Fertigungskapazität ungenutzt.

(c) (6 Punkte)

Für den Zusatzauftrag werden (1.500 Stück · 0,2 h/Stück =) 300 Stunden Fertigungskapazität benötigt. 100 Stunden stehen aufgrund der Optimierung bereits zur Verfügung. Die weiteren 200 Stunden müssen zu Lasten der Produktion von Beta abgezweigt werden. Dadurch können (200 h / 0,5 h/ Stück =) 400 Stück von Beta weniger produziert werden. Es entfällt ein Deckungsbeitrag von (400 Stück · 18 € =) 7.200 €. Diesen entfallenden Deckungsbeitrag müssen die

1.500 Stück des Zusatzauftrages neben den dadurch verursachten variablen Kosten erwirtschaften. Es errechnet sich eine kurzfristige Preisuntergrenze von

$$PUG_{eng} = k_v + k_o = 17\ € + \frac{7.200\ €}{1.500\ \text{Stück}} = 17\ € + 4{,}80\ € = 21{,}80\ €$$

Lösung 18: Plankostenrechnung

1 Kurve der verrechneten Plankosten
2 Kurve der Sollkosten
3 Planbeschäftigung
4 Beschäftigung
5 Plankosten
6 fixe Plankosten
7 Plankosten bei Planbeschäftigung

(Hinweis: für jede richtige Bezeichnung 1 Punkt, also insgesamt 7 Punkte)

Lösung 19: Plankostenrechnung

(a) Abweichungsanalyse (8 Punkte)

	117.600 €	= 60.000 € + 96 € · 600 St.	preisbereinigte Istkosten
–	108.000 €	= 60.000 € + 80 € · 600 St.	Sollkosten
=	9.600 €	= 0 € + 16 € · 600 St.	Verbrauchsabweichung
	108.000 €	= 60.000 € + 80 € · 600 St.	Sollkosten
–	120.000 €	= 100.000 €/500 St. · 600 St.	verrechnete Plankosten
=	– 12.000 €		Beschäftigungsabweichung
	–2.400 €	= 9.600 € – 12.000 €	Gesamtabweichung

(b) Interpretation der Ergebnisse (9 Punkte)

Die Verbrauchsabweichung von + 9.600 € besagt, dass mehr Einsatzstoffe verbraucht wurden, als geplant war. Diese Unwirtschaftlichkeit ist vom Leiter der Fertigungskostenstelle zu verantworten.

Die Beschäftigungsabweichung ist aufgrund der höheren Beschäftigung negativ, das heißt, es wurden mehr anteilige Fixkosten erwirtschaftet als nötig. Die Beschäftigungsabweichung ist auf Fehler in der Planung zurückzuführen. Verantwortlichkeiten können beim Kostenplaner, aber auch beim erfolgreichen Vertrieb gesucht werden.

Die Gesamtabweichung ist negativ, das heißt, es fielen für die Ist-beschäftigung weniger Kosten an als geplant. Allerdings überdeckt die Gesamtabweichung, dass die hohe Verbrauchsabweichung durch die negative Beschäftigungsabweichung mehr als aufgehoben wird. Der Aussagewert der Gesamtabweichung ist mithin gering.

Lösung 20: Fragen zur Kostenrechnung

	richtig	**falsch**
Grundkosten und Zweckaufwand sind stets identisch.	X	
Betriebsstoffe gehen als Nebenbestandteil in ein Produkt ein.		X
Skontrationsmethode und Inventurmethode ermitteln immer den gleichen Materialverbrauch.		X
Versicherte Wagnisse werden in der Kosten- und Leistungsrechnung als so genannte Dienstleistungskosten verrechnet.	X	
Bei sinkendem Lagerbestand ist das kalkulatorische Ergebnis einer kurzfristigen Erfolgsrechnung auf Vollkostenbasis höher als das Ergebnis auf Teilkostenbasis.		X
Bei Durchführung einer einstufigen Divisionskalkulation ist eine Kostenstellenrechnung nicht unbedingt notwendig.	X	
Die Verbrauchsabweichung ist grundsätzlich vom Leiter der Fertigungskostenstelle zu verantworten.	X	
Bei Sortenfertigung ist die Prozesskostenrechnung das am besten geeignete Kalkulationsverfahren.		X

(Bewertung: je richtige Zeile 1 Punkt, insgesamt also 8 Punkte. Falsche Kreuze führen zum Punktabzug.)

10 Wichtige Vokabeln für Kostenrechner

10.1 Deutsch – English

Deutsch	English
abschreiben	write off
Abschreibung	depreciation
Anschaffungskosten	historic cost / acquisition value
Bereitschaftskosten	capacity cost
Berichtszeitraum	period under review
Betriebsergebnis	operating result
Betriebskosten	operating cost
Deckungsbeitrag	contribution margin
Deckungsbeitragsrechnung	contribution accounting
Dienstleistungskosten	cost of external supplies
direkte (leistungsabhängige) Kosten	direct cost
doppelte Buchführung	double-entry bookkeeping
Erfolgsrechnung	trading account
Erlös	revenue
Erlösschmälerung	deduction from revenue
Fertigprodukt	finished product
fixe Kosten	fixed cost

Deutsch	English
Gemeinkosten	overhead cost / overheads / indirect cost
Gesamtkostenverfahren	period accounting method
Gewinn- und Verlustrechnung	income and expenditure account / profit and loss account
Grenzkosten	marginal cost
Halbfertigprodukt	semi-finished product
Herstellkosten des Umsatzes	cost of goods sold / cost of sales
indirekte Kosten	indirect cost
innerbetriebliche Leistungen	internal services
Internes Rechnungswesen	managerial accounting
Istbeschäftigung	actual activity
Istkosten	actual cost
Kalkulation	product costing
kalkulatorische Abschreibungen	imputed depreciation
kalkulatorische Kosten	imputed cost
kalkulatorische Wagniskosten	imputed risk cost
kalkulatorische Zinsen	imputed interest
kalkulatorischer Unternehmerlohn	imputed entrepreneurial salary
Kosten	cost
Kostenart	cost element
Kostenrechnung	cost accounting
Kostenstelle	cost center
Kostenstellenrechnung	cost center accounting
Kostenträgerrechnung	product costing
Kostenträgerzeitrechnung	product costing per period
Kostentreiber	cost driver
Kostenumlage	cost allocation
lineare Kosten	proportional cost

Deutsch	English
Opportunitätskosten	opportunity cost
Planbeschäftigung	planned activity
Plankosten	planned cost
primäre Kosten	primary cost
Prozesskostenrechnung	activity based costing
Restwert	residual value
sekundäre Kosten	secondary cost
Soll-Ist-Vergleich	variance analysis
Sollkosten	flexible budget
Sondereinzelkosten der Fertigung	special direct manufacturing cost
Sondereinzelkosten des Vertriebs	special direct sales cost
Standardkosten	drifting cost
Umsatz	turnover / revenue
Umsatzkostenverfahren	cost of sales accounting method
variable Kosten	variable cost
Verkaufserlös	proceeds on sale
Verrechnungspreis	transfer price
Vertriebsgemeinkosten	sales structure cost
Verwaltungsgemeinkosten	administration structure cost
Verwaltungskosten	administrative expenses
Vollkostenrechnung	absorption costing
Wiederbeschaffungskosten	replacement cost
Zielkosten	target cost
Zuschlagssatz	allocation rate

10.2 English – Deutsch

English	Deutsch
absorption costing	Vollkostenrechnung
acquisition value	Anschaffungskosten
activity based costing	Prozesskostenrechnung
actual activity	Istbeschäftigung
actual cost	Istkosten
administration structure cost	Verwaltungsgemeinkosten
administrative expenses	Verwaltungskosten
allocation rate	Zuschlagssatz
capacity cost	Bereitschaftskosten
contribution accounting	Deckungsbeitragsrechnung
contribution margin	Deckungsbeitrag
cost accounting	Kostenrechnung
cost allocation	Kostenumlage
cost center	Kostenstelle
cost center accounting	Kostenstellenrechnung
cost driver	Kostentreiber
cost element	Kostenart
cost of sales accounting method	Umsatzkostenverfahren
cost	Kosten
cost of external supplies	Dienstleistungskosten
cost of goods sold / cost of sales	Herstellkosten des Umsatzes
deduction from revenue	Erlösschmälerung
depreciation	Abschreibung
direct cost	direkte (leistungsabhängige) Kosten
double-entry bookkeeping	doppelte Buchführung
drifting cost	Standardkosten

English	Deutsch
finished product	Fertigprodukt
fixed cost	fixe Kosten
flexible budget	Sollkosten
historic cost	Anschaffungskosten
imputed cost	kalkulatorische Kosten
imputed depreciation	kalkulatorische Abschreibungen
imputed entrepreneurial salary	kalkulatorischer Unternehmerlohn
imputed interest	kalkulatorische Zinsen
imputed risk cost	kalkulatorische Wagniskosten
income and expenditure account	Gewinn- und Verlustrechnung
indirect cost	indirekte Kosten / Gemeinkosten
internal services	innerbetriebliche Leistungen
managerial accounting	Internes Rechnungswesen
marginal cost	Grenzkosten
operating cost	Betriebskosten
operating result	Betriebsergebnis
opportunity cost	Opportunitätskosten
overhead cost	Gemeinkosten
overheads	Gemeinkosten
period accounting method	Gesamtkostenverfahren
period under review	Berichtszeitraum
planned activity	Planbeschäftigung
planned cost	Plankosten
primary cost	primäre Kosten
proceeds on sale	Verkaufserlös
product costing	Kalkulation
product costing	Kostenträgerrechnung
product costing per period	Kostenträgerzeitrechnung

English	Deutsch
profit and loss account	Gewinn- und Verlustrechnung
proportional cost	lineare Kosten
replacement cost	Wiederbeschaffungskosten
residual value	Restwert
revenue	Erlös
sales structure cost	Vertriebsgemeinkosten
secondary cost	sekundäre Kosten
semi-finished product	Halbfertigprodukt
special direct manufacturing cost	Sondereinzelkosten der Fertigung
special direct sales cost	Sondereinzelkosten des Vertriebs
target cost	Zielkosten
trading account	Erfolgsrechnung
transfer price	Verrechnungspreis
turnover	Umsatz
variable cost	variable Kosten
variance analysis	Soll-Ist-Vergleich
write off	abschreiben

Literaturhinweise

Das vorliegende Lehrbuch zur Kostenbuch soll einen schnellen und einfachen Einstieg in die Kosten- und Leistungsrechnung ermöglichen. Zur Vertiefung des Wissens, beispielsweise für universitäre Seminare zur Kostenrechnung und zum Controlling sowie in Abschlussarbeiten, wird insbesondere auf folgende Werke verwiesen:

Arbeitskreis Internes Rechnungswesen der Schmalenbach-Gesellschaft (Hrsg.): Säulen der Kostenrechnung, München 2017.

Coenenberg, Adolf G. / Fischer, Thomas M. / Günther, Thomas: Kostenrechnung und Kostenanalyse, 9. Auflage, Stuttgart 2016.

Däumler, Klaus-Dieter / Grabe, Jürgen: Kostenrechnung 1: Grundlagen, 11. Auflage, Herne, Berlin 2013.

Däumler, Klaus-Dieter / Grabe, Jürgen: Kostenrechnung 2: Deckungsbeitragsrechnung, 10. Auflage, Herne, Berlin 2013.

Däumler, Klaus-Dieter / Grabe, Jürgen: Kostenrechnung 3: Plankostenrechnung und Kostenmanagement, 9. Auflage, Herne, Berlin 2014.

Fischbach, Sven: Lexikon Wirtschaftsformeln und Kennzahlen, 3. Auflage, Landsberg am Lech 2006.

Fischbach, Sven / Kanat, Sükran: Erfolgs- und Finanzmanagement im Mittelstand. Ein praxisorientierter Leitfaden mit Fallstudien, Aachen 2004.

Freidank, Carl-Christian / Sassen, Remmer: Kostenrechnung, 10. Auflage, Berlin /Boston 2020.

Freidank, Carl-Christian / Fischbach, Sven / Sassen, Remmer: Übungen zur Kostenrechnung, 8. Auflage, Berlin/Boston 2020.

Friedl, Gunther / Hofmann, Christian / Pedell, Burkhard: Kostenrechnung, 3. Auflage, München 2017.

Haberstock, Lothar: Kostenrechnung I: Einführung, 14. Auflage, Berlin 2020.

Haberstock, Lothar: Kostenrechnung II: (Grenz-)Plankostenrechnung, 10. Auflage, Berlin 2008.

Horváth und Partners: Das Controllingkonzept, 8. Auflage, München 2016.

Horváth, Péter / Gleich, Ronald / Seiter, Mischa: Controlling, 14. Auflage, München 2020.

Kilger, Wolfgang: Einführung in die Kostenrechnung, 3. Auflage, Wiesbaden 1987.

Kilger, Wolfgang / Pampel, Jochen / Vikas, Kurt: Flexible Plankostenrechnung und Deckungsbeitragsrechnung, 13. Auflage, Wiesbaden 2012.

Kremin-Buch, Beate: Strategisches Kostenmanagement, 4. Auflage, Wiesbaden 2007.

Riebel, Paul: Einzelkosten- und Deckungsbeitragsrechnung, 7. Auflage, Wiesbaden 1994.

Schweitzer, Marcell / Küpper, Hans-Ulrich / Friedl, Gunther / Hofmann, Christian / Pedell, Burkhard: Systeme der Kosten- und Erlösrechnung, 11. Auflage, München 2016.

Weber, Jürgen / Schäffer, Utz: Einführung in das Controlling, 16. Auflage, Stuttgart 2020.

Wilkens, Klaus: Kosten- und Leistungsrechnung, 9. Auflage, München, Wien 2003.

Stichwortverzeichnis

Autoreninformation

Prof. Dr. Sven Fischbach (sven.fischbach@hs-mainz.de) lehrt Betriebswirtschaftslehre, insbesondere Controlling, Finanz- und Rechnungswesen, am Fachbereich Wirtschaft der Hochschule Mainz. Zuvor war er, nach Forschungstätigkeiten an den Universitäten in Eichstätt / Ingolstadt, St. Gallen (Schweiz) und Hamburg, als Controller, Vorstandsassistent, Referent für Konzernentwicklung sowie Abteilungsleiter Vorstandssekretariat in der Kreditwirtschaft tätig. An der Hochschule Mainz war er von 2005 bis 2010 zugleich geschäftsführender Leiter des Instituts für Unternehmerisches Handeln (IUH). Seit 2010 ist er Leiter des dualen (ausbildungs- und berufsintegrierenden) Bachelorstudiengangs BWL. Weiterhin ist bzw. war er als Dozent an verschiedenen Akademien und Hochschulen sowie als Berater und Aufsichtsrat in der Unternehmenspraxis tätig.

Diplom-Kauffrau Anja Fischbach ist Bankprokuristin im Controlling der Landesbank Hessen-Thüringen (Helaba) in Frankfurt am Main. Zuvor war sie als Assistentin und Dozentin im Hochschulbereich sowie als Prokuristin eines mittelständischen Unternehmens tätig.